TEGAOYA DUODUAN ZHILIU ZHUSHEBEI
PINKONG JISHU YU YINGYONG

特高压多端直流主设备
品控技术与应用

孙　勇　陈晓鹏　主编

中国电力出版社
CHINA ELECTRIC POWER PRESS

图书在版编目（CIP）数据

特高压多端直流主设备品控技术与应用 / 孙勇，陈晓鹏主编．—北京：中国电力出版社，2022.5
ISBN 978-7-5198-5467-6

Ⅰ．①特…　Ⅱ．①孙…②陈…　Ⅲ．①特高压输电–直流输电–电气设备–质量管理–研究　Ⅳ．①TM726.1

中国版本图书馆 CIP 数据核字（2021）第 272742 号

出版发行：中国电力出版社
地　　址：北京市东城区北京站西街 19 号（邮政编码 100005）
网　　址：http://www.cepp.sgcc.com.cn
责任编辑：岳　璐（010-63412339）
责任校对：黄　蓓　常燕昆
装帧设计：郝晓燕
责任印制：石　雷

印　　刷：三河市万龙印装有限公司
版　　次：2022 年 5 月第一版
印　　次：2022 年 5 月北京第一次印刷
开　　本：787 毫米×1092 毫米　16 开本
印　　张：17.5
字　　数：370 千字
定　　价：108.00 元

编 委 会

主　　编　孙　勇　陈晓鹏

副 主 编　刘　熙　邓　军

主要编写人员

超高压公司	刘青松	张长虹	周海滨	韦晓星	李标俊
	唐金昆	石延辉	彭　翔	吕　刚	杨天贵
	朱　博	卢文浩	张晋寅	崔彦捷	潘志城
	王　振	杨跃光	黎建平	邹延生	黎卫国
	伍　衡	陈奕洲	吴　瀛	张瑞亮	黄志雄
	房博一	李国艮	景茂恒	黄大为	黄忠康
	廖建平	李明洋	罗朋振	陈崇明	罗小彬
	袁瑞敏	陆　海	李　青	谢志成	黄家杰
	杨　旭	陈　伟	谭炳源	肖　翔	姜克如
武 汉 南 瑞	罗传仙	胡志武	王　柱	李卜欣	陆纹叨
	陈红日	阮　芹	梅文吉	周　宇	周昌坤
	姜先锋	陈子恒	肖立达	高　峰	张　铭
	张诗豪	沈　凡	李炳生	刘思夷	李　岩

前　言

昆柳龙特高压多端直流示范工程在世界上首次采用了"常规特高压直流"与"柔性特高压直流"混合输电技术，是目前世界上电压等级最高、输送容量最大的多端混合直流工程。昆柳龙特高压多端直流示范工程是深入落实"四个革命、一个合作"能源安全新战略的标杆工程，在柔直换流阀、柔直变压器、桥臂电抗器、直流开关与穿墙套管、直流控制保护系统等方面突破了国外厂家对关键技术的垄断，创造了19项电力技术的世界第一，主要设备自主化率100%，成功引领世界电网走进特高压柔性直流输电技术时代，具有里程碑意义。

中国南方电网有限责任公司超高压输电公司作为业主单位，充分发挥中央企业统筹协调和整合资源的平台优势，高效有序组织完成了昆柳龙特高压多端直流示范工程的设备技术规范制订、关键设备攻关、设备监造和质量管控等工作，在主设备和原材料品控方面积累了宝贵经验。本书主要包括换流阀、柔直变压器和换流变压器、直流控制保护系统、直流穿墙套管、直流测量装置等设备的设备概况、设计及结构特点、设备品控要点、试验检验专项控制、典型质量问题分析处理及提升建议，可为特高压常规直流和柔性直流主设备质量管控提供参考和借鉴。国网电力科学研究院武汉南瑞有限责任公司作为设备监造单位，依托国内多个特高压交流、直流及柔性直流电网试验示范工程等重大项目，深度参与了工程设备质量管控，构建了健全的设备质量管控体系，并负责多个海外特高压工程、"一带一路"工程主设备驻外监造，成功实现了国内特高压设备质量管控经验"走出去"，充分发挥了作为研究所转型产业单位的人才优势和技术沉淀，协同业主单位完成本书编撰。

本书在编撰过程中，先后得到国网电力科学研究院有限公司伍志荣教高和付锡年教高、国网经济技术研究院有限公司聂定珍高工、南方电网科学技术研究院有限公司傅闯教高、西安高压电器研究院党镇平教高和周会高教高、中国电力科学研究院有限公司吴光亚教高、西安电力电子研究所陆剑秋教高和厦门理工大学游一民教授等业内权威专家的悉心指导和大力支持。此外，南瑞继保电气有限公司罗苏南博士和朱铭炼高工、天威保变电气有限公司李文平教高、金冠电气股份有限公司徐学亭教高和西安西电避雷器有限公司何计谋教高、山东泰开电力电子有限公司周广东副总经理、广州高澜节能技术股份有限公司代飞高工、西安神电电器有限公司李飚副总经理、嘉润电气科技有限公司李新文总经理、青州力王电力科技有限公司唐苑雯总经理、西安西电电力系统有限公司李璐高工、平高集团有限公司技术中心魏建巍所长、辽宁锦兴电力科技股份有限公司杜卓总工、国网经济技术研究院有限公司樊纪超高工、浙江金凤凰电力科技有限公司游焕洋高工、北京电力设备总厂张猛高工、许继柔性输电公司韩坤高工等行业专家也对本书给予了诸多帮助和技术指导。

　　由于时间仓促，编者水平有限，书中不当之处在所难免，恳请读者和专家批评指正，以便对书中内容不断完善。

编　者

2021 年 9 月

目　　录

第1章 总体情况简述

1.1 直流工程基本情况介绍

形成以特高压为骨干网架的"西电东送,南北互供,全国联网"格局、推进构建全球能源互联网是我国的电力发展战略。近十几年来,为满足西部能源向东部负荷中心输送需求,国家大力发展远距离超/特高压直流输电。然而,传统直流输电系统多为两端系统,处理故障的能力较差。相较于传统两端直流输电,多端直流输电采用多个分散式送端来进行电源汇集,采用多个分散式受端来进行功率消纳,突破了常规直流对受端电网系统影响较大的瓶颈,是一种灵活、经济、可靠的输电方式,代表着直流输电技术未来的发展方向。

世界上第一条柔性直流输电工程由ABB公司于1997年投运。我国经过十几年科学技术攻关,在柔性直流输电以及多端柔性直流输电技术的研究和工程应用等方面达到领先水平,已建成的多端柔性直流输电工程包括南澳±160kV 三端柔性直流输电示范工程、舟山±200kV 五端柔性直流示范工程、厦门±320kV 真双极柔性直流输电示范工程、张北±500kV 四端柔性直流电网试验示范工程、±500kV 三端直流工程——云贵互联通道工程。

特高压多端直流输电技术是全球能源互联网的重要基础,是解决区域性新能源并网和消纳问题的有效技术手段,是改变大电网发展格局的战略选择。2018年12月,中国南方电网有限责任公司启动乌东德电站送电广东广西特高压多端直流示范工程(以下简称"昆柳龙特高压多端直流示范工程")建设,该工程是国家《能源发展"十三五"规划》及《电力发展"十三五"规划》明确的西电东送重点工程。昆柳龙特高压多端直流示范工程西起云南昆北换流站,东至广西柳北换流站、广东龙门换流站,采用±800kV 三端混合直流技术,线路全长 1489km,输送容量 800 万 kW,对实现清洁能源消纳和资源优化配置,满足"十四五"及后续南方区域经济协调发展和粤港澳大湾区经济发展用电需求具有重大社会意义。

该工程作为国家重大电力行业科技创新工程,通过特高压多端直流技术创新,比两个单回直流或同塔双回直流方案节省线路走廊2.8万~5.5万亩,节约投资6亿~14亿元,且运行方式灵活。将云南水电分送广东、广西,有助于发挥多个受端电网在消纳能

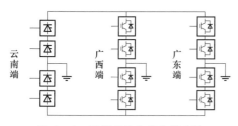

图 1-1　昆柳龙特高压多端直流
示范工程三站接线方式

力、调峰能力、资源互济、系统安全稳定风险方面的优势，从而保障了水电资源的可靠消纳，为未来西南水电开发外送带来积极的示范作用。最终确定送端建设 ±800kV/8000MW 换流站，受端广西建设 ±800kV/3000MW 换流站、广东建设 ±800kV/5000MW 换流站，三站采用并联接线方式，如图 1-1 所示。

受端采用柔性直流技术，可避免本回直流换相失败导致 9 回及以上直流同时换相失败，使交流三相短路故障范围减少 48%，有助于改善多直流集中落点带来的受端电网风险问题，为将来系统解决广东电网多回直流馈入相关问题奠定基础。作为示范工程，对未来西南水电及大规模新能源的开发外送有积极的示范作用。

1.2　主设备品控管理体系简介

高压直流输电伴随着西电东送战略的实施不断发展壮大，其安全稳定运行已影响电网的整体安全稳定，而确保高压直流输电安全稳定运行的重要基础和前提是质量过硬的设备。物资品控管理工作肩负着提高电网公司装备水平的重要职责。

品质控制（以下简称"品控"，QC），按照 ISO 8402《质量管理和质量保证——词汇》中的定义，是"为达到既定的品质要求，所采取的一系列作业技术和活动"。对电网公司来说，品控是指采用检查、监造、检测等技术措施，对即将进入电网的设备、材料的质量，依据既定的国家、行业、公司标准或技术协议而进行的验证、质量过程监督和把关工作。

中国南方电网有限责任公司品控管理体系以科学的 WHS 质量控制手段为核心，建立网内、网外两支队伍，重点在设备选型、生产制造、安装调试三个环节开展送样检测、设备监造、到货抽检、专项抽检和缺陷处理五项品控业务，实现对入网物资全生命周期的品控全过程管理。并依靠公司内自主品控技术资源，通过统一技术标准与质量管理，确保品控体系有效落地。

WHS 质量控制方法贯穿物资品控工作的始终，其核心思想是对质量形成过程的关键点进行科学的分级管控。通过对不同品类物资的质量形成过程进行分析，将构成质量的关键要素，设置成文件或现场见证（W）、停工待检（H）、旁站见证（S）等分级品控点，自主开展各项品控业务。在关键点的设置依据方面，参照国家设备监理规范及产品质量形势分析报告等，结合系统内的设备运维经验和历史数据，同时注重与主流设备制造厂家共同探讨产品质量管控相关意见，并充分听取管控意见及行业专家建议，有针对性地开展品控关键点设置工作。

界面清晰、简捷有效的业务运作流程是提高物资品控管理绩效的关键。中国南方电

网有限责任公司五项品控业务的基本工作程序如下:

(1) 送样检测。各分子公司物资管理部门按要求制定年度送样检测计划,并报公司物资部统一编码管理。根据年度计划,送样检测组织部门统筹组织取样工作。样品送检前应采取封样措施并进行编码,检测完毕后由专人解码还原。送样检测组织部门及时分析检测结果,编写总结报告,对产品质量进行评估。送样检测完成后,样品由供应商自行处理。送样检测结果将作为招评标、到货验收、到货抽检和专项抽检的参考依据之一。

(2) 设备监造。各分子公司物资管理部门按要求制定年度设备监造计划,并报公司物资部统一编码管理。设备监造工作开始前,各分子公司物资管理部门组建监造项目部,监造项目部由公司系统内科研、试验机构及运行单位或/和社会监造公司的人员共同构成。监造项目部的组长单位应为公司系统内的科研、试验机构,负责具体组织编写监造工作方案,组织实施监造、审核并确认监造中发现的异常情况,提出解决监造中发现问题的技术建议并编制监造报告。监造项目部应按时提交设备监造工作周报,通报 W、H、S 点的见证情况。监造人员按要求开展设备监造工作,每月定期汇总设备监造进度、质量情况和设备监造人员执行作业指导书情况等信息并上报公司物资部。设备监造结果作为公司对供应商评价的依据之一。

(3) 到货抽检。各单位按要求制定年度到货抽检计划,并报公司物资部统一编码管理。各单位物资部门统一组织并提前知会相关单位和部门进行到货产品的取样工作。样品送检前应采取封样措施并进行编码,检测完毕后由专人解码还原。检测组织部门应及时分析检测结果,编写总结报告,对产品质量进行评估。到货抽检结果作为公司对供应商评价的依据之一。

(4) 专项抽检。公司物资部根据上一年度的物资质量及品控实施情况,确定专项抽检的物资品类、方式和时间计划,制定年度专项抽检工作方案,实施编码管理,并确定抽样检测机构。

1) 专项抽样检测。公司物资部/分子公司物资管理部门统一组织并提前知会相关单位和部门进行取样工作,样品可在到货的设备材料仓库、施工现场抽取,或与供应商协商后在其厂内抽取。必要时,可对已投入运行的设备材料开展抽样检测工作。

2) 专项抽查见证。参照设备监造相关要求及流程开展工作。

(5) 缺陷管理。

1) 工程建设阶段的物资缺陷管理。设备监造、到货抽检和专项抽检过程中,品控工作实施机构负责发现和收集设备材料的设计缺陷、原材料缺陷、制造工艺缺陷、试验结果不满足技术规范及供应商的处理措施和效果等信息在物资管理信息系统中如实填报。主设备材料在到货验收、安装调试等基建环节发生质量事故(事件)时,基建部应及时填写设备质量缺陷信息传递单并联系公司物资部进行协调处理;其余的设备材料质量缺陷问题由工程项目管理单位联系直接对口的物资管理部门进行协调处理。各级物资管理部门应督促相关下属单位及时填报设备材料质量缺陷的处理和验收情况等信息,报公司物资部备案,实现闭环管理。

2）生产运行阶段的物资缺陷管理。生产技术管理部门、系统运行管理部门和市场营销管理部门根据设备质量缺陷对电网安全运行造成的影响程度，及时填写质量缺陷信息传递单并联系对应的物资管理部门进行协调处理。公司物资部负责协调处理一级物资在运行阶段发现的质量缺陷；分子公司物资管理部门负责协调处理二级物资在运行阶段发现的质量缺陷，并报公司物资部备案。

本书基于该管理体系着重介绍超高压及特高压直流输电工程主设备质量管理经验，系统阐述设备品控技术要点。本书后续分章节对各类主要设备包括换流变压器、换流阀、电抗器、电阻器、开关、套管、避雷器、直流测量装置、控制保护系统等从以上所述内容方面进行详细编写。

1.3 监造工作流程介绍

为确保特高压工程设备在生产制造过程中，质量全过程可控、在控，业主单位委托专业第三方监理公司对设备开展监造工作，监理单位根据业主要求对设备开展驻厂监造或关键点监造工作，监造具体工作如下：

（1）中标后，监造单位根据设备生产准备情况，及时收集前期过程中形成的各类监造技术依据文件，包括技术协议、技术规范、各类会议纪要、业主相关要求文件等。

（2）根据监造设备种类，编制工程监造大纲及监造实施细则，为监造工作的开展提供指导性文件，并向业主报审。

（3）组织监造首次会。监造单位组织制造单位召开监造首次会，确认监造大纲、监造实施细则、各类会议纪要等文件，进行技术交底等。监造单位及时通知业主会议时间、地点并上报有关会议纪要。

（4）开工条件审查。

1）检查供应商设计方案已完成冻结，产品设计图纸及工艺方案已审查通过，相应的工艺方案及加工装配作业指导书已制定并审查合格，用于产品制造的主要工装设备完好，满足开工需要。

2）检查供应商质量、环境及职业健康管理体系证书在有效期内，体系运转正常，并报审业主通过。

3）主要管理及技术人员已到位，特殊工种人员具备上岗资质，并报审业主通过。

4）原材料、外购件及其供应商资质合格，并报审业主通过。

5）计量器具、仪表经法定单位检验合格，均在有效期内，并报审业主通过。

6）产品的型式试验报告和产品试验方案，报审业主通过。

7）生产进度计划符合交货期要求，并报审业主通过。

（5）核查制造厂家是否采用新技术、新材料、新组部件、新工艺，如有需要及时反馈业主方。

（6）开展驻厂及关键点监造、及时信息报送。监造单位按监造合同规定的范围开展驻厂或关键点监造，必要时开展专家巡检和关键点见证并及时报送相关信息。

（7）拆卸、存储、包装发运见证。设备出厂试验完成后，拆卸、存储、包装发运等过程直接影响设备到达现场后的质量，对拆卸、存储、包装发运等过程进行监造质量管控，确保产品后续质量。设备发运前，需供应商向业主单位报审通过后方可发运。

（8）资料收集及归档。按照业主单位档案管理相关要求，收集并归档相关资料。

第 2 章 换流阀及阀冷系统

2.1 设 备 概 况

换流阀是特高压多端混合直流系统的核心设备，其主要功能是把交流转换为直流或者实现逆转化。直流系统使用最广泛的换流阀有晶闸管换流阀和柔直换流阀。

晶闸管换流阀的核心功率器件为晶闸管，晶闸管是半控型半导体开关，内部为PNPN结构，具备正、反向阻断功能，当阳极承受正向电压时，通过门极电流触发而实现导通。晶闸管换流阀具有多级结构：由单个晶闸管、晶闸管控制单元（thyristor control unit，TCU）、散热器和 RC 阻尼均压电路组成晶闸管级单元；由多个晶闸管级单元串联形成晶闸管组件，而后由该组件构成晶闸管换流阀。晶闸管级单元是换流阀最小的结构单元，如图 2-1 所示。图中，R_{11}～R_{16}、C_{c1} 和 C_{c2} 为晶闸管级单元的阻尼回路；R_{41}、R_{42} 为晶闸管级单元的均压回路；R_3、C_3 为 TCU 取能回路。

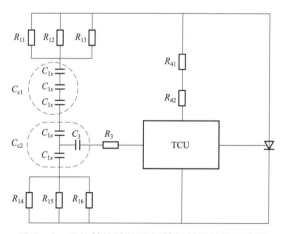

图 2-1 晶闸管换流阀晶闸管级单元结构示意图

晶闸管换流阀的阀控单元用于晶闸管的触发与控制，阀控单元将电触发脉冲转换为光脉冲，并采用光纤传输的方式与高压阀塔实现电气隔离。晶闸管控制单元接收光纤传导而来的光脉冲，并将其转变为电脉冲触发晶闸管门极，实现晶闸管导通。晶闸管控制单元还具有晶闸管保护功能，分别为正向保护触发和反向恢复期保护触发。当晶闸管未正常导通而承受正向电压过高、通态电流断续或反向恢复期内遭受高压快脉冲时，为防止晶闸管被损坏，晶闸管控制单元会自动产生紧急触发脉冲，强制触发晶闸管导通，使其避免遭受过电压而损坏。

柔直换流阀的核心功率器件为绝缘栅双极型晶体管（IGBT），由 MOS（金属氧化物半导体）结构和 BJT（双极型三极管）结构共同组成 PNPN 四层结构。它具有功率双极型晶体管高电流密度、低导通压降等特点，同时还具有功率 MOSFET（金属氧化物半导体场效应晶体管）输入阻抗大、开关速度快等优点。图 2-2 是典型平面栅 IGBT 基本元胞的剖面示意图，IGBT 是一个三端器件，由栅极（gate）、发射极（emitter）和集电极（collector）构成。n+ 为源区，附于其上的电极为发射极，一般直接接地或负电压；被氧化层包围的一圈为栅极，栅极接栅控电压来控制 IGBT 的导通或关断；Pwell 是形成沟道的重要组成部分，在栅氧化层下方由 n+ 源区和 Pwell 包围的区域为沟道，导通时 n+ 源区的电子电流通过沟道向下注入到 n− 漂移区；IGBT 的背面为 P+ 集电区，一般接正电压，导通时底部重掺杂的空穴向上注入到 n− 漂移区，与基区的电子发生电导调制，降低器件的导通压降。

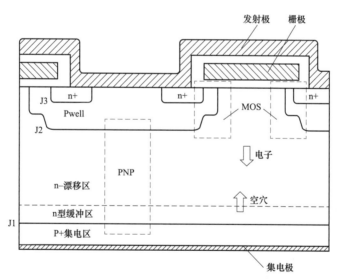

图 2-2 典型平面栅 IGBT 基本元胞的剖面示意图

目前柔直换流阀在高压直流和特高压直流的应用上已完全成熟，实现了国产化。晶闸管换流阀的工程应用已达到 500kV/3125A、800kV/6250A、1100kV/5450A。柔性直流输电已成为当前直流输电的重要发展方向，特高压柔直换流阀也已经投入应用，柔直换流阀的工程应用已达到 800kV/5000MW，IGBT 器件能力达到 4500V/3000A。

阀冷系统是换流阀的冷却系统，是确保换流阀长期可靠稳定运行的前提和有效保证，柔直阀冷系统与常直阀冷系统并无实质性差别，由于柔直换流阀损耗比晶闸管换流阀高，发热更为严重，故同等输电功率的情况下柔直换流阀的冷却容量更大。

2.2 晶闸管换流阀

2.2.1 晶闸管换流阀结构

特高压直流输电工程晶闸管换流阀采用空气绝缘、去离子水冷却，每站单极包括两个串联的 12 脉动桥，每个 12 脉动桥额定电压 400kV，由两个串联的 6 脉动桥组成。单极的两个 12 脉动桥示意图如图 2-3 所示。

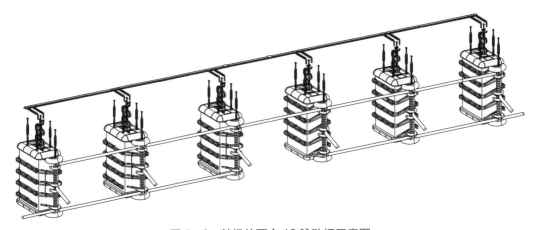

图 2-3 单极的两个 12 脉动桥示意图

每个悬吊阀塔由一个双重阀构成，每个双重阀由两个单阀串联组成，一个完整的单阀由若干个晶闸管组件串联而成。阀层与阀层之间采用层压螺柱连接，具有足够的间距确保满足规定的电气绝缘距离。阀塔主要由悬吊结构、阀层、顶底屏蔽罩和避雷器悬吊四部分组成。双重阀结构合理、简单、牢固，便于安装与检修。图 2-4、图 2-5 为某特高压换流站晶闸管换流阀低端阀塔和层结构设计外形图。

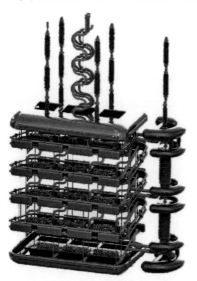

图 2-4 某特高压换流站晶闸管换流阀
低端阀塔三维图

晶闸管组件的结构设计采用标准化设计，符合机械设计标准。某特高压换流站晶闸管换流阀的晶闸管组件如图 2-6 所示。晶闸管组件主要包括框架、晶闸管单元、电容单元、晶闸管控制单元、导线、水管等。每个晶闸管组件由若干个串联的晶闸管级组成，每个晶闸管用专用的安装工具放在两个铝制散热器之间的恰当位置。晶闸管和散热器采用专用的压紧机构（碟弹单元和拉紧环）固定在一起，以保证良好的电性能和热接触性能。

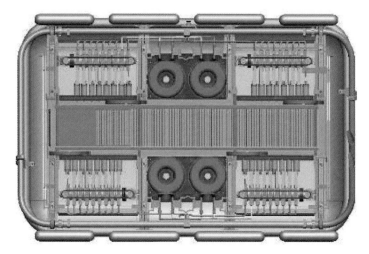

图 2-5　某特高压换流站晶闸管换流阀层结构设计外形图

图 2-6　某特高压换流站晶闸管换流阀的晶闸管组件

2.2.2　晶闸管换流阀技术要求

晶闸管换流阀通常为水冷却、空气绝缘、户内安装的悬吊式换流阀。晶闸管换流阀主回路中的每一个晶闸管元件都必须单独试验并编号，晶闸管换流阀阀塔设备各元器件间均应留有足够的间距且固定稳固，确保设备运行时不发生接触，包括水管连接、均压电极接线、RC 阻尼回路短接线等。用于固定的护套、扎带等均采用优质材料制成，满足设备使用年限要求。

为保证晶闸管换流阀的防火性能，充分考虑从阀组件、电抗器组件到阀塔的各种起火因素，换流阀所有电气连接位置必须确保无不牢固连接/高电阻连接，晶闸管换流阀中使用的非金属材料全部采用阻燃材料，阻燃等级应达到 UL94V-0 级。表 2-1 为某特高压直流工程换流阀技术参数表。

表2-1   某特高压直流工程换流阀技术参数表

名称	要求值
直流额定电压	±800kV
直流额定电流	5000A
单阀操作冲击保护水平	395kV
单阀晶闸管级数（不包含冗余）	59
单阀冗余晶闸管级数	5
额定触发角α	15°
触发角α的额定运行范围	12.5°～17.5°
触发角α的最小值	5°
5000A 80%降压运行触发角最大值	45°
阀短路电流（系统最大短路容量S_{kmax}下） 断路器分闸最大周期数 S_{kmax}下的阀短路电流后的可重复电压	≤50kA 3 ≤1.10（标幺值）
阀短路电流（系统最小短路容量S_{kmin}下） 断路器分闸最大周期数 S_{kmin}下的阀短路电流后的可重复电压	≤25kA 3 ≤1.30（标幺值）

2.2.3 晶闸管换流阀设计及技术特点

1. 晶闸管

单个晶闸管的耐压相对于阀电压较低，因此一个晶闸管换流阀一般由几十个相同的晶闸管串联构成。晶闸管阀组件是晶闸管换流阀最小的完整功能单元。为了吸收阀关断时的换相过冲，以及实现阀内的均压，每个晶闸管级并联一个阻尼回路。为了使晶闸管免受在导通时阻尼回路和外分布电容放电产生的高浪涌电流的冲击，每个晶闸管阀组件串联了两个非线性电抗器。晶闸管阀组件的等效电路如图 2-7 所示。为了对晶闸管进行控制和保护，每个晶闸管级都配备有一个晶闸管控制单元（TCU）。

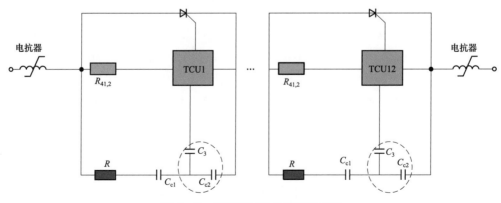

图 2-7 晶闸管阀组件的等效电路

选择晶闸管时，晶闸管要能够承受额定电流、过负荷电流，同时要能够承受最大故障电流的冲击，还要考虑承受正常运行电压及规定的过电压所要求的晶闸管数量、换流阀损耗以及冷却能力（取决于每个部件的损耗）等因素。

目前大容量特高压直流工程晶闸管换流阀普遍采用 6 英寸晶闸管，其额定电压为8500V，操作冲击耐受能力为9100V，额定电流为5500A，短路电流能力为58kA。该晶闸管元件是已投入商业运行的产品，其各种特性已得到完全证实。

每个晶闸管元件都具有独立承担额定电流、过负荷电流及各种暂态冲击电流的能力。主回路中不采用晶闸管元件并联的设计。每个晶闸管元件都将单独试验，并且提供唯一的编号，组件生产过程中，将记录各晶闸管阀组件各晶闸管级位置的晶闸管编号，以便于后期问题的处理和追溯。在任何运行条件下，每个晶闸管上的电压应力应小于其本身的电压耐受能力，晶闸管上的电压平均值等于整阀电压的最大值除以串联晶闸管数。

2. 阻尼回路设计

阻尼回路设计包括 RC 吸收回路、与晶闸管并联的均压回路，以及与晶闸管阀组件串联的饱和电抗器。晶闸管及与之并联的均压电路如图 2-8 所示。

均压回路的作用是保护晶闸管免受暂态电压的损坏，在各种电压条件下，实现阀内电压的均匀分布。均压电路的设计应满足动态与静态状态。

阻尼回路的设计主要考虑以下几个方面：

（1）使晶闸管间的电压分布均匀；

（2）为 TCU 提供电源；

（3）吸收抑制阀关断时的换相过冲；

（4）尽量使整个单阀内电压分布均匀。

电容选取时，在吸收晶闸管换流阀换相过电压的前提下，使换流阀的损耗最小。阀内的换相过冲是由于 1 个 6 脉动阀内的阀关断而产生的。选取的电容，一定要确保能够阻尼换相过冲。

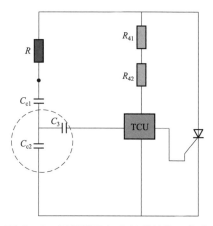

图 2-8　晶闸管及与之并联的均压电路

直流均压电阻设计时要考虑以下几个方面：

（1）为 TCU 提供运行和保护信息；

（2）低频电压下，实现晶闸管间的均压。电阻值取决于晶闸管两端所允许的最高电压和 TCU 测量装置的电流限值。

3. 阳极饱和电抗器

阳极饱和电抗器为铁芯式电抗器，一般一个晶闸管组件串联一个或一对饱和电抗器。电抗器中铁芯的损耗通过环氧树脂和管型线圈的导热，最后由流经空心绕组的冷却水带走，确保铁芯任何情况下都能得到充分冷却。饱和电抗器的非金属部件包括外壳和环氧树脂，均具备 UL94V-0 级或等效的阻燃特性和自熄灭特性。

在晶闸管换流阀最大连续运行负荷试验和最大暂态运行负荷试验中，可以分别考核稳态和暂态条件下饱和电抗器的最大发热量。在稳态和暂态最大发热量情况下，阳极饱和电抗器的金属材质（母排、铁芯等）和非金属材质（外壳、环氧树脂等）的最高热点温度均应在正常工作温度范围内，有充分的裕量保证饱和电抗器各部位均不会过热，更不会燃烧。

阳极饱和电抗器的主要作用包括：

（1）用于限制阀内晶闸管元件导通时出现的较高的电流上升率（di/dt）以及较高的浪涌电流，避免晶闸管元件被烧毁；

（2）当晶闸管处于关断期间线路中出现较高的电压上升率（du/dt）时，避免晶闸管元件承受过高的浪涌电压而引起误开通。

4. 晶闸管换流阀外绝缘设计

晶闸管换流阀的外绝缘水平需要根据工程地点的海拔进行海拔修正。晶闸管换流阀设计的操作、雷电和陡波冲击承受能力高于避雷器保护水平的 1.15、1.15、1.2 倍。晶闸管换流阀上出现的换相过电压、操作冲击过电压、雷电冲击过电压、陡波冲击过电压主要采用阀避雷器抑制，保护换流阀可靠运行。反向时，要考虑直流侧和交流侧所出现的各种过电压。避雷器的保护水平是由最严酷过电压下的电流确定的。保护触发只对正向过电压起保护作用，因此，晶闸管要能够耐受运行及试验时所要求的各种反向电压。晶闸管换流阀的设计保证：在交流侧出现故障时，保护触发回路不发出保护触发信号，从而保证在交流侧的故障消失后不影响直流系统的恢复。阀塔的外绝缘能力主要取决于阀塔之间、对地及周围阀厅墙体的空气间隙以及阀层之间的爬电距离和空气间隙。

5. 晶闸管换流阀防火防爆要求

晶闸管换流阀应采取以下防范措施，将火灾危险降到最低限度：

（1）阀内的非金属材料应是阻燃的，并具有自熄灭性能。材料应符合 UL94V－0 级材料标准。

（2）应提供阀内所有塑料材料部件（如阀元件支持件、冷却介质管、导线、光导纤维铠装、光导纤维管道）的完整的可燃性清单。这一清单中应包括材料的质量、热特性、燃烧特性以及按照美国材料与试验协会 E135－90 标准规定的圆锥热量器试验方法或其他的等值方法进行的各种材料燃烧特性试验的结果。

（3）阀内采用无油化设计。

（4）阀内电子设备设计要合理，避免产生过热和电弧。应使用安全可靠的、难燃的元部件，并保留充分的裕度。应用阻燃材料将电子设备完全隔离。

（5）阀内任何电气联结应可靠，并保留充分的裕度，避免产生过热和电弧。

（6）阀内所采用的防火隔板布置要合理，避免由于隔板设置不当导致阀内元件过热。在相邻的材料之间和光纤通道的节间应设置不燃的防火板，阻止火灾在相邻塑料材料之间以及光纤通道的节间横向或纵向蔓延。

（7）换流阀设计应尽量减少电气连接点的数量，避免因连接不牢固而产生放电引起火灾，连接点应采取可靠的加固及阻燃措施。

（8）换流阀二次板卡在各种情况下均不会导致其他任何元件产生过热情况，以避免由于电子元件质量问题引起更大事故的隐患。

（9）换流阀散热设计应避免产生局部热量集中的情况。

6. 晶闸管换流阀阀控系统

晶闸管换流阀阀控系统（VCE）利用最新控制技术、计算机技术和通信技术，采用冗余设计理念。设计方面采取了多项自主创新技术：平台化设计，光控阀控设备、电控阀控设备一体化统一设计；系统冗余化设计，冗余系统之间可交互监视，确保系统工作可靠；先进可靠的现场总线光纤通信模式，确保信息上传下达迅速稳定；全方位考虑的电磁兼容设计，确保系统稳定；使用高性能器件，保证系统的动态响应；采用光触发分配器，大大减少了阀塔与阀控柜之间光缆的数量；光发射通道冗余配置，提高了 VCE 的可用性和可靠性；各光发射插件采用独立电源，可独立更换某一故障光发射插件。图 2-9 为某特高压直流工程阀控屏柜实物图。

图 2-9 某特高压直流工程阀控屏柜实物图

晶闸管换流阀阀控系统内置故障录波功能完备，监测范围广，技术指标高，可实现录波的信号包括与极控接口信号、至阀组件的触发脉冲信号以及晶闸管级回报信号。晶闸管换流阀控制设备满足直流控制保护系统的要求，功能正确完善，可靠性高。为提高换流阀的运行和维护简便性及防止误操作，阀控系统具备正常运行、调试等多种工作模式。

VCE 具备独立故障录波功能，对与阀组控制之间的交互信号进行录波，录波信号包括：

（1）阀控与极控的接口信号；

（2）阀控至换流阀的触发脉冲信号；

（3）换流阀至阀控的全部晶闸管级回报信号；

（4）阀控系统内部状态信号。

VCE 将根据业主需求提前运至控制保护设备所在地，参与全链路测试试验。VCE 跳闸信号接口可根据用户要求设计为光信号或硬触点出口。VCE 屏柜布置在控制室，换流阀光纤满足 150m 敷设距离的要求，并承诺满足实际阀厅布局要求。VCE 具备"正常工作模式""调试模式""检修模式"，并可通过外接开关实现快速设置和切换模式，便于现场运维人员调试维护。

2.2.4 晶闸管换流阀品控要点

监造组在生产开工前应对晶闸管换流阀品控要点进行检查，见表 2-2。

表 2-2 生产前检查品控要点

序号	见证项目	见证内容	见证要点及要求	见证方式
1	生产前检查	质量及环境安全体系审查	审查制造商质量管理体系、安全、环境、计量认证证书等是否在有效期内	W
2		工装试验设备检查	检查实验室资质认证情况、试验能力是否满足工程需要	W
3		设计冻结的技术资料	检查设计冻结会纪要和冻结会议要求提交的报告；核对设计冻结其他技术资料	W
4		排产计划	审查制造厂提交的生产计划，明确该生产计划在厂内生产执行的可行性	W

原材料及组部件的检查包括对其质量证明文件及测试报告进行监督检查，品控要点见表 2-3。

表 2-3 原材料及组部件品控要点

序号	见证项目	见证内容	见证要点及要求	见证方式
1	组部件	晶闸管	（1）规格、型号与设计文件及供货合同相符； （2）产地及分供商与设计文件及供货合同相符； （3）外观检查； （4）核对晶闸管厂家型式试验报告； （5）核对晶闸管厂家出厂检验报告、合格证等质量证明文件齐全； （6）见证晶闸管入厂检验记录完整，签字齐全，批次、数量、规格、型号、存放位置满足要求； （7）开展晶闸管延伸监造，现场见证供应商生产及质量控制状况，开展晶闸管抽检，检查抽检结果是否满足要求	H
2		散热器	（1）规格、型号与设计文件及供货合同相符； （2）产地及分供商与设计文件及供货合同相符； （3）外观检查； （4）核对散热器厂家出厂检验资料、检验报告、合格证等质量证明文件齐全； （5）见证散热器入厂检验记录完整，签字齐全，批次、数量、规格、型号、存放位置满足要求	W

续表

序号	见证项目	见证内容	见证要点及要求	见证方式
3	组部件	阻尼电阻	（1）规格、型号与设计文件及供货合同相符； （2）产地及分供商与设计文件及供货合同相符； （3）外观检查、电阻值测量； （4）核对阻尼电阻厂家型式试验报告； （5）核对阻尼电阻厂家出厂检验报告、合格证等质量证明文件齐全（试验项目包括且不限于外观检查、电阻值测量、绝缘性能检查等）； （6）见证阻尼电阻入厂检验记录完整，签字齐全，批次、数量、规格、型号、存放位置满足要求	W
4		阻尼电容	（1）规格、型号与设计文件及供货合同相符； （2）产地及分供商与设计文件及供货合同相符； （3）外观检查、电容值及介质损耗因数测量； （4）核对阻尼电容厂家型式试验报告； （5）核对阻尼电容厂家出厂检验报告、合格证等质量证明文件齐全； （6）见证阻尼电容入厂检验记录完整，签字齐全，批次、数量、规格、型号、存放位置满足要求	W
5		均压电阻	（1）规格、型号与设计文件及供货合同相符； （2）产地及分供商与设计文件及供货合同相符； （3）外观检查、电阻值测量； （4）核对均压电阻厂家型式试验报告； （5）核对均压电阻厂家出厂检验报告、合格证等质量证明文件齐全； （6）见证均压电阻入厂检验记录完整，签字齐全，批次、数量、规格、型号、存放位置满足要求	W
6		阀电抗器	（1）规格、型号与设计文件及供货合同相符； （2）产地及分供商与设计文件及供货合同相符； （3）外观检查、工频电感值测量； （4）核对电抗器厂家型式试验报告； （5）核对电抗器厂家出厂检验报告、合格证等质量证明文件齐全； （6）见证电抗器入厂检验记录完整，签字齐全，批次、数量、规格、型号、存放位置满足要求； （7）开展阀电抗器延伸监造工作，现场见证供应商生产及质量控制状况，开展阀电抗器抽检	H
7		控制板卡	（1）规格、型号与设计文件及供货合同相符； （2）产地及分供商与设计文件及供货合同相符； （3）外观检查； （4）核对控制板卡型式试验报告； （5）核对控制板卡厂家出厂检验报告、合格证等质量证明文件齐全； （6）见证控制板卡入场检验记录完整，签字齐全，批次、数量、规格、型号、存放位置满足要求； （7）开展控制板卡延伸监造工作，现场见证供应商生产及质量控制状况，开展控制板卡抽检	H

序号	见证项目	见证内容	见证要点及要求	见证方式
8	组部件	光纤	（1）规格、型号与设计文件及供货合同相符； （2）产地及分供商与设计文件及供货合同相符； （3）外观检查； （4）核对阻燃检测报告； （5）核对光纤厂家型式试验报告； （6）核对光纤厂家出厂检验报告、合格证等质量证明文件齐全； （7）见证光纤入厂检验记录完整，签字齐全，批次、数量、规格、型号、存放位置满足要求； （8）阻燃试验报告试验项目符合技术协议要求，结论明确且在有效期内	W
9		结构件	（1）规格、型号与设计文件及供货合同相符； （2）产地及分供商与设计文件及供货合同相符； （3）外观检查； （4）核对出厂检验报告、合格证等质量证明文件齐全； （5）见证结构件入场检验记录完整，签字齐全，批次、数量、规格、型号、存放位置满足要求	W
10		连接件	（1）外观尺寸与设计文件及供货合同相符； （2）产地及分供商与设计文件及供货合同相符； （3）外观检查； （4）核对连接件厂家出厂检验报告、合格证等质量证明文件齐全； （5）见证连接件入厂检验记录完整，签字齐全，批次、数量、存放位置满足要求	W
11		水管、接头	（1）规格、型号与设计文件及供货合同相符； （2）产地及分供商与设计文件及供货合同相符； （3）外观检查； （4）核对水管、接头厂家出厂 1.6MPa 压力试验报告、检验报告、合格证等质量证明文件齐全； （5）见证水管、接头入厂检验记录完整，签字齐全，批次、数量、规格、型号、存放位置满足要求	W
12		阀塔材料	（1）规格、型号与设计文件及供货合同相符； （2）产地及分供商与设计文件及供货合同相符； （3）外观检查； （4）核对阀塔材料厂家出厂检验报告、合格证等质量证明文件齐全； （5）见证阀塔材料入厂检验记录完整，签字齐全，批次、数量、规格、型号、存放位置满足要求	W
13		避雷器	（1）规格、型号与设计文件及供货合同相符； （2）产地及分供商与设计文件及供货合同相符； （3）外观检查； （4）核对避雷器厂家型式试验报告； （5）核对避雷器厂家出厂检验报告、合格证等质量证明文件齐全； （6）见证避雷器入厂检验记录完整，签字齐全，批次、数量、规格、型号、存放位置满足要求	W

续表

序号	见证项目	见证内容	见证要点及要求	见证方式
14	组部件	阀控设备（VCE）	（1）板卡的外观完好，没有任何漏焊，元器件无任何松动现象； （2）核对板卡厂家型式试验报告； （3）核对板卡厂家出厂检验报告、合格证等质量证明文件齐全； （4）机箱的外观完好，内部配线完整； （5）核对机箱厂家出厂检验报告、合格证等质量证明文件齐全； （6）见证机箱电磁兼容（EMC）试验； （7）柜体的外观、尺寸、表面涂层情况良好； （8）核对柜体厂家质量证明文件、材质单、合格证齐全； （9）检查 VCE 的接口设计逻辑符合标准	W

晶闸管换流阀组装品控要点见表 2-4。

表 2-4　　　　　　　　　晶闸管换流阀组装品控要点

序号	见证项目	见证内容	见证要点及要求	见证方式
1	晶闸管组件组装	晶闸管检查	器件的型号、规格、数量与技术文件一致	W
		散热器检查	器件的型号、规格、数量与技术协议和工艺文件一致	W
		专用组装装置检查	液压机械状态良好，液压油液面正常，液压管路及各处接头无渗漏，压力表在校验有效期内	W
		晶闸管组件	检查导电膏成膜均匀完整；检查碟簧外观完好，无划痕磕碰痕迹	W
2	阀框架组装	结构件查验	外观良好，无明显划擦及磕碰痕迹，标识清晰，焊缝符合工艺要求	W
		连接件检查	外观良好，无明显划擦及磕碰痕迹，标识清晰，尤其注意内外螺纹不得有任何损伤	W
		框架组装	各结构件定位、连接、调整、紧固至规定力矩	W
		尺寸检验	检查框架的外形尺寸，对角线没有扭曲变形；检查各结构件位置尺寸符合工艺文件要求	W
		紧固力矩检查	对照力矩表检查各处螺栓连接的紧固力矩与工艺文件要求一致	W
3	阀组件组装	组部件查验	零件、组部件的型号、规格、数量与工艺文件一致；外观良好，无划擦及磕碰痕迹	W
		晶闸管组件安装	按工序作业文件进行定位、调整、安装、紧固、电气连接，安装过程符合工艺文件要求	W
		阻尼电容器安装	按工序作业文件进行定位、调整、安装、紧固、电气连接，安装过程符合工艺文件要求	W
		阻尼电阻安装	按工序作业文件进行定位、调整、安装、紧固、电气连接，安装过程符合工艺文件要求	W
		均压电阻安装	按工序作业文件进行定位、调整、安装、紧固、电气连接，安装过程符合工艺文件要求	W

续表

序号	见证项目	见证内容	见证要点及要求	见证方式
3	阀组件组装	阀电抗器安装	按工序作业文件进行定位、调整、安装、紧固、电气连接，安装过程符合工艺文件要求	W
		晶闸管控制单元安装	按工序作业文件进行定位、调整、安装、紧固、电气连接，安装过程符合工艺文件要求	W
		水冷管件安装	按工序作业文件进行定位、调整、安装、紧固、电气连接，尤其注意内冷接头处的连接牢固可靠，安装过程符合工艺文件要求	W
		电气连接	按工序作业文件进行定位、调整、安装、紧固，尤其注意各母排及端子处电气连接螺栓的紧固检查，安装过程符合工艺文件要求	W
		阀组件成品检验	阀组件成品及组部件表面无磕碰划伤，无扭曲弯曲变形，各处机械连接、电气连接牢固可靠	W
4	包装存栈	内包装抽真空	阀组件外观整洁；内包装密闭，按规范抽真空，抽真空符合工艺文件要求；阀组件箱内定位牢固	W
		包装箱质量检查	包装箱坚固，应密封良好，无任何破损、松动，包装过程符合工艺文件要求	W
		仓储条件和存放状态	库区温湿度适宜，货物堆码整齐，标识清晰齐全，有定期检查记录，需符合工艺文件要求	W

2.2.5　晶闸管换流阀试验品控要点

晶闸管换流阀试验分为型式试验和例行试验，具体试验品控要点见表2-5～表2-7。

表2-5　　　　　　　　　　　　运行型式试验品控要点

序号	见证项目	见证内容	见证要点及要求	见证方式
1	运行型式试验	最大连续运行负荷试验	（1）换流阀或阀组件能够在最恶劣的运行条件下正确运行，不引起晶闸管元件和其他附属元部件的损坏或劣化。 （2）换流阀或阀组件最关键的发热元部件的温升不超过规定的极限范围，并且没有任何元件或材料将经受过高的温度。 （3）换流阀或阀组件在周期性的开通和关断引起的电流和电压冲击下的性能。 （4）在1.05倍的最大连续运行电流水平和1.1倍额定电压下，以连续运行可能出现的最大触发角和关断角，持续运行30min	S
2		最大暂态运行负荷试验（＝90°）	（1）换流阀或阀组件能够在最恶劣的运行条件下正确运行，换流阀温升不超过规定的极限范围，并且没有任何元件或材料将经受过高的温度。 （2）晶闸管元件和其他附属元部件无损坏或劣化。 （3）在1.05倍的触发角为90°时运行电流和1.1倍额定电压下，以触发角略小于90°方式运行10s。 （4）在1.05倍的触发角为90°时运行电流和1.1倍额定电压下，电压过冲不小于1.3，运行时间至少为阀在这种触发角下所允许的运行时间的2倍	S
3		最小交流电压试验，包括最小延迟角试验、最小关断角试验	（1）换流阀在最小稳态/暂态触发角和最小稳态/暂态熄弧角下能正确触发，不发生换相失败。 （2）在换流变压器阀侧电压为最低运行电压（30%额定值）的95%时，换流阀以最不利的电流水平，按最小暂态触发角运行至少1min	S

序号	见证项目	见证内容	见证要点及要求	见证方式
4	运行型式试验	暂时低电压试验	（1）试验结束后试验电压升回初始运行状态。 （2）在暂时低电压运行状态下，阀组件应保持可控。 （3）在交流系统故障引起的暂时低电压期间，晶闸管元件和所有辅助电路能够正常运行，试验时间不短于交流系统清除故障的恢复时间。 （4）试验前，阀组件应在稳态运行状态，试验电流为额定直流电流的 30%，试验持续时间 1min	S
5		直流断续电流试验	（1）阀的触发系统功能正确，不存在换相失败、误触发、阀阻尼电阻器过热、换相过冲过高、某些晶闸管级损坏、保护触发功能或任何晶闸管级其他控制功能出错等。 （2）冷却介质温度稳定在过负荷运行的最高温度后，在 1.1 倍最大稳态电压下进行试验。断续电流或模拟断续电流的持续时间至少为实际运行中该现象持续时间的 2 倍或 2min，然后将试验电路的运行条件调节至试验开始时的状态，并持续正常运行至少 5min。 （3）试验中应将一个晶闸管级的正常触发电路功能闭锁后，以断续电流水平进行至少 15s 的断续电流试验，在试验中监视该晶闸管级的关键发热部件的温度	S
6		晶闸管反向恢复期暂态正向电压试验	（1）阀能耐受暂态正向电压或者安全导通。 （2）对于在阀完全恢复后施加的冲击，阀不应被触发，除非能证明阀被触发是阀保护性触发电路在阀断态期间的正常动作。 （3）在最高结温下，阀能承受电流关断后立即施加的暂态正向电压，试验采用 3 种类型的冲击波形： 类型 1：波头时间 1.2×（1±0.3）μs； 类型 2：波头时间 10×（1±0.3）μs； 类型 3：波头时间 100×（1±0.3）μs。 （4）冲击发生器产生的正向电压峰值略小于正向保护触发电压门槛值。 （5）对于各类型的冲击电压，在电流熄灭后的关键恢复期内不同时刻施加 5 次，在阀完全恢复后，每种类型再施加 3 次附加冲击	S
7		带后续闭锁的短路电流试验	（1）换流阀应保持完全的闭锁能力，以避免换流阀的损坏或其特性的永久改变。 （2）使阀组件流过规定峰值和导通时间的一个周波的短路电流，然后重加正向电压	S
8		不带后续闭锁的短路电流试验	（1）换流阀应能承受两次短路电流冲击之间出现的反向交流恢复电压，其幅值与最大短路电流同时出现的最大暂时工频过电压相同。 （2）使阀组件流过规定峰值和导通时间的 3 个周波的短路电流，阀组件应耐受各波次故障电流之间的反向电压，但应通过连续触发晶闸管使之不经受正向阻断电压	S
9		保护触发连续动作试验	（1）阀组件能承受由于某些晶闸管级保护触发连续动作所产生的严重的电压和电流冲击，正确运行。 （2）试验方法和条件与最大连续运行负荷试验相同，但试验中应将一个晶闸管级的正常触发电路的触发功能闭锁	S

表2-6 绝缘型式试验品控要点

序号	见证项目	见证内容	见证要点及要求	见证方式
1	阀支架绝缘型式试验	直流耐压试验	（1）验证阀和地电位间所有绝缘介质的电压耐受能力，这些绝缘介质包括悬吊支架、冷却水管、光纤和其他与阀支架相关的任何绝缘部件； （2）验证绝缘介质的局部放电值在规定范围内； （3）在3h电压试验的最后1h测量局部放电，并按要求记录超过300pC的局部放电数目	S
2		交流耐压试验	（1）验证阀和地电位间所有绝缘介质的电压耐受能力，这些绝缘介质包括悬吊支架、冷却水管、光纤和其他与阀支架相关的任何绝缘部件； （2）在30min试验的最后10min测量并记录局部放电水平，局部放电水平不应超过200pC	S
3		操作冲击试验	（1）验证阀和地电位间所有绝缘介质的电压耐受能力； （2）试验过程中无异常现象，如放电、电压电流的波形变化、渗漏水等； （3）试验电压符合试验大纲	S
4		雷电冲击试验	（1）验证阀和地电位间所有绝缘介质的电压耐受能力； （2）试验过程中无异常现象，如放电、电压电流的波形变化、渗漏水等； （3）试验电压符合试验大纲	S
5		陡波前冲击试验	（1）验证阀和地电位间所有绝缘介质的电压耐受能力； （2）试验过程中无异常现象，如放电、电压电流的波形变化、渗漏水等； （3）试验电压符合试验大纲	S
6	阀端间绝缘型式试验	直流耐压试验	（1）验证阀和地电位间所有绝缘介质的电压耐受能力，这些绝缘介质包括悬吊支架、冷却水管、光纤和其他与阀支架相关的任何绝缘部件； （2）验证绝缘介质的局部放电值在规定范围内； （3）在3h电压试验的最后1h测量局部放电，并按要求记录超过300pC的局部放电数目	S
7		交流耐压试验	（1）验证阀和地电位间所有绝缘介质的电压耐受能力，这些绝缘介质包括悬吊支架、冷却水管、光纤和其他与阀支架相关的任何绝缘部件； （2）验证绝缘介质的局部放电水平在规定范围内； （3）在30min试验的最后10min测量并记录局部放电水平，局部放电水平不应超过200pC	S
8		湿态直流耐压试验	（1）验证阀在阀结构顶部的一个组件发生冷却液体泄漏的情况下阀和地电位间所有绝缘介质的电压耐受能力； （2）泄漏量为15L/h，在施加直流试验电压时和在此之前至少1h内泄漏量保持恒定； （3）试验过程中无异常现象，如放电、电压电流的波形变化、渗漏水等	S

表 2-7　　　　　　　　　　　　　　例 行 试 验 品 控 要 点

序号	见证项目	见证内容	见证要点及要求	见证方式
1	例行试验	外观检查	（1）组部件外观无划痕、磕碰，无弯曲、扭曲现象； （2）阀组件外观无划痕、磕碰，无弯曲、扭曲现象； （3）检查各处螺栓紧固情况	H
2		均压回路检查	（1）所有主电流回路电气连接、均压电路各器件的连接牢固可靠； （2）均压电路检验，检测均压电路的元件参数； （3）试验电压在功率器件上正确分布	H
3		水压试验	（1）冷却水管及各处接头不能有任何渗漏水现象； （2）管路密封，加压泵将系统压力加到一定压力值，并保压至规定时间	H
4		热循环试验	触发监视以及"信号返回"功能检验	H
5		耐受电压检验和局部放电测量	（1）检查子模块对应于全阀所规定的最大过电压的电压水平； （2）在试验时测量子模块局部放电量	H
6		功能试验	（1）冷却水管及各处接头不能有任何渗漏水现象； （2）管路密封，加压泵将系统压力加到一定压力值，并保压至规定时间	H

2.2.6　晶闸管换流阀组部件延伸监造品控要点

为确保晶闸管换流阀关键原材料及组部件质量，对晶闸管、阳极饱和电抗器等重要组部件开展延伸监造，组部件延伸监造品控要点见表 2-8。

表 2-8　　　　　　　　　　　　　　组部件延伸监造品控要点

序号	见证项目	见证内容	见证要点及要求	见证方式
1	延伸监造	晶闸管	（1）规格、型号与设计文件及供货合同相符； （2）产地及分供商与设计文件及供货合同相符； （3）外观检查； （4）核对晶闸管厂家型式试验报告； （5）核对晶闸管厂家出厂检验报告、合格证等质量证明文件齐全（试验项目包括且不限于门极触发电流、门极触发电压、正/反向重复峰值电压、正/反向不重复峰值电压、关断时间、反向雪崩能力、高温阻断试验等）； （6）开展晶闸管延伸监造，现场见证供应商生产及质量控制情况，开展晶闸管抽检，检查抽检结果是否满足要求（试验项目包括且不限于门极触发电流、门极触发电压、反向重复峰值电压、反向不重复峰值电压、关断时间、反向雪崩能力、高温阻断试验等）	H
2		阳极饱和电抗器	（1）规格、型号与设计文件及供货合同相符； （2）产地及分供商与设计文件及供货合同相符； （3）外观检查、工频电感值测量； （4）核对电抗器厂家型式试验报告； （5）核对电抗器厂家出厂检验报告、合格证等质量证明文件齐全（试验项目包括且不限于线圈直流电阻测量、工频电感量测试、水压试验、进出水口压力差试验、电压-时间面积测量、交流耐压及局部放电试验、短路冲击电流试验、阀电抗器运行电流试验、雷电冲击试验等）；	H

序号	见证项目	见证内容	见证要点及要求	见证方式
2		阳极饱和电抗器	（6）开展阳极饱和电抗器延伸监造，现场见证供应商生产及质量控制情况，开展阳极饱和电抗器抽检（试验项目包括且不限于线圈直流电阻测量、工频电感量测试、水压试验、进出水口压力差试验、电压－时间面积测量、交流耐压及局部放电试验、雷电冲击试验等）	H
3	延伸监造	控制板卡	（1）规格、型号与设计文件及供货合同相符； （2）产地及分供商与设计文件及供货合同相符； （3）外观检查； （4）核对控制板卡型式试验报告（试验包括且不限于电磁兼容试验、环境试验）； （5）核对控制板卡厂家出厂检验报告、合格证等质量证明文件齐全； （6）开展控制板卡延伸监造，现场见证供应商生产及质量控制情况，开展控制板卡抽检（试验项目包括且不限于交变湿热试验）	H

2.2.7 晶闸管换流阀关键组部件延伸监造关键试验

为保证晶闸管产品的质量，需要按照要求进行型式试验、出厂试验，并且按照 1% 抽样比例进行抽检试验，抽检试验项目可以按照出厂试验项目进行。所有试验项目及测试方法应符合 GB/T 15291—2015《半导体器件 第 6 部分：晶闸管》、GB/T 20992—2007《高压直流输电用普通晶闸管的一般要求》、GB/T 21420—2008《高压直流输电用光控晶闸管的一般要求》的要求。

为了对晶闸管产品的质量进行全生命周期管理，检查和评估晶闸管绝缘耐受能力劣化程度，要求晶闸管供应商分别在晶闸管出厂例行试验、阀组件装配后、阀塔现场安装完成后对所有晶闸管级逐一开展正反向耐受电压及泄漏电流测试，试验电压按照正向重复峰值电压（U_{DRM}）、反向重复峰值电压（U_{RRM}）进行，泄漏电流合格判定范围由晶闸管供应商提供。

2.3 柔直换流阀

2.3.1 柔直换流阀结构

柔直换流阀为空气绝缘、水冷却的模块化多电平户内功率器件阀。每个阀组均由六个桥臂单元组成；每个桥臂由数百个功率模块串联构成的阀塔组成，其中包括全桥功率模块和半桥功率模块［以某工程为例，柔直换流阀组六个桥臂单元，每个桥臂单元由 216 个功率模块（含冗余模块 16 只）串联构成的阀塔组成，其中全桥功率模块 156 只（含冗余模块 16 只）、半桥功率模块 60 只］。

柔直换流阀阀塔主要包括阀段组件（4～6 个功率模块串联）、支柱及斜拉绝缘子、导电母排、屏蔽均压结构、阀配水管路、光缆/光纤等。导电母排、阀配水管路和光缆/光纤分别实现与电气回路、换流阀冷却系统和换流阀控制保护系统的连接。

柔直换流阀采用环抱式阀塔结构，设计的原则是将一定数量的功率单元模块集中布置，以阀塔的方式集成换流阀阀段，运输、安装以此集成的单元阀段。换流阀最小单元为换流阀功率模块，若干个换流阀功率模块组成了单元阀段；单元阀段是最小的运输与安装单元。若干个单元阀段构成一个集成式环抱阀塔单元（最大可布置上百个功率模块）；1～2 个集成式环抱阀塔单元构成一个桥臂，图 2-10 为某工程柔直换流阀阀塔，图 2-11 为某工程柔直换流阀阀段。

图 2-10　某工程柔直换流阀阀塔

图 2-11　某工程柔直换流阀阀段

柔直换流阀的阀段由两侧铝型材框架、绝缘横梁、滚动导轨、水管组件、光缆槽组件、功率模块组成。绝缘横梁通过横梁夹头与两侧焊接的铝型材框架可靠连接，形成框架。绝缘横梁之间布置滚动导轨，滚动导轨将模块底板与横梁的滑动摩擦变为滚动摩擦，方便模块的安装与检修。模块上方就近布置光缆槽和水管，每个阀段有 4～6 个功率模块，模块通过滚动导轨可实现在阀段上的推拉及固定。

换流阀功率模块一次侧安装功率器件单元压紧机构、连接母排，二次侧安装控制盒组件，控制盒组件可整体安装、拆卸，控制板卡和电源板卡位于控制盒内，通过导轨、限位块和端子可实现单独插拔。此结构具有通用性好、维护方便、结构紧凑等特点，同时满足电力设备的耐受高压、耐受大电流、耐受强电磁干扰、良好的散热性能，电气接线的可操作性、可维护性等特点。经过优化设计，既考虑到对称性，又考虑了寄生参数的影响，对柔直换流阀的性能提供可靠的保证。全桥功率模块和半桥功率模块的结构尺寸和安装方式完全兼容、水冷接口完全兼容、阀控结构完全兼容且自适应控制策略，实现了在工程现场调整提高全桥功率模块比例完全不影响工程工期。图 2-12 为柔直换流阀半桥功率模块，图 2-13 为柔直换流阀全桥功率模块。

图 2-12　柔直换流阀半桥功率模块

图 2-13　柔直换流阀全桥功率模块

功率模块采用可抽拔式设计，方便安装、检修和维护。柔直换流阀阀塔支架上安装有并列布置的滚动导轨，功率模块推入和拉出时底板与滚动导轨之间为滚动摩擦，很容易推入和拉出。同时模块底板上安装有滚动导轨，模块头可单独通过底板上的滚动导轨与储能电容进行对接和分离，方便功率模块的检修，实现了分离式安装与检修，如图 2-14 所示。功率模块在压紧机构组件及储能电容上方均可安装吊耳，可整体吊装单元阀段，也可分别单独吊装功率模块，便于单元阀段的生产与安装维护。

图 2-14　功率模块与阀段分离检修示意图

柔直换流阀采用模块化多电平拓扑结构，其中半桥子模块（half-bridge sub-module，HBSM）拓扑结构如图 2-15 所示。它由两个 IGBT、两个反并联二极管及一个直流电容器组成。正常工作时 S1、S2 交替导通。根据子模块内 S1、S2 的开关状态和电流流通方向，可将子模块分为全电压、零电压和闭锁三种运行状态。

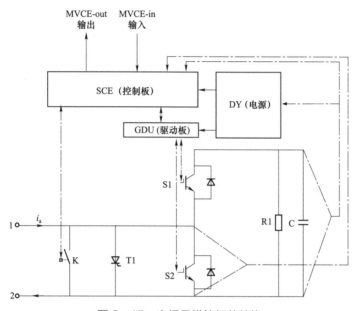

图 2-15　半桥子模块拓扑结构

全桥子模块（full-bridge sub-module，FBSM）拓扑结构如图 2-16 所示。它由 4 个 IGBT 和 4 个反并联二极管组成。C 为子模块电容；U_C 为电容电压值；U_{SM} 为 FBSM 输出电压值。定义桥臂电流 i_a 正方向为流入子模块正端口的方向，反之则为负方向。S1、S4 导通时，$U_{SM} = U_C$；S2、S3 导通时，$U_{SM} = -U_C$；S1、S3 或 S2、S4 导通时，$U_{SM} = 0$。

FBSM 的运行状态分为闭锁、投入和切除三种状态。稳态运行时，子模块工作在投入或切除状态；而在模块化多电平换流器（MMC）不控启动充电阶段和系统出现故障情况下，子模块则工作在闭锁状态。当全桥子模块只输出两种电平（1、0）或（-1、0），开关动作时，子模块电平变化的方向是唯一的，与半桥子模块类似。此时，全桥子模块投入和切除的控制策略与半桥相同，仅 IGBT 选通信号不同。由于与 HBSM 相比，FBSM 多了负电平输出功能，故可以通过调制作用在保证其直流电压恒定的前提下，输出交流相电压，其峰值略高于单极直流电压，可有效降低输入换流器的电流，进而降低换流器的运行损耗。此时 FBSM 可输出三种电平（1、0、-1），采用的投入和切除的控制策略与半桥子模块不同。

与 HBSM 相比，FBSM 在直流故障清除方面具有相当大的优势。模块化多电平换流器拓扑通过将子模块电容引入桥臂，利用电容电压来关断续流二极管。由于电力电子器件的开关速度非常快，从而能够在极短时间内切除故障电流，因此无须断开交流断路器。其还具有直流故障闭锁能力，能够在发生瞬时性故障后实现系统的快速重启，恢复供电，经济效益好。

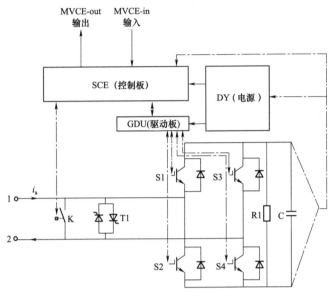

图 2-16 全桥型子模块拓扑结构

2.3.2 柔直换流阀技术要求

柔直换流阀应为水冷却、空气绝缘、户内安装的支撑式换流阀。所采用的电力电子功率器件以及其他所有元部件是成熟、可靠的商业产品，其各种特性已得到完全证实。柔直换流阀设计必须结构合理、运行可靠、维修方便，应保证便于清扫、更换柔直换流阀的各种元部件或组件。在更换功率模块或其内部相关部件时，应尽可能降低冷却水的泄漏，不应造成整个水冷系统的排水。

柔直换流阀功率模块采用光纤触发方式，起到高低压之间的隔离。触发系统的布置应便于光纤的开断和更换，同时还应避免安装时对光纤造成机械损坏。触发系统的供电由功率模块电容提供，在功率模块电压可以满足取能电路要求时，触发系统保证正常工作。在此前提下，任何系统故障都不会影响触发系统按照控制指令动作，如果系统故障导致取能电路供电不足，则在触发系统不能正常工作之前，换流阀应采取相应的保护措施避免阀的损坏或出现不受控的情况。

柔直换流阀功率模块应设置安全措施，保证功率模块内部故障后能够可靠长期旁路或呈现可靠长期短路状态，保证在柔直换流阀启动和运行全过程中，柔直换流阀旁路的功率模块数量在冗余范围以内，不允许因为功率模块故障原因（如旁路开关拒动、取能电源异常）导致换流阀闭锁或任何形式的停运。柔直换流阀故障不应威胁到运行人员的安全。某柔直换流站换流阀主要技术参数见表 2-9。

表 2-9　　　　　　　　　　某柔直换流站换流阀主要技术参数表

序号	名　称		数　据
1	功率模块	每桥臂总功率模块数量（不包括冗余）	200 个，在不含冗余且功率模块在额定运行电压情况下，每桥臂的电压输出能力不低于 420kV
		每桥臂全桥功率模块数量（不包括冗余）	148 个
		每桥臂半桥功率模块数量（不包括冗余）	52 个
		每桥臂冗余功率模块数量	16 个全桥功率模块（冗余度为 8%）
		额定直流运行电压（V）	2100V（4500V 器件）
		额定交直流电流（A）	$>1042I_{dc}+1472I_{ac-rms\_50Hz}$
2	绝缘水平	换流阀直流端间操作冲击耐受水平（kV）	高端阀组：≥1050； 低端阀组：≥1050
		换流阀端对地操作冲击耐受水平（kV）	高端阀组：≥1600； 低端阀组：≥1050
		换流阀桥臂端间操作冲击耐受水平（kV）	高端阀组：≥850； 低端阀组：≥850
		换流阀直流端间雷电冲击耐受水平（kV）	高端阀组：≥1300； 低端阀组：≥1300
		换流阀端对地雷电冲击耐受水平（kV）	高端阀组：≥1950； 低端阀组：≥1300
		换流阀桥臂端间雷电冲击耐受水平（kV）	高端阀组：≥850； 低端阀组：≥850
3	换流阀损耗（含全部冗余功率模块，不包含阀冷系统）		<10 589.6kW，满足单个阀组小于 1% 的要求
4	冷却方式		闭式循环水 – 水冷却
5	绝缘方式		空气绝缘
6	安装方式		户内支撑

2.3.3　柔直换流阀设计及结构特点

1. 功率器件 IGBT 选型

换流阀功率器件采用压接式 IGBT，目前各种型号 IGBT 的外形如图 2-17～图 2-19 所示。

图 2-17　功率器件外形图（厂商 A）

图 2-18　功率器件外形图（厂商 B）

图 2-19 功率器件外形图（厂商 C）

IGBT 是柔性直流输电系统最为核心的部件，IGBT 的安全工作区域（safe operation area，SOA）限定了各种临界的不至于导致器件损坏的运行状态。IGBT 的续流二极管同样存在安全工作区域，除电压和电流边界曲线外，主要受到反向恢复能量的限制，因此称为 RRSOA（reverse recovery SOA）。RBSOA 限定了周期性关断的运行状态（可以理解为正常运行状态）时的安全工作区域。

IGBT 满足柔直换流阀运行过程中运行电流的开通和关断，在额定直流电压以及过电压条件下，对 4500V/2000A IGBT 功率模块进行试验，以测试 IGBT 的开关特性、短路特性以及二极管反向恢复特性。试验表明，IGBT 在最大稳态工况运行时开通、关断的过程平滑无震荡。根据 IGBT 的实测工作曲线，IGBT 在开关过程中位于其反偏安全工作区（RBSOA）之内，换流阀 IGBT 的关断电压尖峰具有足够的安全裕量。

2. 直流支撑电容器

直流支撑电容器是柔性直流输电系统的关键元件之一，如图 2-20 所示。它是电压源换流器直流侧储能元件，为换流器提供直流电压；同时可缓冲系统故障时引起的直流侧电压波动，减少直流侧电压纹波并为受端站提供直流电压支撑。

直流支撑电容器采用金属化薄膜材料，薄膜金属化技术原理是在薄膜介质表面蒸镀上足够薄的金属层，在介质存在缺陷的情况下，该镀层能够蒸发并因此隔离该缺陷点起到保护作用，这种现象称为自愈。直流支撑电容器的选型设计需核实电容的额定电压、电容值、纹波电流、纹波电压、损耗、温升、寿命等参数。表 2-10 为某特高压多端混合直流工程直流支撑电容器主要技术参数。

图 2-20 直流支撑电容器

表 2-10　某特高压多端混合直流工程直流支撑电容器主要技术参数表

参数名称	单位	数值
电容量	mF	9
容值偏差	—	0%~5%
单只电容标称电流有效值	A	600
额定电压	V	2800
过电压耐受能力	V	1.10U_N 30%负荷周期； 1.15U_N 30 min； 1.20U_N 5 min； 1.30U_N 1 min； 1.50U_N 30ms，1000 次 （U_N为额定电压）
杂散电感	nH	<55
浪涌电流	kA	≥700

3. 取能电源要求

取能电源的主要作用是给功率模块内控制板、驱动板及其他板卡供电。取能电源从直流电容取电，输出板卡所需的供电电源。取能电源工作电压范围宽，通过电源变换给板卡提供稳定的 15V 和 220V（或 400V）供电电压。为避免功率模块取能电源发生故障，引起功率模块旁路，取能电源采用交叉冗余高电位取能设计，如图 2-21 所示，即将两个模块的高压电源输出端进行交叉互联，实现冗余供电。在某一个模块高压电源故障的情况下，由相邻模块的高压电源继续给该功率模块供电，最大限度地保证了柔直换流阀功率模块的供电可靠性。

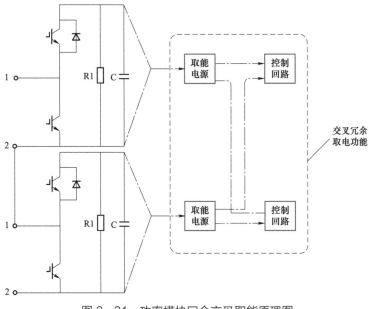

图 2-21　功率模块冗余交叉取能原理图

4. 旁路开关及旁路晶闸管设计选型

功率模块发生故障时,旁路开关合闸形成长期可靠稳定通路,将故障模块从系统中切出而不影响系统继续运行。旁路开关合闸时间快,从线圈加电至旁路开关主触点闭合最大仅需 3.5ms,且无拉弧、无弹跳,降低了功率模块故障后电容过电压风险,图 2-22 为旁路开关,表 2-11 为某柔性直流工程换流阀功率模块旁路开关主要技术参数。

图 2-22 一种旁路开关实物图

表 2-11 某柔性直流工程换流阀功率模块旁路开关主要技术参数表

序号	项目		单位	参数
1	额定电压		V	DC 3600
2	额定电流		A	2500
3	工频耐受电压(1min)	主触点之间(断口)、主触点与辅助触点之间、主触点与线圈之间	kV	10
		线圈与辅助触点之间	kV	2
4	机械操作次数		次	2000
5	额定电流时所有元件温升		K	≤55
6	触头开距		mm	2.0~2.5
7	主回路电阻		μΩ	≤25
8	合闸时间		ms	<3.5
9	触头合闸弹跳时间		ms	0

旁路晶闸管的主要作用是:当旁路开关拒动时,通过击穿晶闸管以实现功率模块旁路,如图 2-23 所示。由于换流阀有全桥功率子模块,所以晶闸管需要采用双向晶闸管,晶闸管击穿电压按照子模块参数进行设计。

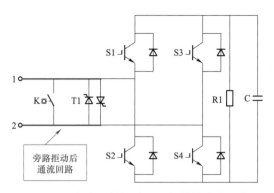

图 2-23　旁路开关拒动，晶闸管被击穿示意图

5. 阀塔外绝缘设计

屏蔽罩和均压环用来屏蔽外界对换流阀内部的电磁干扰，使阀塔内部电场分布均匀，降低阀塔之间的相互电磁辐射。屏蔽罩表面光洁平整、无毛刺和凸出部分，有效降低了局部放电的危险；边缘和棱角按圆弧设计，降低了它们在高电压下发生电晕放电的危险。

柔直换流阀的屏蔽均压结构主要分为层间角屏蔽、顶部均压管母、层间均压环、底层均压环、阀基绝缘子均压环、塔顶均压环等多种类型，如图 2-24 所示。结合电磁场计算校核及电气高压绝缘试验，优化角连接半径、外围圆角半径，保证周围电场的均匀。

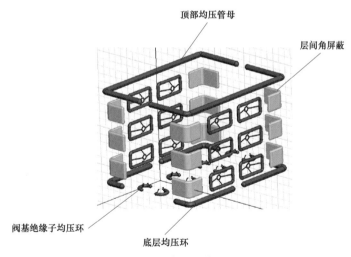

图 2-24　换流阀屏蔽罩示意图

6. 柔直换流阀防火防爆要求

柔直换流阀应采取有效防范措施，将火灾危险降到最低限度。正常运行工况下，功率模块及其元件均不应发生物理外观爆裂。当功率模块发生故障时，应能够快速将其旁路。功率模块除开关器件以外的其他元件，如直流电容器、晶闸管、放电电阻等，设计方案应采取有效的防爆措施，防止故障元件发生物理外观爆裂对其他设备元件造成损

坏，不影响其他设备元件的正常运行。

7. 柔直阀控系统

柔直阀控系统的功能位置相当于常规直流系统的阀基电子设备，其主要功能是接收阀组控制层的调制波，进行环流抑制、功率模块电容电压平衡控制等；同时阀控系统还会接收功率模块电容电压、旁路状态等信息；此外还实现阀控系统故障监视、切换、告警逻辑处理等。阀控系统控制原理流程简图如图 2-25 所示。

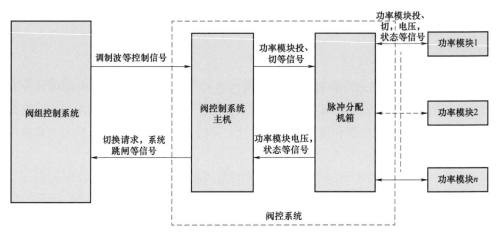

图 2-25 阀控系统控制原理流程简图

一套柔直阀控设备包括 A、B 两套完全独立的系统，互为冗余备用，运行过程中可实现无缝切换。阀控系统内部机箱之间、屏柜之间以及阀控系统与控制保护和换流阀功率模块的接口都采用光纤通信，抗干扰能力强，通信稳定可靠。两套阀控系统之间采用冗余的两组光纤进行通信，通信内容包括值班信号、环流抑制结果等。在系统切换时，环流抑制结果跟随切换，图 2-26 为阀控系统间通信示意图。

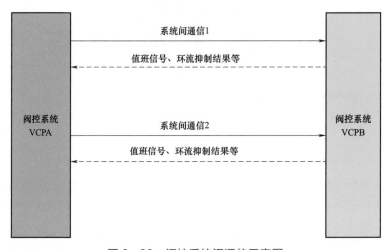

图 2-26 阀控系统间通信示意图

阀控系统内置故障录波功能，方便对各种故障进行分析定位。阀控保护采用完全冗余 AB 套三取二保护配置，不配置单独的三取二主机，在阀控主机 VCPA/B 中配置三取二逻辑元件，阀快速保护三取二 AB 套完全对称的设计方案如图 2-27 所示。原则上，以上任意一套保护故障不影响另外一套三取二逻辑单元正常工作。

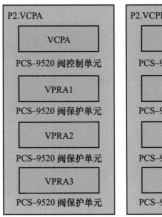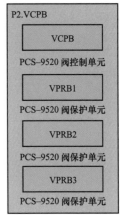

图 2-27　阀快速保护三取二 AB 套完全对称的设计方案

2.3.4　柔直换流阀生产过程品控要点

监造组在生产开工前应对制造厂的质量体系、生产准备等情况进行检查见证。生产前检查品控要点见表 2-12。

表 2-12　　　　　　　　　　　生产前检查品控要点

序号	见证项目	见证内容	见证要点及要求	见证方式
1	生产前检查	质量及环境安全体系审查	审查制造商质量管理体系、安全、环境、计量认证证书等是否在有效期内	W
2		工装试验设备检查	（1）检查实验室资质认证情况、试验能力是否满足工程需要； （2）检查试验设备检测记录，查看检测结果及有效期； （3）检查生产设备、工器具是否满足工程需要	W
3		设计冻结的技术资料	（1）检查阻燃性报告、防松措施、通流能力计算报告是否满足质量要求； （2）检查设计冻结会纪要和冻结会议要求提交的报告； （3）核对设计冻结其他技术资料； （4）核对厂家响应技术参数表是否满足工程需要	W
4		排产计划	（1）审查制造厂提交的生产计划，明确该生产计划在厂内生产执行的可行性； （2）审查其能否满足工程交货期要求（落实关键原材料及组部件的供货是否满足要求）	W

原材料及组部件品控要点见表 2-13。

表 2-13　　　　　　　　　　　原材料及组部件品控要点

序号	见证项目	见证内容	见证要点及要求	见证方式
1	组部件	功率器件	（1）规格、型号与设计文件及供货合同相符； （2）产地及分供商与设计文件及供货合同相符； （3）外观检查； （4）核对功率器件厂家型式试验报告； （5）核对功率器件厂家出厂检验报告、合格证等质量证明文件齐全； （6）见证功率器件入厂检验记录完整，签字齐全，批次、数量、规格、型号、存放位置满足要求； （7）开展功率器件延伸监造，对功率器件进行抽检，检查抽检结果满足要求	H

序号	见证项目	见证内容	见证要点及要求	见证方式
2	组部件	散热器	（1）规格、型号与设计文件及供货合同相符； （2）产地及分供商与设计文件及供货合同相符； （3）外观检查； （4）核对散热器厂家出厂检验资料、检验报告、合格证等质量证明文件齐全； （5）见证散热器入厂检验记录完整，签字齐全，批次、数量、规格、型号、存放位置满足要求	W
3		直流电容器	（1）规格、型号与设计文件及供货合同相符； （2）产地及分供商与设计文件及供货合同相符； （3）外观检查、电容值测量； （4）核对直流电容器厂家型式试验报告； （5）核对直流电容器厂家出厂检验报告、合格证等质量证明文件齐全； （6）见证直流电容器入厂检验记录完整，签字齐全，批次、数量、规格、型号、存放位置满足要求； （7）开展直流电容器延伸监造，检查供应商生产及质量控制情况，开展直流电容器抽检，抽检项目与业主方讨论确认	W
4		电子线路板	（1）规格、型号与设计文件及供货合同相符； （2）产地及分供商与设计文件及供货合同相符； （3）外观检查； （4）核对电子线路板型式试验报告； （5）核对电子线路板厂家出厂检验报告、合格证等质量证明文件齐全； （6）见证电子线路板入场检验记录完整，签字齐全，批次、数量、规格、型号、存放位置满足要求； （7）开展电子线路板延伸监造，现场见证供应商生产及质量控制情况，开展电子线路板抽检	W
5		均压电阻	（1）规格、型号与设计文件及供货合同相符； （2）产地及分供商与设计文件及供货合同相符； （3）外观检查、电阻值测量； （4）核对均压电阻厂家型式试验报告； （5）核对均压电阻厂家出厂检验报告、合格证等质量证明文件齐全（试验项目包括且不限于外观检查、电阻值测量、绝缘性能检查等）； （6）见证均压电阻入厂检验记录完整，签字齐全，批次、数量、规格、型号、存放位置满足要求	W
6		旁路开关 （如有）	（1）规格、型号与设计文件及供货合同相符； （2）产地及分供商与设计文件及供货合同相符； （3）外观检查，旁路开关接线母排外观良好，表面无划痕； （4）动作参数满足使用要求； （5）核对旁路开关厂家出厂检验报告、合格证等质量证明文件齐全（试验项目应包括切不限于主回路绝缘试验、辅助及控制回路测试、主回路电阻测量、密封试验、机械操作试验等项目）； （6）核对旁路开关的型式试验报告	W
7		晶闸管 （如有）	（1）规格、型号与设计文件及供货合同相符； （2）产地及分供商与设计文件及供货合同相符； （3）外观检查； （4）核对晶闸管厂家型式试验报告； （5）核对晶闸管厂家出厂检验报告、合格证等质量证明文件齐全； （6）见证晶闸管入厂检验记录完整，签字齐全，批次、数量、规格、型号、存放位置满足要求	W

续表

序号	见证项目	见证内容	见证要点及要求	见证方式
8		取能电源	（1）分供商、型号与设计文件及供货合同相符； （2）外观检查； （3）核对取能电源的型式试验报告； （4）核对取能电源出厂检验报告、合格证等质量证明文件齐全； （5）见证取能电源入场检验记录完整，签字齐全，批次、数量、规格、型号、存放位置满足要求； （6）开展取能电源的延伸监造，现场见证供应商生产及质量控制情况，开展取能电源抽检	W
9		光纤	（1）规格、型号与设计文件及供货合同相符； （2）产地及分供商与设计文件及供货合同相符； （3）外观检查； （4）核对阻燃检测报告； （5）核对光纤厂家型式试验报告； （6）核对光纤厂家出厂检验报告、合格证等质量证明文件齐全； （7）见证光纤入厂检验记录完整，签字齐全，批次、数量、规格、型号、存放位置满足要求； （8）阻燃试验报告试验项目符合技术协议要求，结论明确且在有效期内	W
10		结构件	（1）规格、型号与设计文件及供货合同相符； （2）产地及分供商与设计文件及供货合同相符； （3）外观检查； （4）出厂检验报告、合格证等质量证明文件齐全； （5）入场检验记录完整，签字齐全，批次、数量、规格、型号、存放位置满足要求	W
11	组部件	连接件	（1）外观尺寸与设计文件及供货合同相符； （2）产地及分供商与设计文件及供货合同相符； （3）外观检查； （4）核对连接件厂家出厂检验报告、合格证等质量证明文件齐全； （5）见证连接件入厂检验记录完整，签字齐全，批次、数量、存放位置满足要求	W
12		水管、接头	（1）规格、型号与设计文件及供货合同相符； （2）产地及分供商与设计文件及供货合同相符； （3）外观检查； （4）核对水管、接头厂家出厂 1.6MPa 压力试验报告、检验报告、合格证等质量证明文件齐全； （5）见证水管、接头入厂检验记录完整，签字齐全，批次、数量、规格、型号、存放位置满足要求	W
13		阀塔材料	（1）规格、型号与设计文件及供货合同相符； （2）产地及分供商与设计文件及供货合同相符； （3）外观检查； （4）核对阀塔材料厂家出厂检验报告、合格证等质量证明文件齐全； （5）见证阀塔材料入厂检验记录完整，签字齐全，批次、数量、规格、型号、存放位置满足要求	W
14		阀控设备 （VCE）	（1）板卡的外观完好，没有任何漏焊，元器件无任何松动现象； （2）核对板卡厂家型式试验报告； （3）核对板卡厂家出厂检验报告、合格证等质量证明文件齐全； （4）机箱的外观完好，内部配线完整； （5）核对机箱厂家出厂检验报告、合格证等质量证明文件齐全； （6）见证机箱电磁兼容（EMC）试验； （7）柜体的外观、尺寸、表面涂层情况良好； （8）核对柜体厂家质量证明文件、材质单、合格证齐全； （9）检查 VCE 的接口设计逻辑符合标准	H

柔直换流阀组装品控要点见表2-14。

表2-14 柔直换流阀组装品控要点

序号	见证项目	见证内容	见证要点及要求	见证方式
1	功率器件组装	功率器件检查	(1) 器件的型号、规格、数量与技术文件一致; (2) 功率器件外观包装应完好,标识清晰	W
		散热器检查	(1) 器件的型号、规格、数量与技术协议和工艺文件一致; (2) 散热器的外观、尺寸、表面处理情况良好,接触面无可见划擦及磕碰痕迹; (3) 散热器水口尺寸(外/内径、水口净深度)符合相关技术要求,水口处于密封状态,内螺纹完好	W
		专用组装装置检查	专用组装装置检查	W
		功率器件组装质量检查	(1) 功率器件安装过程检查; (2) 功率器件装配质量检查	W
2	子模块装配	功率器件装配体安装	按工序作业文件进行定位、调整、安装、紧固、电气连接,安装过程符合工艺文件要求	W
		旁路开关安装(如有)	按工序作业文件进行定位、调整、安装、紧固、电气连接,安装过程符合工艺文件要求	W
		晶闸管安装(如有)	按工序作业文件进行定位、调整、安装、紧固、电气连接,安装过程符合工艺文件要求	W
		直流电容器安装	按工序作业文件进行定位、调整、安装、紧固、电气连接,安装过程符合工艺文件要求	W
		取能电源安装	按工序作业文件进行定位、调整、安装、紧固、电气连接,安装过程符合工艺文件要求	W
		电子线路板安装	按工序作业文件进行定位、调整、安装、紧固、电气连接,安装过程符合工艺文件要求	W
		水冷管件安装	按工序作业文件进行定位、调整、安装、紧固、电气连接,尤其注意内冷接头处的连接牢固可靠,安装过程符合工艺文件要求	W
		装配工艺过程检验	检查子模块各工序的作业记录和作业检查记录	W
		子模块成品检验	(1) 外观检查; (2) 各机械连接、电气连接牢固可靠	H
3	阀段装配	组部件检查	(1) 零件、组部件的型号、规格、数量与工艺文件一致; (2) 外观良好,无划擦及磕碰痕迹	W
		阀框架组装	(1) 组装台架状态良好; (2) 各结构件定位、连接、调整、紧固至规定力矩	W
		子模块安装	按工序作业文件进行定位、调整、安装、紧固、电气连接,安装过程符合工艺文件要求	W
		水冷管件安装	按工序作业文件进行定位、调整、安装、紧固、电气连接,尤其注意内冷接头处的连接牢固可靠,安装过程符合工艺文件要求	W
		电气连接	按工序作业文件进行定位、调整、安装、紧固,尤其注意各母排及端子处电气连接螺栓的紧固检查,安装过程符合工艺文件要求	W
		装配工艺过程检验	阀组件成品及组部件表面无磕碰、划伤,无扭曲、弯曲、变形,各处机械连接、电气连接牢固可靠	W
		阀段成品检验	(1) 外观检查; (2) 各机械连接、电气连接牢固可靠	W

续表

序号	见证项目	见证内容	见证要点及要求	见证方式
4	包装存栈	内包装抽真空	（1）阀组件外观整洁； （2）内包装密闭，按规范抽真空，抽空符合工艺文件要求； （3）阀组件箱内定位牢固	W
		包装箱质量检查	包装箱坚固，应密封良好，无任何破损、松动，包装过程符合工艺文件要求	W
		仓储条件和存放状态	库区温湿度适宜，货物堆码整齐，标识清晰齐全，有定期检查记录，需符合工艺文件要求	W

2.3.5 柔直换流阀试验品控要点

柔直换流阀试验分为型式试验和例行试验，具体试验项目见表 2-15～表 2-17。

表 2-15 运行型式试验品控要点

序号	见证项目	见证内容	见证要点及要求	见证方式
1		最小直流电压试验	能保证换流器电子电路正常工作的最小直流电压（标幺值小于 0.2，偏差不大于 2%），试验持续时间不少于 10min	S
2		功率器件过电流关断试验	子模块电容峰值电压不小于 3.05kV，电流上升率不低于 10A/μs，换流阀过电流关断试验的试验电流值为 4000A，负误差不超过 3%	S
3		最大电流连续运行能力试验	试验电压在最大连续直流电压（考虑电容电压正 10% 的波动和 1.05 的安全系数）的基础上，测试开关频率应基于最大连续开关频率。持续测试时间应在冷却剂出口温度稳定后不少于 120min	S
4		最大短时过电流运行能力试验	试验电流标幺值为 1.2，直流分量和交流分量都满足要求，试验时间 0.5s	S
5	运行型式试验	最大电压连续运行能力试验	试验电流必须是在最高环境温度下的额定电流，所有功率模块电压瞬时值的最大值不低于 3050V，持续测试时间不少于 1min。试验完成后进行最大电流连续运行能力试验 10min	S
6		短路电流试验	功率模块的耐受电压值达到阀端交、直流耐压试验要求的 10s 短期试验值	S
7		故障旁路试验	（1）旁路开关正确动作：最大电流连续运行能力试验时，故障模块旁路开关可靠合闸。 （2）旁路开关拒动：要求试验后，预期旁路的功率模块呈现可靠短路状态，并且试验过程中不出现爆炸、固体飞溅、水管破裂等破坏性现象，试验结束后对该功率模块进行通流试验，时间不低于 72h。在第一个 24h 时间内，按照额定电流开展；在第二个 24h 时间内，进行 0.1～1.0（标幺值）间的功率循环试验；在第三个 24h 时间内，按照额定电流开展	S
8		损耗测量试验	试验电流 1238A，功率模块试验电压不低于 2100V，阀段试验电压不低于 12.6kV，测试开关频率不低于 150Hz。换流阀损耗结果符合理论值	S

续表

序号	见证项目	见证内容	见证要点及要求	见证方式
9	运行型式试验	功率模块过压短路试验	和故障旁路试验（旁路开关拒动工况）合并进行，对功率模块进行持续加压，直至功率模块呈现可靠短路状态。随后，对该功率模块进行通流试验，时间不低于168h。每24h开展不低于5次0.1～1.0（标幺值）间的功率变化试验	S
10		功率模块抗干扰测试	在换流阀最大电流连续运行能力试验、最大短时过电流运行能力试验、阀冲击试验和功率器件过电流关断中： 不会发生功率器件误触发或导通顺序混乱； 功率模块控制电路按照预定动作； 不会发生错误指示	S

表 2−16 　　　　　　　　　绝缘型式试验见证

序号	见证项目	见证内容	见证要点及要求	见证方式
1	绝缘型式试验	阀支架直流耐压试验	（1）验证阀和地电位间所有绝缘介质的电压耐受能力，这些绝缘介质包括悬吊支架、冷却水管、光纤和其他与阀支架相关的任何绝缘部件； （2）验证绝缘介质的局部放电值在规定范围内； （3）在3h电压试验的最后1h测量局部放电，并按要求记录超过300pC的局部放电数目	S
2		阀支架交流耐压试验	（1）验证阀和地电位间所有绝缘介质的电压耐受能力，这些绝缘介质包括悬吊支架、冷却水管、光纤和其他与阀支架相关的任何绝缘部件； （2）在30min试验的最后10min测量并记录局部放电水平，局部放电水平不应超过200pC	S
3		阀支架雷电冲击试验	（1）验证阀和地电位间所有绝缘介质的电压耐受能力； （2）试验电压符合试验大纲	S
4		阀支架操作冲击试验	（1）验证阀和地电位间所有绝缘介质的电压耐受能力； （2）试验电压符合试验大纲	S
5		阀支架陡波冲击试验	（1）验证阀和地电位间所有绝缘介质的电压耐受能力； （2）试验电压符合试验大纲	S
6		阀端交、直流耐压试验	（1）验证绝缘介质的局部放电值在规定范围内； （2）在3h电压试验的最后1h测量局部放电，并按要求记录超过300pC的局部放电数目； （3）验证阀和地电位间所有绝缘介质的电压耐受能力，这些绝缘介质包括悬吊支架、冷却水管、光纤和其他与阀支架相关的任何绝缘部件； （4）在30min试验的最后10min测量并记录局部放电水平，局部放电水平不应超过200pC	S
7		湿态直流耐压试验	（1）验证阀在阀结构顶部的一个组件发生冷却液体泄漏的情况下阀和地电位间所有绝缘介质的电压耐受能力； （2）泄漏量为15L/h，在施加直流试验电压时和在此之前至少1h内泄漏量保持恒定	S

表 2-17　　　　　　　　　　　　　　例 行 试 验 见 证

序号	见证项目	见证内容	见证要点及要求	见证方式
1	例行试验	外观检查	组部件外观无划痕、磕碰，无弯曲、扭曲现象	H
2		电气连接检查	所有主电流回路电气连接、均压电路各器件的连接牢固可靠	H
3		辅助设备检验	（1）检查每个子模块的辅助设备功能正常； （2）检查整阀的辅助设备功能正常	H
4		触发监视及"信号返回"功能的检验	触发监视及"信号返回"功能的检验	H
5		耐受电压检验	（1）检查子模块对应于全阀所规定的最大过电压的电压水平； （2）在试验时测量子模块局部放电量	H
6		水压试验	（1）冷却水管及各接头不能有任何渗漏水现象； （2）管路密封，加压泵将系统压力加到一定压力值，并保压至规定时间	H
7		开通关断试验	验证每级功率器件触发关断信号功能正常	H
8		子模块例行试验	按照国际电工技术委员会（IEC）所推荐的试验程序或者国际上其他可接受的标准进行试验并出具试验报告	H

2.3.6　组部件延伸监造品控要点

为确保柔直换流阀关键原材料及组部件质量，对功率器件 IGBT、直流电容器等组部件开展延伸监造，组部件延伸监造品控要点见表 2-18。

表 2-18　　　　　　　　　　　　组部件延伸监造品控要点

序号	见证项目	见证内容	见证要点及要求	见证方式
1	延伸监造	功率器件 IGBT	（1）外观检查，核对 IGBT 厂家型式试验报告； （2）核对 IGBT 厂家出厂检验报告； （3）开展 IGBT 延伸监造，对 IGBT 进行抽检，检查抽检结果是否满足要求（试验项目应包括高温静态测试、高温动态测试、安全工作区测试及常温静态测试等）	H
2		直流支撑电容	（1）外观检查、电容值测量； （2）核对直流电容器厂家型式试验报告； （3）核对直流电容器厂家出厂检验报告、合格证等质量证明文件齐全； （4）开展直流电容器延伸监造，检查供应商生产及质量控制情况，开展直流电容器抽检，抽检项目与业主方讨论确认	H
		旁路开关	（1）规格、型号与设计文件及供货合同相符； （2）产地及分供商与设计文件及供货合同相符； （3）核对旁路开关厂家型式试验报告； （4）核对旁路开关厂家出厂检验报告、合格证等质量证明文件齐全； （5）开展旁路开关延伸监造，检查供应商生产及质量控制情况，开展旁路开关抽检，抽检项目与业主方讨论确认	H

序号	见证项目	见证内容	见证要点及要求	见证方式
3	延伸监造	控制板卡	（1）规格、型号与设计文件及供货合同相符； （2）产地及分供商与设计文件及供货合同相符； （3）外观检查； （4）核对控制板卡厂家型式试验报告； （5）核对控制板卡厂家出厂检验报告、合格证等质量证明文件齐全； （6）开展控制板卡延伸监造，现场见证供应商生产及质量控制情况，开展控制板卡抽检	H
4		取能电源	（1）分供商、型号与设计文件及供货合同相符； （2）外观检查； （3）核对取能电源的型式试验报告； （4）核对取能电源出厂检验报告、合格证等质量证明文件齐全； （5）开展取能电源的延伸监造，现场见证供应商生产及质量控制情况，开展取能电源抽检（试验项目包括且不限于交变湿热试验）	H

2.3.7 柔直换流阀功率模块关键试验说明

1. 子模块过电压短路试验

试验目的：验证柔直换流阀功率模块应设置安全措施，保证功率模块内部故障后能够可靠长期旁路或呈现可靠长期短路状态，应保证在换流阀启动和运行全过程中，换流阀旁路的功率模块数量在冗余范围以内，不允许因为功率模块故障原因（如旁路开关拒动、取能电源异常）导致换流阀闭锁或任何形式的停运。

试验对象：至少两个完整的功率模块（半桥功率模块和全桥功率模块各一个）。

试验方法：在功率模块二次系统不带电工作的情况下，对功率模块进行持续加压，直至功率模块呈现可靠短路状态，随后对该功率模块进行通流试验，持续时间不小于72h，其中第一个24h时间内，按照额定电流进行试验；第二个24h时间内，进行0.1~1.0（标幺值）间的功率循环试验；第三个24h时间内，按照额定电流进行试验。要求试验后，功率模块呈现可靠短路状态，并且试验过程中未发生爆炸、固体飞溅、水管破裂等破坏性现象。

2. 功率模块高低温环境试验

试验目的：验证在各种恶劣的环境工况下，柔直换流阀功率模块在长期运行下各部件的可靠性。

试验对象：每批次按5‰的比例抽检。

试验方法：按照GB/T 2423《环境试验》系列标准进行试验，试验项目至少包括且不限于以下项目：

（1）高温试验：将功率模块放入温箱中，温度调节至70℃，恒温储存2h；外界电源为功率模块供电，令功率模块处于正常工作状态，连续持续运行72h，运行过程中，实时通过上位机监测功率模块运行状态。

（2）低温试验：将功率模块放入温箱中，温度调节至 −10℃，恒温储存 2h；外界电源为功率模块供电，令功率模块处于正常工作状态，连续持续运行 72h，运行过程中，实时通过上位机监测功率模块运行状态。

（3）长期带载试验：按照功能试验连接测试工装与功率模块，功率模块达到正常工作状态，触发使能和误码数监测。将功率模块放入温箱中，温度为 65℃，实时监测功率模块的运行状态和通信误码数，持续时间 72h。

3. ±10.5kV/40MW 全实物背靠背对拖平台试验

试验目的：① 利用半桥+全桥混合型模块化多电平换流器（MMC）构建柔性直流输电网络，研究其运行可行性、稳定性；② 进行柔性直流换流站落点对稳定交直流电网运行、交直流故障穿越运行的关键技术研究；③ 进行混合型 MMC 输电系统的换流阀选型、控制保护策略、传输效率等关键技术问题的研究。

试验对象：两个完整阀塔，其中全桥模块 54 个、半桥模块 18 个，试品具有完整且独立的水路、模块状态监控、电场屏蔽等。

试验方法：试验包括单端运行试验项目和双端运行试验项目，具体试验项目见表 2–19、表 2–20。

表 2-19　　　　　　　　　　单 端 运 行 试 验 项 目

序号	背靠背试验系统（单端）	子项目分类
1	停机停运试验	核查不同状态下阀控通过 I/O 控制进线开关跳闸
2	静态均压功能试验（1h）	静态均压功能测试
3	充电试验	单阀组交流侧充电
4	解锁试验	单阀组交流侧充电解锁
5	控制器冗余控制	实现控制器切换，验证阀控控制器冗余功能（空载）
6	子模块冗余控制	（1）每相 12 个模块，按照每相 1 个旁路模块设置（不控充电态完成下、可控充电态完成下、稳态空载运行下）； （2）每相 12 个模块，按照每相 2 个旁路模块设置（不控充电态完成下、可控充电态完成下、稳态空载运行下）； （3）每相 12 个模块，按照每相 3 个旁路模块设置（不控充电态完成下、可控充电态完成下、稳态空载运行下）； （4）设置 AU1 模块下行通信故障（稳态空载运行下）
7	跳闸类试验	不控充电态、可控充电态、空载解锁态下系统跳闸进线开关操作是否正确响应
8	频繁启停机类试验	阀控系统频繁启停机验证阀控系统初始状态是否正确
9	AB 套之间通信光纤插拔试验	阀控冗余切换（阀控间通信光纤插拔）
10	黑模块故障试验	备用态下设置一个全桥和一个半桥上行通信故障黑模块，验证充电后黑模块状态

表 2-20　　　　　　　　　　　　双端运行试验项目

序号	背靠背试验系统（双端）	子项目分类
1	解锁试验	一端阀组带对站充电至额定电压，另一端阀组交流充电至额定电压，双端均充电至额定电压后分别解锁
2	满载稳定运行测试	双端稳态满载持续运行 168h
3	桥臂快速过电流保护功能	双端阀组运行实现快速过电流保护（改桥臂过电流定值实现）
4	桥臂电流上升率保护功能	双端阀组运行实现快速过电流保护（改桥臂过电流定值实现）
5	模块整体过电压保护功能	双端阀组运行，该模块过电压保护定值为 1800V（空载）
6	直流电压升降	双端直流电压升降（直流电压指令 10kV→5kV→2kV→5kV→10kV）
7	环流抑制试验	环流抑制投退前后系统运行情况及桥臂电流波动（有功指令 10MW）
8	间歇性长期稳定运行测试	双端稳定运行 60 天（有功指令 -5MW~5MW）

2.3.8　关键组部件延伸监造关键试验说明

1. 功率器件 IGBT

参照某特高压多端混合直流工程功率器件品控全过程，功率器件除了完成标准要求的型式试验和例行试验项目，还应该完成以下试验项目：

（1）高温反偏试验。

试验对象：每个功率器件。

试验要求：试验电压为 $0.8U_{CES}$（U_{CES} 为饱和压降），试验中基板温度（或壳温）为最高结温减去 10℃，试验时间不小于 30min。以温度稳定后的饱和电流 I_{CES} 作为基准值，漏电流变化率超过基准值的 100%，或最低漏电流超过产品的承诺值，均判定为器件不符合要求。实时记录器件失效时间，并统计失败率与试验时间的关系。

（2）饱和压降试验。

试验对象：不少于 10 个功率器件。

试验要求：除了每个功率器件按照规范要求在 25℃ 及最高工作结温下进行饱和压降试验，还需要按照器件规格书约定的试验条件，测试功率器件在 80℃ 至最高允许工作结温的饱和压降（每 5℃ 一个点），试验对象不少于 10 个，并提供试验测试报告。

（3）安全工作区测试（RBSOA 测试）。

试验对象：每个功率器件。

试验要求：按照 GB/T 29332—2012《半导体器件　分立器件　第 9 部分：绝缘栅双极晶体管（IGBT）》的要求对每个功率器件开展测试，完成关断器件规格书包装的最大可重复关断电流值，否则判定为不符合要求。

（4）功率循环试验。

试验对象：每批次 2 个功率器件。

试验要求：试验中功率器件结温需达到最高结温，$\Delta T_{Vj}=60℃$，循环 150 000 次；

单次循环周期（含通电时间和断电时间）不超过 10s；试验后，功率器件动、静态参数符合产品承诺书即为通过。

2. 直流支撑电容器

参照某特高压多端混合直流工程直流支撑电容器品控全过程，直流支撑电容器应按照 GB/T 17702—2013《电力电子电容器》的要求进行型式试验和例行试验。

（1）型式试验。

试验对象：选取部分电容器进行，不要求在一台电容器上完成全部型式试验项目。

试验要求：试验目的是验证直流支撑电容器的基本功能和性能设计是否满足要求。试验项目应包含且不限于：

1）机械试验。试验包括电容器外观检查和端子的机械强度试验，测试端子接头的弯曲强度、焊接和扁插接线的弯曲强度、轴向连接的抗扭强度、螺钉和螺栓连接的抗扭力等项目。

2）端子间的电压试验。按照 $1.5U_{NDC}$（指直流额定电压）的电压，持续时间 1min，试验过程不得出现击穿和闪络。允许有自愈性击穿。

3）端子与外壳间的电压试验。按照标准要求施加某电压值对其所有端子均与外壳绝缘的单元进行试验，持续 1min，试验过程不得出现击穿和闪络。

4）冲击放电试验。应采用直流电源对单元充电，然后通过一个尽可能靠近电容器的短路装置放电，在 10min 内对单元进行 5 次这样的放电。此项试验后 5min 之内，应对单元进行端子间的电压试验，电容测量应在冲击放电试验之前和电压试验之后进行。电容变化不应超过 ±1%。

5）自愈性试验。应对电容器或元件施加历时 10s 的直流电压，电压值为 $1.5U_{NDC}$，如果试验期间发生的击穿少于 5 次，则应缓慢升高电压直到从试验开始起发生 5 次击穿为止。试验前后，均应测量电容和 tanδ。电容值的变化不允许大于等于 0.5%。

6）热稳定试验。电容器施加 1.21 倍最大损耗功率，烘箱温度为室温 +5℃，对电容器施加交流电压至少 48h。在试验的最后 6h 期间，应对外壳接近顶部处的温度至少测量 4 次，整个 6h 期间，温升的增加量不应超过 1K。试验前后，应该在室温环境下测量电容并校正到同一介质温度。两次测量值之差应小于相当于一个内部熔丝动作之量。试验结束后，应进行 tanδ 测量。

7）耐久性试验。在最大连续运行条件下、最高运行温度下持续运行 250h，然后在室温环境下进行 1000 次充放电，峰值电流为 1.4 倍最大峰值电流。然后再在最高运行温度下持续运行 250h。完成耐久试验后测量电容量和 tanδ，试验前后的电容量测量之差不应大于 3%。

8）破坏试验。此项试验旨在给出一个电容器运行性能的说明，以及检验在技术规范限值内安全系统的正确工作。试验按照 GB/T 17702—2013《电力电子电容器》的要求进行。

（2）例行试验。试验应包括且不限于以下项目：

1）密封性试验；

2）外观检查；

3）端子间的电压试验；

4）端子与外壳间的电压试验；

5）电容和介质损耗因数测量；

6）内部放电器件试验。

3. 旁路开关

参照某特高压多端混合直流工程旁路开关品控全过程，旁路开关在型式试验、例行试验、抽检试验等试验项目应有以下要求：

（1）型式试验。

试验对象：1台新的旁路开关。

试验要求：试验目的是验证旁路开关基本功能和性能设计是否满足要求。项目包括且不限于：

1）主回路电阻测量。温升试验前后分别测量主回路电阻，主回路电阻值应满足设计要求，温升试验后电阻值变化不超过温升试验前电阻值的 20%。

2）工频耐压试验。主回路断口间、主回路对地以及二次回路对地分别施加工频电压，持续时间 1min，试验期间无击穿为通过。

3）温升试验。旁路开关主回路的温升试验在规定的条件下，当周围的空气温度不超过规定温度范围时，开关设备或控制设备任何部分的温升不应超过规定的温升极限。

4）短时耐受电流试验。旁路开关主回路进行此项试验，以检验它们承载额定峰值耐受电流和额定短时耐受电流能力。试验期间不得引起任何机械部件损伤或触头分离。

5）机械操作试验。在旁路开关接通额定电压和额定电流的情况下，进行机械开合操作若干次。旁路开关能够正常进行操作，阻断电流且开合闸时间满足设计要求即为通过。

（2）例行试验。针对出厂的每台旁路开关，试验项目应包括且不限于以下项目：

1）主回路绝缘试验；

2）辅助及控制回路绝缘试验；

3）主回路电阻测量；

4）外观检查；

5）机械操作测试。

（3）抽检试验。每批次按比例进行抽检，抽检试验项目参照例行试验项目进行。

4. 取能电源

参照某特高压多端混合直流工程取能电源品控全过程，取能电源在型式试验、例行试验、抽检试验等项目应有以下要求：

（1）型式试验。

试验对象：不低于 10 台设备。

试验要求：试验目的是验证取能电源的基本功能和性能设计是否满足要求。试验项目应包含且不限于：

1）最高/最低工作电压试验。使取能电源高压输入电压在其最低工作电压和最高工作电压之间连续变化，变化的速率应能可调，取能电源应能稳定输出，输出回路纹波应满足设计要求。

2）内部短路故障试验。取能电源高压侧输入额定运行电压，模拟板卡短路故障，验证过电流熔断措施的有效性。

3）输出短路故障试验。取能电源高压侧输入额定运行电压，对每一路输出进行模拟短路，验证取能电源电流限制功能的有效性，在短路消失后，取能电源能够自恢复工作。

4）负荷突变试验。取能电源高压侧输入额定运行电压，负荷在 50%–150%–50% 之间突变时，测试高压、低压回路输出电压波动是否满足要求。

5）断电维持试验。取能电源高压侧输入额定运行电压，在低压输出回路带上所有板卡负荷，断开取能电源高压侧输入，验证取能电源维持额定输出的时间是否满足设计要求。

6）上电下电试验。调节取能电源高压侧输入电压，上电电压和下电电压持续时间分别为 30s，试验 24h，验证取能电源是否具备频繁上电下电能力。

7）绝缘耐受试验。验证取能电源绝缘设计是否满足要求。

8）电磁兼容试验。按照 GB/T 17626《电磁兼容 试验和测量技术》的要求开展，包含且不限于表 2–21 所列内容。

表 2–21　　　　　　　电磁兼容试验要求

试验项目	试验要求
静电放电抗扰度试验	不低于 4 级
射频电磁场辐射抗扰度试验	不低于 30V/m
电快速瞬变脉冲群抗扰度试验	不低于 4 级
浪涌（冲击）抗扰度试验	不低于 4 级
射频场感应的传导骚扰抗扰度试验	不低于 3 级
工频磁场抗扰度试验	不低于 5 级
阻尼振荡波抗扰度试验	不低于 3 级
阻尼振荡磁场抗扰度试验	不低于 5 级
脉冲磁场抗扰度试验	不低于 5 级

9）环境试验。按照 GB/T 2423《环境试验》系列要求开展，包含但不限于表 2–22 所列内容。

表 2-22   环 境 试 验 要 求

试验项目	试验要求
高温试验	试验温度不低于 70℃，持续时间不低于 24h
低温试验	试验温度不高于 -10℃，持续时间不低于 24h
温度交变试验	高温不低于 70℃，低温不高于 -10℃，暴露持续时间为 3h，温度变化速率为 3～5℃/min，循环次数 5 次
交变湿热试验	高温不低于 55℃，低温不高于 25℃，湿度不低于 95%

（2）特殊试验。试验项目包含且不限于：

1）绝缘试验。随机抽取 2 台进行破坏性试验，测试其绝缘击穿电压水平。

2）高温试验。随机抽取 2 台进行高温试验，测试其极限工作温度。

3）长期带载试验。在 70℃ 环境下开展 168h 带电满载试验。

（3）例行试验。试验项目包含且不限于：

1）输出短路故障试验；

2）断电维持试验；

3）最高/最低工作电压试验；

4）稳压精度及纹波电压测试；

5）环境试验，包含但不限于表 2-23 所列内容。

表 2-23   环 境 试 验 要 求

试验项目	试验要求
高温试验	试验温度不低于 65℃，持续时间不低于 24h
低温试验	试验温度不高于 -10℃，持续时间不低于 24h
温度交变试验	高温不低于 65℃，低温不高于 -10℃，暴露持续时间为 3h，温度变化速率为 3～5℃/min，循环次数 5 次

（4）抽检试验。试验项目包含且不限于交变湿热试验。

5. 控制板卡

参照某特高压多端混合直流工程控制板卡的品控全过程，控制板卡的型式试验应包括且不限于电磁兼容试验和环境试验；例行试验、抽检试验均有要求。

（1）型式试验。

试验对象：不少于 10 个功率模块的控制板卡。

试验要求：试验目的是验证控制板卡的性能设计是否满足要求。试验项目应包含且不限于：

1）电磁兼容试验。按照 GB/T 17626《电磁兼容 试验和测量技术》系列要求开展，包含且不限于表 2-24 所列内容。

表 2–24 电 磁 兼 容 试 验 要 求

试验项目	试验要求
静电放电抗扰度试验	不低于 4 级
射频电磁场辐射抗扰度试验	不低于 30V/m
电快速瞬变脉冲群抗扰度试验	不低于 4 级
浪涌（冲击）抗扰度试验	不低于 4 级
射频场感应的传导骚扰抗扰度试验	不低于 3 级
工频磁场抗扰度试验	不低于 5 级
阻尼振荡波抗扰度试验	不低于 3 级
阻尼振荡磁场抗扰度试验	不低于 5 级
脉冲磁场抗扰度试验	不低于 5 级

2）环境试验。按照 GB/T 2423《环境试验》系列要求开展，包含但不限于表 2–25 所列内容。

表 2–25 环 境 试 验 要 求

试验项目	试验要求
高温试验	试验温度不低于 70℃，持续时间不低于 24h
低温试验	试验温度不高于 –10℃，持续时间不低于 24h
温度交变试验	高温不低于 70℃，低温不高于 –10℃，暴露持续时间为 3h，温度变化速率为 3～5℃/min，循环次数 5 次
交变湿热试验	高温不低于 55℃，低温不高于 25℃，湿度不低于 95%

（2）例行试验。试验项目包含且不限于表 2–26 所列内容。

表 2–26 例 行 试 验 要 求

试验项目	试验要求
高温试验	试验温度不低于 65℃，持续时间不低于 24h
低温试验	试验温度不高于 –10℃，持续时间不低于 24h
温度交变试验	高温不低于 65℃，低温不高于 –10℃，暴露持续时间为 3h，温度变化速率为 3～5℃/min，循环次数 5 次

（3）抽检试验。试验项目包含且不限于交变湿热试验。

6. 柔直阀控系统

参照某特高压多端混合直流工程柔直阀控系统品控全过程，阀控系统除了按照相关规范要求进行型式试验和出厂试验以外，还应进行全链路测试试验，全链路测试试验通过后，阀控系统才可以参加功能性试验（FPT）/动态性能试验（DPT）。阀控全链路测试相关要求：

试验对象：一整套满足工程应用条件的阀控系统。

试验要求：阀控系统控制保护功能完备，阀控设备冗余配置，使用工程设计参数，装置设置满足高、低两个换流阀组串联接线要求，且集成必要的换流阀控制及双阀组协调控制功能，可与实时仿真系统完成闭环测试。测试应能验证包括且不限于：

（1）功率模块均压；

（2）环流抑制；

（3）冗余模块退出；

（4）阀组投入/退出；

（5）黑模块检测识别及处理策略；

（6）阀控装置的物理链路冗余方案验证；

（7）阀控至换流阀全链路系统时延测试；

（8）换流阀启动过程自检功能检验；

（9）功率模块级保护功能校验。

2.4 阀 冷 系 统

特高压多端混合直流工程阀冷系统是换流阀的辅助系统，是换流阀长期可靠稳定运行的前提和必要条件。阀冷系统大致可分为内冷却系统、外冷却系统、自动检测和控制系统等部分。

2.4.1 内冷却系统

内冷却系统由主循环回路、去离子回路、氮气稳压回路和补水回路构成，具体原理图如图 2-28 所示。

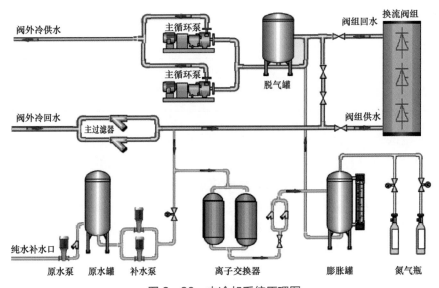

图 2-28 内冷却系统原理图

内冷却系统设备主要有以下特点：

（1）系统为完全密闭式，并使用氮气密封，使冷却介质与空气彻底隔离，确保冷却水长期连续运转时水质的可靠与稳定，同时使用恒定压力的氮气维持系统内压力恒定，从而确保设备可长期稳定运行。

（2）系统配备电加热器，满足在极端最低环境温度下内水冷温度补偿的要求，同时电加热器采用分级控制以避免换流阀凝露。

（3）冷却系统中的设备采用高冗余度配置。如主循环泵、主过滤器等均采用一用一备的配置，涉及跳闸的重要仪表传感器采用三冗余的配置。

2.4.2　外冷却系统

外冷却系统的核心组部件为闭式冷却塔或者空气冷却器，如果使用闭式冷却塔为外冷却系统，则需要增加喷淋系统为辅助系统，采用闭式冷却塔的外冷却系统原理图如图 2-29 所示。

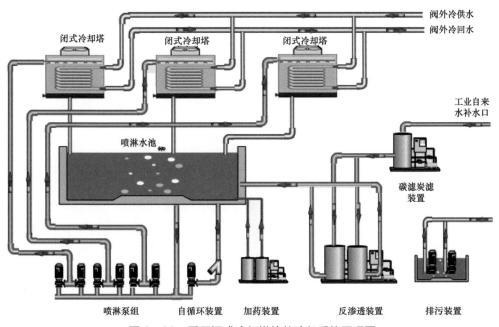

图 2-29　采用闭式冷却塔的外冷却系统原理图

在换流阀水路内，被加热的冷却水进入外冷却系统的闭式冷却塔的换热盘管内，喷淋水泵从室外地下水池内抽水均匀地喷洒到冷却塔换热盘管上，喷淋水吸收热量后蒸发成水蒸气，通过冷却塔风机排至大气，在此过程中换热盘管中的冷却水得到冷却，降温后的冷却水通过主循环泵再送至换流阀内。闭式冷却塔拥有结构简洁、高效节水、占地小、冷却塔可多塔组合安装等特点。

如果外冷却塔采用空气冷却器作为核心部件，则可以省略喷淋系统，但是由于单台空气冷却器冷却效率较低，为保证系统的冷却容量，需要数量较多的空气冷却器，占地面积较大。

2.4.3 自动检测和控制系统

阀冷系统的自动检测和控制系统包括整个阀冷系统所有设备的动力控制系统、设备监控及保护系统等。为了保证整个阀冷系统长期稳定可靠运行，自动检测和控制系统具备以下特点：

（1）阀冷系统交流进线均采用冗余方式接入，主循环泵各使用一条独立的交流母线，其他各交流电源动力柜使用两条独立、冗余的交流母线，交流电源冗余配置。

（2）控制系统所有模块，包括 CPU、电源模块、I/O 模块、接口模块、通信模块、人机界面模块均采用冗余配置，所有模块均可以在线更换，系统维护方便。

（3）系统内传感器信号均采用 A、B 系统冗余配置，进阀温度和进阀压力传感器等重要信号均采用三个配置，然后根据三取二逻辑对三个冗余传感器的信息进行合理选取。多传感器的配置可以有效防止阀冷系统误动或拒动。

2.4.4 阀冷系统品控要点

阀冷系统为换流阀设备重要的辅助系统，晶闸管换流阀和柔直换流阀的阀冷系统除了容量以外，还包括冷却原理，设计结构等均无区别。在生产开工前应该对制造厂的质量体系、生产准备等情况进行检查见证，阀冷系统生产工序品控要点见表 2-27。

表 2-27　　　　　　　　　　阀冷系统生产工序品控要点

序号	见证项目	见证内容	见证要点及要求	见证方式
1	组部件	主循环泵、原水泵、补水泵	（1）规格、型号与设计文件及供货合同相符； （2）产地及分供商与设计文件及供货合同相符； （3）外观检查； （4）核对水泵厂家出厂检验报告、合格证等质量证明文件齐全； （5）见证水泵入厂检验记录完整，签字齐全，批次、数量、规格、型号、存放位置满足要求	W
2		电动机	（1）规格、型号与设计文件及供货合同相符； （2）产地及分供商与设计文件及供货合同相符； （3）外观检查； （4）核对电动机厂家出厂检验报告、合格证等质量证明文件齐全； （5）见证电动机入厂检验记录完整，签字齐全，批次、数量、规格、型号、存放位置满足要求	W
3		仪表	（1）规格、型号与设计文件及供货合同相符； （2）产地及分供商与设计文件及供货合同相符； （3）外观检查； （4）核对仪表厂家出厂检验报告、合格证等质量证明文件齐全； （5）见证仪表入厂检验记录完整，签字齐全，批次、数量、规格、型号、存放位置满足要求	W

序号	见证项目	见证内容	见证要点及要求	见证方式
4	组部件	阀门	（1）规格、型号与设计文件及供货合同相符； （2）产地及分供商与设计文件及供货合同相符； （3）外观检查； （4）核对各类阀门厂家出厂检验报告、合格证等质量证明文件齐全； （5）见证各类阀门入厂检验记录完整，签字齐全，批次、数量、规格、型号、存放位置满足要求	W
5		冷却器/冷却塔	（1）规格、型号与设计文件及供货合同相符； （2）产地及分供商与设计文件及供货合同相符； （3）外观检查； （4）核对冷却器/冷却塔厂家出厂检验报告、合格证等质量证明文件齐全； （5）见证冷却器/冷却塔入厂检验记录完整，签字齐全，批次、数量、规格、型号、存放位置满足要求	H
6		变频器	（1）规格、型号与设计文件及供货合同相符； （2）产地及分供商与设计文件及供货合同相符； （3）外观检查； （4）核对变频器厂家出厂检验报告、合格证等质量证明文件齐全； （5）见证变频器入厂检验记录完整，签字齐全，批次、数量、规格、型号、存放位置满足要求	W
7		电控柜	（1）规格、型号与设计文件及供货合同相符； （2）产地及分供商与设计文件及供货合同相符； （3）外观检查； （4）核对电控柜柜体厂家出厂检验报告、合格证等质量证明文件齐全； （5）见证电控柜柜体入厂检验记录完整，签字齐全，批次、数量、规格、型号、存放位置满足要求	W
8	阀冷系统组装	水冷装置罐体制作	（1）检查焊缝、焊高均匀连续，抛光处焊缝无明显的焊缝痕迹、鼓起、凹痕、变形等，罐体表面平滑，无波纹、砂眼，罐体开孔位置正确，与罐体配接或焊接的阀门、接头法兰符合图纸要求，罐身与地板垂直度符合图纸要求，罐体一级焊缝需要检查焊缝探伤报告； （2）检查罐体高度、罐体外径符合图纸及工艺要求； （3）检查进水口相对支撑点高度、罐体轴线中心尺寸，偏差符合图纸及工艺要求； （4）检查罐体法兰径圆尺寸，结果符合图纸及工艺要求	H
9		水冷系统总装	（1）检查框架底座外观完好，无磕碰及变形； （2）对接法兰外观无裂纹、毛刺及凹坑锈迹等； （3）罐体外观完好，无碰伤、变形； （4）管道外观均匀连续，管道平面平滑，无碰伤、砂眼等缺陷，酸洗； （5）螺栓配件齐全，螺母紧固，表面颜色均匀一致，无锈迹，螺栓规格符合图纸要求； （6）支架焊缝均匀连续，无假焊现象，用水平尺检查支架安装垂直度，无明显倾斜，开孔大小及位置符合图纸要求； （7）接头外观焊缝均匀连续，无明显变形，无毛刺和锐角等； （8）总成表面喷涂颜色符合图纸要求，且均匀一致，无明显起泡现象	W

续表

序号	见证项目	见证内容	见证要点及要求	见证方式
10	阀冷系统组装	阀冷控制柜	（1）检查导线剥线后绝缘层端口平整，铜线芯无损伤，铜牌切口平整美观、无毛刺和利边利角，热缩管紧固无破损，铜排截面处喷涂防锈剂； （2）柜体门及顶部接地均设有镀锡铜条，屏蔽电缆两端接地并通过电缆夹连接到接地母线上，接地端子接触面无污染、无异物、无油漆，接地符号粘贴牢靠； （3）接线布置排列整齐，导线中间无接头，电气元件触点最多接两根线，线槽内导线数量不超过线槽容积的 80%，铜排间隙不小于 8mm，相对地间隙不小于 10mm； （4）柜门、抽屉等部件连接导线有足够的活动空间，且无干涉、无挤压，并配有保护，避免摩擦损坏	W

2.4.5 阀冷系统试验品控要点

阀冷系统试验品控要点见表 2−28。

表 2−28 阀冷系统试验品控要点

序号	见证项目	见证内容	见证要点及要求	见证方式
1	出厂试验	外观检查	组部件外观无生锈、掉漆、划痕、磕碰，无扭曲变形，无渗漏水现象发生；组部件齐全完整，功能正常	H
2		绝缘耐压试验	测量各个控制柜的绝缘耐压性能，测量柜体对地绝缘电阻。要求绝缘电阻不小于 10MΩ，柜体承受 2kV 工频电压，持续 1min	H
3		接地电阻测量试验	测量各个柜体表面接地电阻值，要求不大于 0.1Ω	H
4		压力试验	对阀冷系统装置主体进行水压测试，水压 1.5MPa，时间持续 90min	H
5		水质测量试验	启动阀冷系统，调节流量达到额定值，开始计时，观察内冷水电导率是否达到设计要求，电导率达到设计要求后，记录 pH 值和时间	H
6		水力性能试验	（1）启动主循环泵，采用模拟方式改变水压，测量进阀水量和水压； （2）调整主循环泵出口阀门，测量不同进阀压力下的流量，管道中的内冷水流量和压力满足设计要求即为合格	H
7		噪声测量试验	测量阀冷系统额定运行下的噪声，距离泵外壳 1m 处噪声不大于 85dB	H
8		控制及保护性能试验	检查控制系统和保护系统各项子系统运行良好	H
9		通信和接口试验	阀冷系统各个通信接口均能正常发送和接收信号	H
10		连续运行试验	启动整机运行，各项参数达到额定运行状态，持续运行 48h，各部件运转正常即为合格	H
11		换热性能试验	提供有效期内第三方检测报告	W

2.5　典型质量问题分析处理及提升建议

2.5.1　柔直换流阀均压电阻型号与技术规范书不一致

问题描述：监造人员现场巡视发现，某柔直换流站柔直换流阀使用的均压电阻型号为 UPT800N，技术协议中要求的均压电阻型号为 UXP600，实际使用的均压电阻型号与技术协议不符。

原因分析及处理情况：经核查，UPT800N 是该工程柔直换流阀所安装的均压电阻模块型号。该均压电阻模块采用二合一多端结构，内部由两个电阻串联构成，其中主负载电阻值为 51kΩ，具体型号为 UXP600，与设备规范书中的型号一致。制造厂提供均压电阻供应商详细说明。

品控提升建议：监造人员在开工报审阶段应全面核查柔直阀均压电阻型号及元件型号与技术协议的一致性。

2.5.2　换流阀功率器件、取能电源、模块直流电压测量元件、水冷散热器型号与技术规范书不一致

问题描述：监造人员巡视发现，柔直换流阀的半桥功率器件、取能电源、模块直流电压测量元件、水冷散热器的型号与技术协议不符。

原因分析及处理情况：因某换流站极 2 柔直换流阀功率模块同时安装有 2 个供应商的 IGBT 模块，两个供应商的 IGBT 模块驱动参数不完全相同，故为了区分两个供应商的 IGBT 的驱动板卡型号，将设备规范书中功率器件驱动的型号"NR0637B（半桥模块）、NR0633A（全桥模块）"更新为"NR0637C（供应商 A 半桥模块）、NR0637D（供应商 B 半桥模块）、NR0633A（全桥模块）"，其中全桥模块驱动板卡型号 NR0633A（全桥模块）未变动。

根据启动过程及启动电阻设计专题会纪要，因某换流站极 2 柔直换流阀功率模块取能电源启动时间有要求，取能电源型号进行更新，故设备规范书中取能电源型号"NR0371A"更新为"NR0371B"。

因某换流站极 2 柔直换流阀功率模块所用旁路开关新增辅助驱动回路，供应商 A 的 IGBT 为特殊定制型号，其控制保护参数与供应商 B 的半桥模块不完全相同，为了区分两个供应商的模块直流电压测量元件型号，故设备规范书中模块直流电压测量元件型号"NR0654A"进行更新，以示区别。

关于水冷散热器型号"NR-3000MBQ、NR-3000MQQ"，分别是半桥模块散热器整套型号（共包括 3 块不同结构的散热器）、全桥模块散热器整套型号（共包括 5 块不同结构的散热器），指的并非单块散热器型号。所述 4 种元器件均为制造厂自制元器件，

制造厂已说明情况并进行型号变更申请。

品控提升建议：监造人员在开工报审阶段应全面核查功率器件、取能电源、电压测量元件和水冷散热器型号与技术协议的一致性。

2.5.3 某品牌半桥阀段型式试验的短路电流试验时发生炸裂

问题描述：编号 CPFD-ZBQ-1002，某品牌半桥阀段进行短路电流试验时发生炸裂，第 5、6 个模块旁路开关闭合，第 4 模块旁路开关处于中间状态，第 5 个模块 IGBT 已被击穿短路，其水管破裂，第 4、5 个模块电容有明显损伤，试验不通过。

原因分析及处理情况：使用剪切钳将模块中的 IGBT 解体分析，上管 IGBT 解剖后内部无明显异常；下管 IGBT 内部子单元有过电流烧损痕迹，钼片及管盖都大面积熏黑，有金属熔融物附着，显示失效时有大电流经过，瞬间温度上升使内部芯片、钼片、银烧结层等部件熔融。使用热解剖台对失效子单元进行热解剖，将子单元的塑料筐移除，露出芯片表面然后执行芯片检查。发现上、下管功率器件均为内部全部续流二极管（FRD）失效，无功率器件芯片失效，失效 FRD 表现为边缘区域烧损。将原半桥阀段的故障模块更换为新模块，重新进行半桥阀段的短路电流试验验证，试验正常，故障现象未能重现，判断为个例现象。

品控提升建议：加强对 IGBT 的延伸监造，提高功率器件成品合格率，避免此类个例问题发生。

2.5.4 柔直换流阀旁路晶闸管右侧软铜排更换为硬铜排

问题描述：监造人员发现厂家对已完成例行试验的全桥功率模块进行晶闸管组件更换，晶闸管组件原为软连接，现更换的晶闸管组件为硬连接。

原因分析及处理情况：全桥功率模块的晶闸管一侧采用硬铜排连接，另一侧采用软铜排连接，软铜排便于全桥功率模块晶闸管的安装工序。因为发生压装晶闸管用的压紧机构损坏事件，在泄压后发现晶闸管的软铜排被压出了痕迹，检查发现是压紧机构损坏导致千斤顶压力过大在软铜排上造成的压痕，而硬铜排侧未发现压痕。该压痕影响黑模块长期通流的效果，因此工艺工程师对已生产的产品进行了回溯，并升级压接工艺，提高铜排的硬度，增加腰孔补偿安装误差。重新开展全桥功率模块过电压晶闸管旁路试验第一阶段试验，验证功率模块结构稳定性；更换的阀段重做出厂试验，未见异常。

品控提升建议：监造人员应提前掌握厂家功率模块晶闸管的连接方式，并全程监督厂家不得随意变更。

2.5.5 旁路开关开距不足导致主触头绝缘击穿

问题描述：某厂家将开距不小于 1.5mm 的旁路开关安装在已完成例行试验的阀段上，与技术协议不符。

原因分析及处理情况：监造人员发现有采用 1.0mm（技术协议要求为 1.2mm±

0.2mm）开距的旁路开关出现了几起主触头绝缘击穿问题，同时也了解到同一工程柔直换流阀其他旁路开关的开距均设计为 2.0mm，而制造厂所使用的旁路开关开距为 1.2mm ± 0.2mm。业主、监造单位、制造厂三方讨论确认，将原旁路开关的开距增大至 1.5mm + 0.2mm（即 1.5～1.7mm）。制造厂对增大开距后的旁路开关进行端间绝缘耐压试验，对已完成例行试验的阀段，其旁路开关在进行开距增大工作后，补充进行功能性试验和水压试验验证，试验未见异常。

品控提升建议：业主单位和监造人员应仔细审查制造厂提出的产品设计变更方案及试验论证方案。

2.5.6　电容器正负极母排击穿放电问题

问题描述：某柔直换流站换流阀型式试验用子模块进行低电压 1 对 1 对拖试验时，113、114 号子模块在加电压至 2200V、电流 330A，进行至 5min 时，114 号子模块发生电容器正负极母排放电现象，放电位置如图 2-30 所示，母排已严重变形。

原因分析及处理情况：经分析讨论，确定故障原因为固定电容器负极母排的铆钉与电容器正极母排相应位置的预留孔安装出现偏差，导致母排间净距不足，造成两极母排放电。对故障子模块其他部件进行功能测试，其他组部件各功能测试正常。针对此次试验故障，业主要求厂家做好子模块电容母排设计更改工作，消除隐患。厂家更换设计更改后的电容母排（见图 3-31，母排为测试品，暂未进行表面镀层处理，试验验证后正式产品将进行表面处理），进行子模块 1 对 1 对拖试验，试验过程未出现异常，试验结果符合试验规范要求。

图 2-30　子模块母排严重变形

图 2-31　制造厂更改了母排设计

品控提升建议：制造厂采用新工艺之前应进行仔细验证，新工艺实施前必须上报业主及监造组。

2.5.7　柔直换流阀运行型式试验阀组中控板程序未更新

问题描述：某柔直工程换流阀型式试验阀组件（第 9 组，编号 RZFPRZ002-0005/17）进行最小直流电压试验时，加压 3min，电压升至 700V 时，监控后台显示阀组件各子模块通信状态交替出现"消失""产生"，如图 2-32 所示。

值	事件号	SOE描述	变位
220	0	VBC判定子模块正常状态 23模块消失	051
220	14	VBC判定子模块通信正确 23模块消失	051
221	0	VBC判定子模块正常状态 23模块产生	051
221	14	VBC判定子模块通信正确 23模块产生	051
210	0	VBC判定子模块正常状态 22模块消失	81C
210	14	VBC判定子模块通信正确 22模块消失	81C
211	0	VBC判定子模块正常状态 22模块产生	81C
211	14	VBC判定子模块通信正确 22模块产生	81C
220	0	VBC判定子模块正常状态 22模块消失	

图 2-32　子模块通信状态异常

原因分析及处理情况：分析原因为该阀模块试品的中控板出厂时未及时升级更新程序。监造组签发监造联系单要求厂家查明原因，严肃质量管理，落实整改措施，提交书面报告。制造厂现场更新中控板程序后，复试试验结果符合规范标准。

品控提升建议：制造厂应加强对中控板等组部件的质量控制，避免此类问题再次发生。

2.5.8　柔直换流阀 8h 功率循环试验未按要求操作

问题描述：监造人员巡检发现，1 号试验平台在进行功率单元 8h 功率循环试验中监控界面只有交流电流值，无直流电流值（见图 2-33），不满足试验要求。（试验电流要求：直流电流 550A，工频交流电流 1000A）

原因分析及处理情况：经过与试验负责人员沟通，故障由于操作人员疏忽大意，未给试品施加直流电流所致。按试验要求施加交直电流（见图 3-34），重新进行 8h 功率循环试验，试验正常通过。

图 2-33　监控界面无直流电流值　　　图 2-34　监控界面有直流电流值

品控提升建议：监造人员要求厂家加强人员管理，试验过程要认真按照规范进行操作。

2.5.9　换流阀晶闸管的压板腐蚀问题

问题描述：阀组件装配晶闸管的压板入厂检验时发现压板的端面有腐蚀问题（见图 2−35）。

原因分析及处理情况：属于制造厂问题。该批次 1200 个压板中检查发现腐蚀问题导致不合格的有 9 个。制造厂将所有问题压板隔离处理，退回原上游厂商，重新更换合格压板。

品控提升建议：继续加强组部件入厂检验工作，问题组部件不得使用在工程上。

图 2−35　压板端面有腐蚀

2.5.10　大负荷试验时换流阀进阀温度高报警

问题描述：某换流站极 2 低端换流阀进行大负荷试验，在不关闭一台冷却塔进出水阀门的情况下，断开一台冷却塔的风机和喷淋泵，验证最极端工况下的进阀温度。试验开始后，进阀温度持续上升，出现"进阀温度高报警"（报警值 47℃），此过程中阀冷系统失去冗余试验实时运行数据见表 2−29。

表 2−29　　　　极 2 低端第一套阀冷系统失去冗余试验实时运行数据

极 2 低端第一套阀冷系统			
阀冷系统设计参数	额定冷却容量 6800kW，额定流量 172.8L/s，设计进阀温度 45℃，进阀温度报警值 47℃，进阀温度跳闸值 50℃，设计最大触发温度 54℃，出阀温度报警值 57℃。每套阀冷系统配置 3 组闭式冷却塔（每组冷却塔容量为总容量的 50%，即其中 1 组备用）		
时间	室外温度（℃）	进阀温度（℃）	出阀温度（℃）	冷却水流量（L/s）
试验前	33.7	40.1	47.4	174.1
2020−07−31 15：30	33.6	40.3	47.3	174.1
2020−07−31 16：00	32.8	45.9	52.6	174.9
2020−07−31 16：30	32.7	46.7	53.7	175.4
2020−07−31 17：00	32.3	47	54.1	173.6
2020−07−31 17：30	28.4	47	53.9	174.8
2020−07−31 18：00	27.9	47	54	176.1
2020−07−31 18：30	27.9	47	54	174.4
2020−07−31 19：00	27.7	47	54.1	175.4
2020−07−31 19：30	27.4	46.8	54.9	174.8
2020−07−31 20：00	27	46.8	53.9	176.3
2020−07−31 20：30	26.9	46.8	53.8	174.6

时间	室外温度 （℃）	进阀温度 （℃）	出阀温度 （℃）	冷却水流量 （L/s）
2020－07－31 21：00	26.7	46.6	53.7	175.5
2020－07－31 21：30	26.5	46.7	53.7	174.3
2020－07－31 22：00	26.4	46.7	53.8	175

原因分析及处理情况：经过检查，冷却塔设计、内冷水流量、风机风量等均无问题，是由于三台冷却塔的喷淋水流量均未达到额定流量，导致冷却塔冷却效率未达到设计值，最终出现试验时冷却水进阀温度高报警。检查并调节喷淋水阀门，使喷淋水流量达到设计值后，阀冷系统运行正常。

品控提升建议：建议增加现场调试验收项，要求对闭式冷却塔喷淋水流量进行检测和记录。

2.6 小 结

通过对特高压多端和常规直流工程换流阀设备在选型、研制和试验阶段的管控，充分分析了换流阀的运行工况及技术要求，结合以往工程经验，从设计、原材料选型和工艺控制等方面开展了多项创新性工作。但换流阀设备仍有许多问题亟须解决，提出以下几点措施：

（1）加强关键组部件及原材料的质量管控。对于关键组部件及原材料（例如功率器件、直流电容器等），应积极开展延伸监造工作，督促第三方或者安排专人前往原材料供应商处进行现场考察，按批次和固定比例对关键组部件进行抽检。

（2）加强直接发货现场组部件的延伸监造工作。对于避雷器、屏蔽罩等组部件，虽然不是核心组部件，但由于此类组部件都是直接发往工程现场，因此为了保证换流阀整体质量，对于此类组部件也应加强质量管控，积极开展延伸监造工作，督促第三方前往组部件供应商处进行现场考察。

（3）加强与生产过程各方的沟通联系。作为业主方，在设备生产过程中，应进一步加强与制造厂、设计单元及监造等各方的联系沟通，通过网络会议的形式，及时了解设备生产过程中存在的问题及问题处理情况，督促生产各方按照现场要求及时发运。

第3章 柔直变压器和换流变压器

3.1 设 备 概 况

3.1.1 两种不同的输电方式

特高压直流输电可以采用常规直流输电和柔性直流输电两种方式实现，常规直流输电系统中采用换流变压器实现交流测和换流阀之间的电能传输，柔性直流输电系统中采用柔直变压器实现交流系统连接点与一个或多个电压源换流器单元之间的电能传输。

常规直流输电系统中，一般采用双12脉动阀组串联结构，单12脉动阀组接线中，与每个12脉动桥相连的有6台换流变压器，如图3-1所示，其中3台换流变压器的阀侧绕组为星形连接，另外3台换流变压器的阀侧绕组为三角形连接，从高压端到低压端的换流变压器阀侧绕组的连接方式为星形接线-三角形接线，换流变压器类型分为LD、LY、HD、HY。

柔性直流输电系统多采用模块化多电平换流器拓扑结构，如图3-2所示，其中，单个换流器一般由三个相单元即六个桥臂

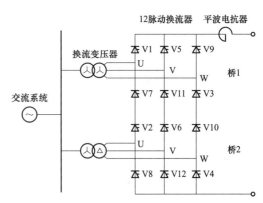

图 3-1 12脉动换流器原理接线图

组成，每个桥臂由阀组件及桥臂电抗器组成，每个相单元由两个桥臂组成，两个桥臂的连接点通过柔直变压器与交流系统连接。每极采用换流器串联的方式将传输功率分配给两组柔直变压器。柔直变压器交流侧及换流器侧均采用星形接法。从高压端到低压端的特高压柔直换流变压器类型分为HY、LY。

柔性直流输电系统的接线方式主要有两种，即对称单极接线方式和双极接线方式，如图3-3所示。通常电压等级较低、传输功率较小的可采用对称单极接线；电压等级较高、传输功率较大的可采用双极接线。在双极接线的换流站额定功率较大的情况下，为了避免柔直变压器容量限制，可以采用柔直变压器并联或者柔直换流器串联的方式将传输功率分配给两组或多组变压器，图3-4为大容量柔性直流双极输电系统接线方式。

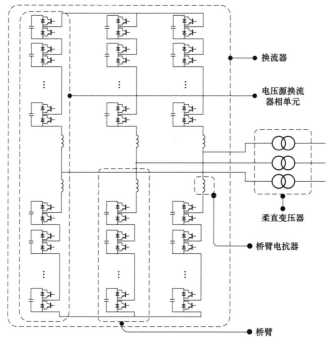

图 3-2 模块化多电平换流器典型拓扑结构

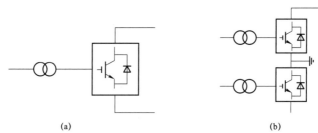

图 3-3 柔性直流输电系统接线方式

（a）对称单极接线方式；（b）双极接线方式

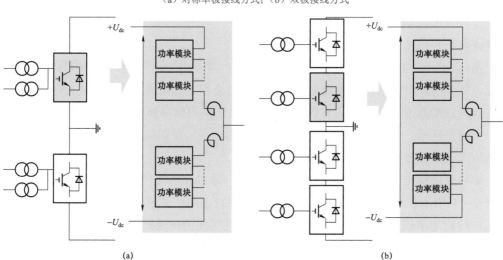

图 3-4 大容量柔性直流双极输电系统接线方式

（a）柔直变压器并联双极接线方式；（b）柔直换流器串联双极接线方式

3.1.2　柔直变压器与换流变压器的异同

柔性直流输电系统多样化的换流器结构、接线方式以及调制控制策略使得柔直变压器在设计选型、技术规范和试验要求等方面既可能相似于常规换流变压器，也可能相似于常规电力变压器，同时在联结组别、中性点接地方式、承受的运行电压和电流及技术性能、试验方法等方面也需要特殊考虑，主要技术差异包括：

（1）阀侧对地电压和电流特征。柔直变压器阀侧的电压为含直流偏置分量的工频电压，连接于高压端换流器的直流偏置电压高于连接于低压端换流器的直流偏置电压。电流以工频量为主，很少或几乎不含其他频率的谐波分量。

（2）功率流向及功率控制。柔直变压器应设计成能满足换流器工作在整流运行（发出有功）、逆变运行（吸收有功）、容性运行（发出无功）、感性运行（吸收无功）的状态，以及支持换流器运行在静止同步补偿（STATCOM）方式。

（3）绝缘结构设计。柔直变压器在绝缘结构上与换流变压器相似，但在阀侧绕组最高运行电压、绝缘水平、谐波特性等方面需要特殊考虑。

（4）试验考核。柔直变压器的试验项目与换流变压器基本相同，最大区别在于极性反转试验的电压和时间存在差异。某多端混合直流工程中换流变压器和柔直变压器的极性反转试验流程如图 3-5、图 3-6 所示。

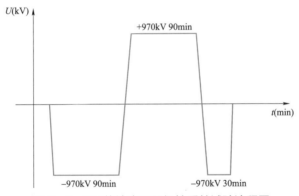

图 3-5　HY 换流变压器极性反转试验流程图

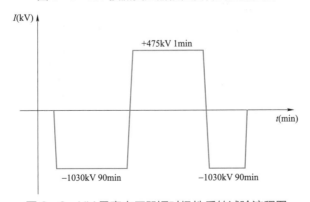

图 3-6　HY 柔直变压器短时极性反转试验流程图

3.2 设计及结构特点

特高压柔直变压器的交直流复合电场中直流分量与交流分量的比会改变，与常规直流相比，直流分量将减小而交流分量将增加，柔直变压器会遭受非对称极性反转电压，谐波分量将减少，调压范围减少，阻抗要求较低，保护要求更严格，计算项目更多更复杂。

3.2.1 线圈设计及结构特点

网侧及阀侧绕组通常采用端部进线的绝缘结构，通过先进的波过程暂态仿真计算，可以确定阀侧绕组端部区域所需要屏蔽的区域范围。通过屏蔽导线的屏蔽长度变化，实现沿绕组高度区域电容的分区域补偿方式；特高压柔直变压器一般采用调压绕组-网侧绕组-阀侧绕组结构。网、阀侧绕组采用插入屏蔽线结构，这种新型屏蔽线结构去掉了屏线的外部焊接连线，具有结构简单、屏蔽效果好、易于加工操作等特点。

特高压换流变压器调压范围大，通常采用正反调压和线性调压方式；特高压柔直变压器的调压范围相对较小，可以采用线性调压或正反调压方式。调压绕组可以采用单层螺旋绕组，轴向尺寸较小；同时，调压绕组采用上下出线布置。为保证安匝平衡，设计时尽可能压缩调压绕组高度，降低调压绕组螺旋斜度，达到控制轴向安匝分量的目的，降低框间环流。

3.2.2 铁芯设计及结构特点

铁芯通常采用 2/2 型式，如图 3-7 所示，铁芯材料采用优质低损耗冷轧取向硅钢片、接缝搭接形式。硅钢片牌号及设计磁密满足空载损耗、噪声、过励磁等要求。

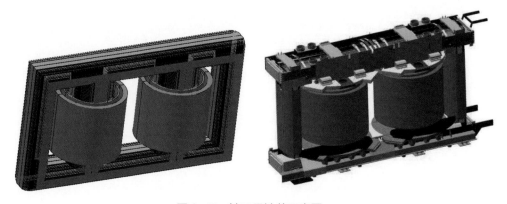

图 3-7 某工程铁芯示意图

特高压柔直变压器铁芯直径大，需要开展针对性设计。

（1）通过计算铁芯级块，主要是末级铁的温升，确定铁芯末级铁开槽数量及尺寸，防止过热；铁芯的磁通分布进行了仿真优化计算，使铁芯磁通分布更均匀。

（2）采用了两侧都能散热的新型铁芯夹件油道结构。

（3）铁芯拉板与撑板采用绝缘结构，拉板与上夹件之间采用铜短接片可靠连接，增大了接触面积，减小了接触电阻，有效防止了局部过热。

（4）上下夹件之间设置大截面短接电缆，有效降低了框间环流热效应。

3.2.3 油箱设计及结构特点

柔直变压器油箱通常采用桶式油箱结构，为防止漏磁，油箱内部通常采用电屏蔽或铝板的屏蔽方式，箱壁为平板，用 U 形加强筋加强。箱壁、箱底、箱盖及加强结构件均采用高强度钢板，以保证油箱强度高、结构紧凑。

为了满足柔直变压器的铁路运输尺寸限制要求，某工程采用了"异型油箱结构+异型铜屏蔽"的特殊组合结构，在宽度方向上实现了最大程度的节省。铜屏蔽方案通过采用 3D 磁场仿真技术，保证了铜屏蔽的有效覆盖屏蔽区域。在油箱箱壁上采用拼装式油箱铜屏蔽保证了铜板的变形尺寸满足工艺要求；在异型铜屏蔽的表面同时覆盖异型绝缘件进行绝缘防护，保证了使用铜屏蔽的绝缘设计性能。异型油箱铜屏蔽布置如图 3−8 所示，油箱结构示意图如图 3−9 所示。

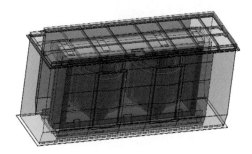

图 3−8 某工程异型油箱铜屏蔽布置

图 3−9 某工程油箱结构示意图

3.2.4 引线设计及结构特点

柔直变压器阀侧引线采用短轴箱壁引出的设计，网侧引线采用在油箱箱盖顶出方式。引线设计通过结合 3D 电场仿真技术，对阀侧和网侧绕组及引线的特殊弯曲形状进行详细的仿真计算，确保设计安全裕度。引线绝缘整体加工制造在恒温、干燥条件下完成，特殊的引线绝缘装配支架，确保引线每个弯折区域导角的曲率半径以及绝缘搭接尺寸满足工艺要求。阀侧引线的出线装置采用特殊的"插拔式"连接结构，外部套管整体安装时采用激光定位技术，确保引线装置与牛角式阀侧套管直接的可靠连接。

网侧引线：两柱网侧引线首端通过均压屏蔽管在Ⅰ柱器身上端连接后连接到网侧套管底部，如图 3−10 所示。

图 3-10　某工程网侧引线结构示意图

阀侧引线：柱间采用"手拉手"结构连接后，从Ⅰ柱引出通过出线装置连接到阀侧套管，如图 3-11 所示。

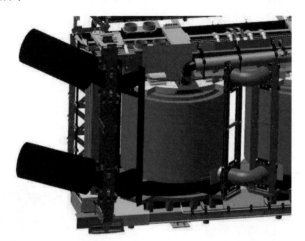

图 3-11　某工程阀侧引线结构示意图

调压引线：1 层调压线圈在端部完成汇流后通过调压引线与开关连接。调压引线间设置了保护用非线性电阻，如图 3-12 所示。

图 3-12　某工程调压引线结构示意图

3.2.5　器身设计及结构特点

　　柔直变压器产品的器身绝缘系统通常采用 2D 电场仿真技术，对整个器身进行详细的绝缘设计，确保每个绝缘介质合理的安全裕度。在特殊的器身端部采用分片式成型件搭接结构，对重要的异型绝缘件采用 X 光进行探测，保证绝缘件内部无金属杂质且保证每个绝缘件的绝缘尺寸，绝缘组装工程中采用激光进行定位，保证每个绝缘件的相对位置满足工艺要求。总体器身在特殊的恒温、恒湿条件下进行装配，最大限度地减少器身的净空时间。某工程器身绝缘布置如图 3-13 所示。

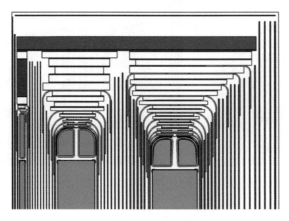

图 3-13　某工程器身绝缘布置图

　　器身结构紧凑，绝缘结构根据交、直流电场的分布和绝缘材料的特性进行合理布置。器身上设有压板，器身在压装前进行彻底的干燥处理，采用多点液压缸同步压紧器身后用垫块垫实，使整个器身成为一体。该做法不仅确保了运输过程中线圈不会发生位移，同时大大提高了产品的抗短路能力，图 3-14 为某工程器身结构示意。

图 3-14　某工程器身结构示意图

3.2.6 绝缘件设计及结构特点

柔直变压器内部主要绝缘件包含绝缘纸板、绝缘成型件、引线支架、木螺杆、出线装置等。其中，出线装置是柔直变压器内部最复杂，同时也是最重要的绝缘结构之一。特别是阀出线装置在运行时，它不仅要耐受交流电压，还要耐受直流电压；出线装置包括套管终端、均压环、绝缘屏障、屏蔽管、法兰等，如图 3-15 所示。

图 3-15 某工程阀侧升高座内出线装置及器身出线装置

3.3 设 备 品 控 要 点

为确保柔直变压器和换流变压器产品质量，品控工作采用驻厂监造工作方式开展，通过开工审查、生产环境、原材料入厂、生产过程、出厂试验及包装发运等开展全过程品控工作。

3.3.1 开工审查

柔直变压器和换流变压器正式开始投产前，需对制造厂的三体系（即 ISO 9001 质量保证体系、ISO 14001 环境管理体系认证和 ISO 45001 职业健康安全管理体系认证）及有效期进行审核，确保三体系运转正常；就设计冻结会及技术协议内容与制造厂进行沟通确认，确保能按照相关要求执行；核对制造厂提供的排产计划，确保满足交货期要求。生产前检查品控要点见表 3-1。

表 3-1 生产前检查品控要点

序号	见证项目	见证内容	见证要点及要求	见证方式
1	生产前检查	质量及环境安全体系审查	审查制造商质量管理体系、安全、环境、计量认证证书等是否在有效期内	W

续表

序号	见证项目	见证内容	见证要点及要求	见证方式
2	生产前检查	异地生产审查	审查异地生产厂家的人力资源、生产设备、工器具、检验设备、生产工艺、生产环境等是否满足工程需要	W
3		技术协议	核对厂家响应技术参数是否满足合同和相关文件	W
4		设计冻结的技术资料	（1）冻结会议要求提交的资料是否提交； （2）冻结会议纪要要点是否落实； （3）核对设计冻结其他技术资料	W
5		排产计划	（1）审查制造单位提交的生产计划，明确该生产计划在厂内生产执行的可行性（要求满足业主要求）； （2）审查其能否满足工程交货期要求（核查关键原材料及组部件的供货情况）	W

3.3.2 原材料及组部件

通过对原材料及组部件的入厂检查确保供应商、包装、质量文件及实物质量满足技术协议及设计冻结会等相关要求，必要时开展延伸监造工作。原材料及组部件品控要点见表 3-2。

表 3-2　　　　　　　　　　原材料及组部件品控要点

序号	见证项目	见证内容	见证要点及要求	见证方式
1	原材料	硅钢片	（1）规格型号与设计文件及供货合同相符； （2）产地及分供商与设计文件及供货合同相符； （3）核对制造单位入厂检验报告及检验项目； （4）检查硅钢片存放环境，满足硅钢片存放要求	W
2		电磁线	（1）外观检查无缺陷，规格型号与设计文件及供货合同相符； （2）产地及分供商与设计文件及供货合同相符； （3）电磁线规格和参数符合设计文件及供货合同要求； （4）绝缘良好，股间无短路； （5）电磁线采用高强度绝缘纸，绝缘包扎紧密； （6）出厂和入厂检验报告、合格证等质量证明文件齐全； （7）核对制造单位入厂检验报告及检验项目	W
3		绝缘纸板	（1）绝缘纸板的规格等符合设计文件及供货合同要求； （2）出厂检验合格，检验报告齐全； （3）原料纸板抽检项目质量合格； （4）核对制造单位入厂检验报告及检验项目	W
4		绝缘成型件	（1）绝缘成型件的规格等符合设计文件及供货合同要求； （2）出厂检验合格，检验报告齐全； （3）抽检项目质量合格； （4）核对制造单位入厂检验报告及检验项目	W
5		出线装置	（1）出线装置的规格等符合设计文件及供货合同要求； （2）出厂检验合格，检验报告齐全； （3）抽检项目质量合格； （4）核对制造单位入厂检验报告及检验项目	W
6		绝缘油	（1）型号、产地和供货商符合设计文件及供货合同要求； （2）核对制造单位入厂检验报告及检验项目； （3）厂内试验用油、配送用油一致； （4）试验用油与现场用油厂家、规格型号一致，符合协议要求	W

序号	见证项目	见证内容	见证要点及要求	见证方式
7	原材料	钢材	（1）规格型号与设计文件及供货合同相符； （2）产地及分供商与设计文件及供货合同相符； （3）出厂和入厂检验合格，检验报告、合格证等质量证明文件齐全； （4）核对制造单位入厂检验报告及检验项目	W
8	组部件	套管	（1）规格型号与设计文件及供货合同相符； （2）产地及分供商与设计文件及供货合同相符； （3）参数符合设计文件及供货合同要求； （4）外观检查无缺陷； （5）出厂和入厂检验合格，检验报告、型式试验报告、合格证等质量证明文件齐全	W
9		冷却器	（1）规格型号与设计文件及供货合同相符； （2）产地及分供商与设计文件及供货合同相符； （3）参数符合设计文件及供货合同要求； （4）外观检查无缺陷； （5）出厂和入厂检验合格，检验报告、型式试验报告、合格证等质量证明文件齐全	W
10		有载分接开关	（1）有载分接开关（含电动操动机构、滤油装置）规格型号与设计文件及供货合同相符； （2）外观检查无缺陷； （3）出厂和入厂检验合格，检验报告、型式试验报告、合格证等质量证明文件齐全	W
11		套管电流互感器	（1）规格型号与设计文件及供货合同相符； （2）产地及分供商与设计文件及供货合同相符； （3）参数符合设计文件及供货合同要求； （4）出厂和入厂检验合格，检验报告、合格证等质量证明文件齐全； （5）核对制造单位入厂检验报告及检验项目	W
12		压力释放装置	（1）规格型号与设计文件及供货合同相符； （2）产地及分供商与设计文件及供货合同相符； （3）出厂和入厂检验合格，检验报告、合格证等质量证明文件齐全； （4）参数符合设计文件及供货合同要求； （5）抽检合格	W
13		气体继电器（速动油压继电器）	（1）规格型号与设计文件及供货合同相符； （2）产地及分供商与设计文件及供货合同相符； （3）出厂和入厂检验合格，检验报告、合格证等质量证明文件齐全； （4）参数符合设计文件及供货合同要求	W
14		测温装置	（1）规格型号与设计文件及供货合同相符； （2）产地及分供商与设计文件及供货合同相符； （3）出厂和入厂检验合格，检验报告、合格证等质量证明文件齐全	W
15		控制柜	（1）规格型号与设计文件及供货合同相符； （2）产地及分供商与设计文件及供货合同相符； （3）出厂和入厂检验合格，检验报告、合格证等质量证明文件齐全； （4）外观检查无缺陷； （5）核对制造单位入厂检验报告及检验项目	W

续表

序号	见证项目	见证内容	见证要点及要求	见证方式
16	组部件	储油柜用胶囊	（1）规格型号与设计文件及供货合同相符； （2）产地及分供商与设计文件及供货合同相符； （3）出厂及入厂检验合格，检验报告、合格证等质量证明文件齐全； （4）核对制造单位入厂检验报告及检验项目	W
17		密封件	（1）规格型号与设计文件及供货合同相符； （2）产地及分供商与设计文件及供货合同相符； （3）出厂和入厂检验合格，检验报告、合格证等质量证明文件齐全	W
18		油位计	（1）规格型号与设计文件及供货合同相符； （2）产地及分供商与设计文件及供货合同相符； （3）出厂和入厂检验合格，检验报告、合格证等质量证明文件齐全	W
19		吸湿器	（1）规格型号与设计文件及供货合同相符； （2）产地及分供商与设计文件及供货合同相符； （3）出厂和入厂检验合格，检验报告、合格证等质量证明文件齐全	W
20		阀门	（1）规格型号与设计文件及供货合同相符； （2）产地及分供商与设计文件及供货合同相符； （3）核对制造单位入厂检验报告及检验项目是否符合要求，核对项目至少包括规格型号、产地及分供商、出厂质量证明文件、入厂检验报告、抽样密封检查	W
21	原材料及组部件	制造单位检验记录核查	（1）核查制造单位记录是否真实、完整； （2）核查制造单位检验结论是否合格	W

3.3.3　油箱制作

　　油箱作为柔直/换流变压器外壳及绝缘油存放容器，通常采用钟罩式结构。油箱制作品控要点见表 3-3。

表 3-3　　　　　　　　　　油 箱 制 作 品 控 要 点

序号	见证项目	见证内容	见证要点及要求	见证方式
1	油箱制作	作业环境	材料分类定置摆放，产品防护和标识符合制造单位规定	W
2		钢材	规格型号、产地与设计文件及实物相符	W
3		焊接（含夹件）	（1）焊接工艺符合工艺要求； （2）焊缝饱满、平整，无缝无孔，无焊瘤、无夹渣； （3）承重部位的焊缝高度符合图纸要求； （4）不同材质材料间的焊接应符合设计文件和工艺要求	W
4		油箱整体质量	（1）尺寸偏差应符合要求； （2）彻底磨平油箱内壁的尖角毛刺、焊瘤和飞溅物，确保内壁光洁； （3）彻底清除各死角可能存在的焊渣等金属和非金属异物； （4）套管升高座法兰位置和偏斜角度准确； （5）散热器接口偏差不得超标； （6）管道尺寸和曲向正确，排列固定整齐； （7）法兰密封面平整，离缝均匀； （8）集气管路的坡度符合要求； （9）油箱的全部附件应进行预组装	W

序号	见证项目	见证内容	见证要点及要求	见证方式
5	油箱制作	油箱与焊装件的对装	（1）对装时不得强制拉、拽，对装连接应顺畅； （2）对接密封面应吻合，不渗漏	W
6		油箱表面处理	（1）油箱整体表面预处理前，彻底清除油箱各部位的尖角、毛刺、焊瘤和飞溅物； （2）表面预处理应除锈彻底，不留死角； （3）喷砂（丸）处理后油箱内、外表面应沙麻均匀，呈现出金属本色光泽，（不得有油污、氧化层等）； （4）除锈前要彻底清理焊瘤、毛刺和尖角； （5）除锈钝化后要及时喷涂防锈漆； （6）外表面喷涂颜色应符合供货合同要求，确认喷涂层数和厚度	W
7		油箱试验	（1）确认变形量测试点分布合理，真空度、泄漏率和永久变形量应符合要求，试验方法符合工艺文件规定； （2）记录油箱机械强度试验过程及结果	W
8	油箱/夹件制作	制造单位检验记录核查	（1）核查制造单位记录是否真实、完整； （2）核查制造单位检验结论是否合格	W

3.3.4 线圈绕制

在线圈绕制过程中需严格对生产环境、电磁线质量、人员操作水平、线圈焊接、出头制作及干燥过程参数等进行重点管控，保证线圈质量。线圈绕制品控要点见表 3-4。

表 3-4 线 圈 绕 制 品 控 要 点

序号	见证项目	见证内容	见证要点及要求	见证方式
1	线圈绕制	作业环境	应在净化密封车间作业，环境指标达到制造单位文件控制标准	W
2		线圈绝缘件	（1）绝缘件表面光滑无毛刺； （2）硬纸筒黏结长度为 15～30 倍纸板厚度； （3）网侧、阀侧、调压线圈内撑条等分数和间距偏差应符合图纸及公差要求	W
3		绕制质量	（1）检查和记录线圈的绕向、段数、匝数、线圈形式、绝缘包扎处理等； （2）检查线圈油道间隙、线圈平整度等应符合设计和工艺文件要求； （3）线圈的轴向尺寸偏差应符合设计文件要求； （4）S 弯换位平整，导线无损伤、无剪刀口，重点查看导线换位部分的绝缘包扎处理； （5）单根导线无断线； （6）并绕导线间无短路； （7）组合导线和换位导线股间无短路	W
4		线圈出头质量	线圈出头位置的偏差和绝缘包扎应符合工艺要求	W
5		导线焊接	（1）导线焊接符合工艺要求； （2）焊接牢固，表面处理光滑，无尖角、毛刺，焊后绝缘处理符合要求，全过程防护措施严密	W
6		线圈检查	（1）过渡垫块、防护纸板等放置位置正确，油道畅通； （2）线圈绝缘无损伤，表面清洁、无异物； （3）导线换位处机械强度及绝缘质量控制检查	W

续表

序号	见证项目	见证内容	见证要点及要求	见证方式
7	线圈绕制	静电板引线连接	（1）静电板引线焊接工艺符合要求：焊接牢固，表面处理光滑，无尖角、毛刺，焊后绝缘处理符合要求，全过程防护措施严密； （2）静电板引线压接工艺符合要求：压接牢固，表面处理光滑，无尖角、毛刺，内部填充率符合要求，压接后绝缘处理符合要求，全过程防护措施严密	W
8		线圈干燥	干燥时间、温度、真空度、出水率和干燥过程应符合工艺要求	W
9		线圈压装整理	（1）确认实际操作压力、加压方式与工艺文件要求相符； （2）线圈电抗高度符合工艺要求； （3）股间绝缘耐压	W
10		线圈的转运及保管	（1）线圈转运符合工艺要求； （2）线圈存放环境及线圈防护符合工艺要求； （3）对于存放时间长的线圈，在使用前应有严格的检查措施	W
11		制造单位检验记录核查	（1）核查制造单位记录是否真实、完整； （2）核查制造单位检验结论是否合格	W

3.3.5　线圈组装

线圈组装需重点对作业环境、绝缘纸板供应商及尺寸、围屏外径尺寸、线圈组干燥过程参数等进行重点检查，确保线圈组质量。线圈组装品控要点见表 3-5。

表 3-5　　　　　　　　　　　　线 圈 组 装 品 控 要 点

序号	见证项目	见证内容	见证要点及要求	见证方式
1	线圈组装	作业环境	应在净化密封车间作业，环境指标达到制造单位文件控制标准	W
2		绝缘件验收及准备工作	（1）检查绝缘垫块、撑条、纸板、成型件等绝缘件表面无明显缺陷、损伤； （2）检查合格标识是否填写完整、是否质检合格； （3）工装平台平整度符合要求，表面清洁、无异物，线圈组装前端绝缘的绝缘布置水平、端绝缘对齐等符合要求	W
3		线圈组装工作	（1）一般靠自重能套入 1/3 左右，然后施加一定的外力套到位； （2）调整油隙撑条厚度时，应符合设计和工艺文件要求； （3）线圈中心高度偏差符合设计和工艺文件要求； （4）线圈出头位置和绝缘处理符合设计和工艺要求； （5）绝缘距离符合设计和工艺文件要求； （6）套装后的线圈检验合格，包装和存放符合规定	W
4		线圈组干燥	干燥时间、温度、真空度、出水率和干燥过程应符合工艺要求	W
5		制造单位检验记录核查	（1）核查制造单位记录是否真实、完整； （2）核查制造单位检验结论是否合格	W

3.3.6　铁芯制作

铁芯制作分为铁芯纵剪、铁芯横剪和铁芯叠装，装配品控要点见表 3-6。

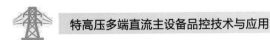

表 3-6 铁 芯 装 配 品 控 要 点

序号	见证项目	见证内容	见证要点及要求	见证方式
1	铁芯叠装	作业环境	温湿度、降尘量等环境指标达到制造单位文件控制标准	W
2		材料检查	(1) 产地、生产厂家、规格型号与设计文件及供货合同相符; (2) 硅钢片外观检查无缺陷、无损伤	W
3		硅钢片剪裁	(1) 尺寸偏差符合规定,毛刺不大于 0.02mm,波浪度不大于1.5%(波高/波长); (2) 防护措施和标识符合要求; (3) 及时更换刀具	W
4		铁芯叠片	(1) 检查记录接缝级数、油道数和叠片方式; (2) 夹件和铁芯拉板材料符合设计文件要求; (3) 夹件和拉板加工符合设计和工艺文件要求,无尖端、毛刺,表面除锈应彻底,喷漆均匀; (4) 夹件安装及绝缘铺设应符合设计和工艺文件要求; (5) 硅钢片漆膜完好,无锈迹、无折痕等损伤; (6) 绝缘件符合设计文件及供货合同要求,外观检查合格; (7) 油道符合设计和工艺文件要求; (8) 铁芯直径符合设计要求; (9) 主级厚度符合设计要求; (10) 铁芯离缝偏差符合设计要求; (11) 铁芯总厚度偏差符合设计文件要求; (12) 铁芯松紧度符合设计和工艺文件要求; (13) 轭面平整度符合设计和工艺文件要求; (14) 铁芯柱波浪度符合设计和工艺文件要求; (15) 铁芯接缝无搭接; (16) 铁芯柱倾斜度符合设计和工艺文件要求	W
5		铁芯绑扎紧固	(1) 夹件安装紧固符合设计和工艺文件要求; (2) 铁轭紧固、铁芯绑扎方式,轭柱松紧度应符合设计和工艺要求	W
6		绝缘电阻检查	铁芯油道间、铁芯对夹件绝缘电阻符合要求	W
7		铁芯屏蔽(若有)	(1) 屏蔽类型和结构,接地可靠; (2) 棱角、螺栓等屏蔽符合设计和工艺文件要求	W
8		铁芯清洁度	(1) 洁净、无油污、无锈迹、无杂物; (2) 存放、防护符合要求	W
9		制造单位检验记录核查	(1) 核查制造单位记录是否真实、完整; (2) 核查制造单位检验结论是否合格	W

3.3.7 器身制作

器身制作主要分为引线装配及器身装配,器身装配品控要点见表 3-7。

表 3-7 器 身 装 配 品 控 要 点

序号	见证项目	见证内容	见证要点及要求	见证方式
1	环境	作业环境	应在净化密封车间作业,环境指标达到制造单位文件控制标准	W
2	材料验收	铁芯检查	(1) 铁芯就位后,铁芯垂直度不大于 1.5‰; (2) 铁芯油道间、铁芯对夹件绝缘电阻符合要求	W

序号	见证项目	见证内容	见证要点及要求	见证方式
3	材料验收	绝缘件验收	(1) 绝缘材料外观检查无异常，层压件无开裂、起层现象； (2) 磁分路及旁轭用地屏等部件无损伤，有合格标识	W
4		线圈组验收及套装	(1) 防护良好，线圈清洁，表面绝缘无损伤； (2) 套装过程符合制造单位工艺要求	W
5	绝缘装配	绝缘装配	(1) 磁分路、地屏清洁、完好，引出线位置正确，连接牢靠，安装符合图纸和工艺要求； (2) 半导体金属带包扎密实、平整、规范； (3) 绝缘安装规范，线圈套装的松紧适度； (4) 撑条厚度调整符合要求； (5) 出头位置正确； (6) 线圈整体套装时与心柱配合应松紧适度； (7) 线圈出头位置符合图纸要求	W
6		上铁轭装配	(1) 在进行上铁轭装配时，应对线圈上部端绝缘进行防护，防异物进入； (2) 铁芯片不能搭接，接缝符合工艺要求，端面应平整； (3) 上铁轭装配后，复测测量铁芯油道间、铁芯对夹件绝缘电阻； (4) 铁芯接地片位置和插入深度符合设计和工艺文件要求	W
7	引线装配	引线制作和装配	(1) 接头焊（压）接符合工艺要求，焊缝饱满，表面处理后无氧化皮、尖角、毛刺； (2) 冷压工具、压接管规格型号及操作符合设计和工艺要求； (3) 屏蔽管表面圆滑，无尖角、毛刺，固定良好，等电位联结牢固可靠； (4) 绝缘包扎紧实，厚度符合设计要求； (5) 引线连线正确、排列整齐、均匀美观、固定牢固； (6) 绝缘包扎符合设计和工艺要求； (7) 有载分接开关安装正确，引线不得受力； (8) 引线对地、引线间绝缘距离符合设计和工艺要求	W
8	中间试验	半成品试验	(1) 器身清洁、无异物； (2) 铁芯、夹件之间及对地绝缘电阻合格； (3) 铁芯油道间不通路； (4) 各磁分路、轭、柱地屏接地可靠； (5) 各电阻值符合设计要求； (6) 变比正确，误差符合设计要求	W
9	器身预装	器身预下箱（预装配）	(1) 确认器身在油箱中定位准确，引线间及线圈、引线对箱壁的距离符合要求； (2) 检查引线对箱壁的绝缘距离是否符合要求，检查高压、中压、低压、中性点的引线绝缘斜梢进入套管均压球内，检查引线、均压球对各处的绝缘距离是否符合技术要求，各尺寸要根据器身预装的结果进行相应的修正，以符合设计和工艺要求	W
10	器身装配	制造单位检验记录核查	(1) 核查制造单位记录是否真实、完整； (2) 核查制造单位检验结论是否合格	W

3.3.8　器身干燥

　　器身干燥重点检查器身干燥过程中各项参数变化及器身干燥结束时压力、温度、露点及出水等。器身干燥品控要点见表3-8。

表 3-8　　　　　　　　　　　器身干燥品控要点

序号	见证项目	见证内容	见证要点及要求	见证方式
1	环境	作业环境	作业环境达到分供商文件控制要求	W
2	干燥前准备	干燥前准备	(1) 确认测温探头的布置位置符合要求; (2) 换流变压器油箱内安装的绝缘件和为总装配备用的绝缘件、绝缘材料,以及在总装配时使用的套管出线成型件等,都应进行真空干燥; (3) 器身表面无损伤,对于干燥易变形的绝缘隔板等应有相应的处理措施	W
3	器身干燥	干燥过程及干燥结束判断	(1) 检查干燥过程中各阶段的温度、真空度、持续时间、出水率等参数是否符合工艺要求; (2) 依据工艺文件判断干燥是否完成,记录真空度、持续时间、出水量等参数	W
4	器身整理	器身干燥后的压装、整理	(1) 器身应洁净、无异物、无损伤,铁芯无锈; (2) 各绝缘垫块、端圈、引线夹持件无开裂、起层、变形和不正常的色变; (3) 线圈轴向压紧力应符合设计要求,线圈柱高度符合要求; (4) 压紧后在上铁轭下端面的填充垫块要坚实充分; (5) 器身上所有紧固螺栓(包括绝缘螺栓)按要求紧固并锁定; (6) 器身整理和紧固后应再次确认铁芯和夹件绝缘; (7) 器身整理暴露时间符合工艺要求	W
5	器身表干	器身表干处理	表干时间、表干过程及终点参数(真空度、持续时间、出水率)等应符合工艺要求	W

3.3.9　总装配

总装配品控要点见表 3-9。

表 3-9　　　　　　　　　　　总装配品控要点

序号	见证项目	见证内容	见证要点及要求	见证方式
1	环境	作业环境、工装	制造单位应有相应的环境管理制度,有测量手段,记录齐全规范,处于受控状态	W
2	准备工作	组件准备	(1) 套管的规格型号、分供商及其出厂文件与技术协议、设计文件、入厂检验相符,外观完好无损; (2) 冷却器的规格型号(含潜油泵、风扇电机、油流继电器、控制箱等)、分供商及其出厂文件与技术协议、设计文件、入厂检验相符; (3) 实物外观完好无损,管路内部清洁; (4) 套管电流互感器的组数、规格、精度、性能与合同技术协议的配置图相符; (5) 装入升高座后,确认极性和变比正确; (6) 储油柜分供商及其出厂文件与技术协议、设计文件、入厂检验相符,实物外观完好无损; (7) 波纹管储油柜应检查波纹管伸缩灵活,密封完好; (8) 胶囊式储油柜应检查胶囊完好,油位计安装正确,指示正确; (9) 气体继电器、压力释放阀、测温装置、有载分接开关等规格型号、分供商及其出厂文件与技术协议、设计文件、入厂检验相符,实物外观完好无损	W

序号	见证项目	见证内容	见证要点及要求	见证方式
3	准备工作	绝缘准备	（1）绝缘材料全部经过干燥处理且合格； （2）出线装置干燥处理合格，表面清洁，外观完好无损	W
4		油箱检查	（1）油箱屏蔽安装符合设计和工艺要求，固定牢固，绝缘可靠； （2）彻底清理油箱内部，应无任何异物，无浮尘，无漆膜脱落，外观光亮、清洁	W
5	总装配	器身下箱	（1）器身干燥合格，表面清洁，紧固件无松动，绝缘无损伤； （2）器身起吊、移动、下落，平稳无冲撞； （3）器身定位准确； （4）引线间和引线到箱壁的距离符合要求； （5）升高座安装正确，有载分接开关固定良好； （6）铁芯、油箱、夹件间绝缘电阻符合要求； （7）吊装时不得发生碰撞，固定位置准确； （8）密封符合设计和工艺要求； （9）记录密封作业结束时间	W
6		套管安装、引线连接	（1）各部件安装正确，固定可靠，螺母锁死； （2）检查各绝缘距离符合设计图纸要求； （3）套管吊装平稳，定位准确，固定可靠； （4）盲孔螺杆拧入到位，止松措施可靠； （5）套管引线连接和固定应符合设计和工艺文件要求； （6）套管引线的绝缘锥体与均压球的安装配合应符合工艺要求； （7）套管安装完成后外绝缘距离符合要求	W
7		其他件装配	（1）组件安装齐全，与油箱本体配合良好，密封法兰面对接良好，无渗漏； （2）记录可能出现的各种问题及其处理	W
8		外绝缘和铁芯绝缘检查	（1）外绝缘距离应满足设计文件要求； （2）铁芯、夹件绝缘电阻实测值符合要求	W
9		器身暴空时间	（1）记录大气压力、环境温度、湿度； （2）器身在空气中暴露时间不超过工艺要求	W
10	真空注油	真空注油	（1）记录真空残压值及维持的时间以及抽真空开始、结束时间； （2）记录注油速度和滤油机进出口油温	W
11	热油循环	热油循环	循环方式、速度、循环油温、循环时间、油中颗粒度应符合工艺要求	W
12	热油冲洗	热油冲洗	热油冲洗电流、持续时间、油温、颗粒度等应符合工艺标准要求	W
13	静放	静放	（1）静放时间应符合设计和工艺要求； （2）静放期间排气检查	W
14	总装配	制造单位检验记录核查	（1）核查制造单位记录是否真实、完整； （2）核查制造单位检验结论是否合格	W

3.3.10　包装及发运

包装及发运品控要点见表 3–10。

表 3-10 包装及发运品控要点

序号	见证项目	见证内容	见证要点及要求	见证方式
1	包装	包装文件	(1) 装箱单填写正确、清楚,实物与装箱单相符; (2) 包装及其标识应符合技术协议书和相关标准要求	W
2		换流变压器本体	(1) 外壳整洁,标识清晰; (2) 油箱所有法兰均应密封良好,无渗漏; (3) 油箱内充气质量合格,压力符合要求	W
3		储油柜	按工艺文件要求做好密封和附件防护	W
4		冷却器	(1) 包装符合工艺和供货合同要求; (2) 所有管路接口、阀门应采用堵板密封; (3) 放气塞和放油塞要密封紧固	W
5		套管	(1) 每支套管独立包装,附件完好齐全; (2) 包装箱完好、坚固,防止套管位移措施可靠,标识齐全; (3) 装箱单内容与实物相符	W
6		电流互感器及升高座	(1) 电流互感器固定和防潮措施可靠、有效,包装符合工艺要求; (2) 装有出线装置、均压管、绝缘支架等需要采取防潮措施的升高座,其油位或气压符合规定,无渗漏; (3) 升高座法兰密封良好	W
7		其他零部件	(1) 包装和标识符合规定(其中气体继电器独立包装); (2) 油管路的法兰应封堵严密; (3) 防磕碰、磨损和油漆表面划伤措施有效; (4) 易损组部件包装应采取防震措施	W
8	储存	本体	(1) 储存三个月以内油箱密封良好,无渗漏; (2) 充气压力应维持 20~30kPa,有压力监视仪表; (3) 充油储存的换流变压器油位应符合规定,且无渗漏; (4) 储存超过三个月应采用充油储存,油位应符合规定,且无渗漏; (5) 储存超过六个月应采用充油储存,且应安装储油柜,油位应符合规定,且无渗漏	W
9		其他包装箱	(1) 应采取防雨、防潮措施储存; (2) 凡充气(油)储存的部件,应定期检查和记录气体压力或油位	W
10	运输	换流变压器本体的充气压力	(1) 油箱密封良好,无渗漏; (2) 充气压力在 20~30kPa,在明显位置装有压力监视仪表; (3) 随换流变压器本体有足够的备用气体	W
11		冲撞记录装置	(1) 确认冲撞记录装置安装正确,工作状态正常; (2) 记录初始值	W

3.3.11 原材料组部件延伸监造

为确保柔直/换流变压器关键原材料及组部件质量,通常对网侧套管、阀侧套管及电磁线开展延伸监造。原材料组部件延伸监造品控要点见表 3-11。

表 3-11 原材料组部件延伸监造品控要点

序号	见证项目	见证方式	见证要点及要求	见证方式
1	网侧套管（油式）	驻厂监造	（1）质量及环境安全体系审查； （2）原材料、组部件供应商及质量检查； （3）关键工序：电容芯子卷制、芯子真空干燥、浇注、电容芯子加工、电容芯子喷漆、产品组装、产品抽真空、注油、出厂试验； （4）出厂试验见证 [主要试验项目：试验抽头试验、电压抽头试验、（工频耐压前、后）介质损耗因数及电容量测量、局部放电试验、冲击耐压试验、工频耐压试验、密封试验、套管内变压器油试验、外形及尺寸检查]； （5）包装及发运检查	W
	网侧套管（干式）	驻厂监造	（1）质量及环境安全体系审查； （2）原材料、组部件供应商及质量检查； （3）关键工序：电容芯子卷制、芯子真空干燥、浇注、电容芯子加工、产品组装、出厂试验； （4）出厂试验见证 [主要试验项目：试验抽头试验、电压抽头试验、（工频耐压前、后）介质损耗因数及电容量测量、局部放电试验、冲击耐压试验、工频耐压试验、密封试验、套管内变压器油试验、外形及尺寸检查]； （5）包装及发运检查	W
2	阀侧套管	驻厂监造	（1）质量及环境安全体系审查； （2）原材料、组部件供应商及质量检查； （3）关键工序：电容芯子卷制、芯子真空干燥、浇注、电容芯子加工、电容芯子喷漆、产品组装、产品抽真空、充气（充液）、出厂试验； （4）出厂试验见证（主要试验项目：介质损耗因数及电容量测量、雷电冲击干耐受电压试验、工频干耐受电压试验并局部放电测量、直流耐受电压试验并局部放电测量、极性反转试验并局部放电测量、抽头绝缘试验、充气套管内压力试验、充液套管密封试验、充气套管密封试验、法兰密封试验、外观和尺寸检查； （5）包装及发运检查	W
3	电磁线	关键点监造	（1）质量及环境安全体系审查； （2）电磁线原材料检查； （3）关键工序：拉伸、涂漆、干燥固化、绝缘包扎等检查； （4）出厂试验见证（主要试验项目：导体外形尺寸、圆角半径、绝缘纸层数、绝缘纸搭盖、绝缘纸类型及厚度、整体外形尺寸、抗张强度、屈服强度、伸长率、绝缘均匀性、漆膜厚度、击穿电压、漆包线环氧树脂自黏力试验等）； （5）包装及发运检查	W

3.3.12　原材料组部件抽检

为保障原材料及组部件质量，在原材料及组部件到达制作厂后，通常开展对电磁线、硅钢片及绝缘件的抽样工作。原材料组部件抽检品控要点见表 3-12。

表 3-12 原材料组部件抽检品控要点

序号	见证项目	见证方式	见证要点及要求	见证方式
1	电磁线	抽样厂内或送第三方	包装、外观、尺寸、换位节距、拉伸强度、股间绝缘、电阻率等	W

续表

序号	见证项目	见证方式	见证要点及要求	见证方式
2	硅钢片	抽样厂内或送第三方	外观、厚度、毛刺、绝缘电阻、漆膜附着力、磁感应强度、铁损等	W
3	绝缘件	抽样厂内或送第三方	包装、外观、尺寸、网纹、X光、金属异物检验、击穿强度等	W

3.4 试验检验专项控制

出厂试验前完成试验方案审核，确保试验项目、试验参数及试验判据符合相关标准及协议要求，同时将试验方案审核情况上报业主单位，由业主单位对试验方案进行确认，试验前对试验仪器校准日期及设备状态进行检查，保证试验仪器精度及运行状态良好。主要试验项目见表3-13和表3-14。

表3-13　　　　　　　　　　　例 行 试 验 项 目

序号	试验项目	试验方法及判据	见证方式
1	外观检查	检查变压器组部件状态是否完好，外观质量是否完好，标识是否清晰	H
2	电压比测量和联结组标号测定	（1）测量所有分接电压比； （2）检定联结组标号； （3）主分接：① 规定电压比的±0.5%；② 实际阻抗百分数的±1/10，取①、②中低者； （4）其他分接按协议，但不低于①、②中较小者	H
3	绕组直流电阻测量	（1）测量所有分接的绕组电阻； （2）电阻不平衡率不大于2%； （3）折算到技术协议要求温度下的电阻值	H
4	绕组绝缘电阻测量	（1）测量温度：10～40℃； （2）测量绕组对地绝缘电阻； （3）测量铁芯、夹件绝缘电阻； （4）吸收比不小于1.3或极化指数不小于1.5，当R_{60s}大于10 000MΩ时，吸收比和极化指数可不做考核	H
5	绕组电容及介质损耗因数测量	（1）测量温度：10～40℃； （2）介质损耗因数（$\tan\delta$）不大于0.005	H
6	套管电容及介质损耗因数测量	（1）检查套管标称电容及损耗因数$\tan\delta$，套管安装到变压器上后，测量10kV电压下套管介质损耗因数$\tan\delta$、电容值； （2）电容值应与出厂值偏差不大，介质损耗因数$\tan\delta$应小于0.004	H
7	空载损耗和空载电流测量	在0.9、1.0、1.1倍额定电压（U_N）下，测量绝缘试验前的空载损耗和空载电流	H
8	低电压下空载电流和空载损耗测量	施加试验电压380V，测量空载损耗，测量结果应符合相关要求	H

续表

序号	试验项目	试验方法及判据	见证方式
9	短路阻抗及负载损耗测量	（1）进行两次测量，一次在额定频率下进行，另一次在不低于 150Hz 的某一频率下进行； （2）根据给定的负载电流的谐波频谱来计算实际运行中的总负载损耗值，应符合协议要求	H
10	低电流下短路阻抗测量	施加低电流 5A，测量短路阻抗，测量结果应符合相关要求	H
11	带有局部放电测量的感应电压试验（绝缘试验前预试验）	（1）按照技术协议要求进行绝缘试验前的感应电压试验和局部放电测量； （2）试验环境满足要求，方波校正规范、准确； （3）试验过程中，施加电压及试验时间满足要求	S
12	雷电冲击全波试验	（1）试验电压峰值偏差：±3%； （2）电压极性：负极性； （3）包括网侧首、末端雷电冲击试验，阀侧首、末端雷电冲击试验，低压侧首、末端雷电冲击试验； （4）波形参数：波前时间 $T_1 = 1.2 \times$（$1 \pm 30\%$）μs、波尾时间 $T_2 = 50 \times$（$1 \pm 20\%$）μs，截断时间 $T_c = 2 \sim 6$μs，过零系数为 0.2～0.3，过冲小于 10%； （5）查看试验波形图，展开试验波形 6～10μs，纵横向比较，横向比较（与同组变压器比较），试验时产品内无异常声响，查看试验波形图，无畸变，试验后色谱无异常	S
13	网侧感应操作冲击试验	（1）试验电压峰值偏差：±3%； （2）电压极性：负极性； （3）波形参数：视在波前时间不小于 100μs，大于 90%峰值电压的持续时间不小于 200μs，视在原点到第一个过零点的时间不小于 500μs； （4）试验时产品内无异常声响，查看试验波形图，无畸变，试验后色谱无异常	S
14	阀侧外施操作冲击试验	（1）试验电压峰值偏差：±3%； （2）电压极性：负极性； （3）波形参数：视在波前时间 250 ×（$1 \pm 20\%$）μs；波尾时间 2500 ×（$1 \pm 60\%$）μs； （4）试验时产品内无异常声响，查看试验波形图，无畸变，试验后色谱无异常	S
15	带局部放电测量的外施直流耐压试验	在整个试验期间应测量和记录局部放电，在最后 30min 内超过 2000pC 的放电脉冲不超过 30 个，在最后 10min 内超过 2000pC 的放电脉冲不超过 10 个	S
16	阀侧绕组的外施交流耐压试验	（1）试验环境满足要求，检查施加的电压值及试验时间是否符合要求； （2）试验电压无突降，测得的局部放电量符合协议要求，且试验过程中无明显上升趋势，试验后色谱无异常	S
17	网侧外施耐压试验	（1）试验环境满足要求； （2）检查施加的电压值及试验时间是否符合要求； （3）检定周期是否在有效期内； （4）试验电压无突降，试验后色谱无异常	S
18	线端交流耐压试验	（1）试验过程中，施加电压及试验时间满足要求； 1）试验变压器内部无放电声和击穿现象； 2）在协议要求的试验电压及维持时间内电压不发生突降。 （2）试验后色谱无异常	S
19	带有局部放电测量的感应电压试验（绝缘试验后）	（1）按照技术协议要求进行绝缘试验前的感应电压试验和局部放电测量； （2）分接位置符合技术协议要求； （3）试验过程中，施加电压及试验时间满足要求	S

续表

序号	试验项目	试验方法及判据	见证方式
20	油流带电试验	变压器不励磁，启动全部油泵运行 4h，其间连续测量绕组对地静电电流以及铁芯对地静电电流，该过程应无大的局部放电信号	H
21	转油泵时的局部放电测量	油流静电试验之后，在不停油泵的情况下进行局部放电试验，试验电压 $1.5U_m/\sqrt{3}$（U_m 为三相系统中相间最高电压的方均根值），维持时间按照技术协议要求，整个试验过程中每隔 5min 记录一次各端局部放电量，并记录放电起始及熄灭电压，局部放电测量值应符合协议要求，试验后油色谱没有明显的变化，油中无乙炔	H
22	1h 励磁试验	1h 前、后测量 $1.0U_N$ 和 $1.1U_N$ 空载电流和空载损耗，且前、后空载损耗值偏差不大于 4%	H
23	空载励磁特性测量	在 $0.9U_N$、$1.0U_N$、$1.1U_N$ 下，测量绝缘试验后的空载损耗和空载电流	H
24	长时空载试验	施加 1.1 倍额定电压，开启正常运行时的全部油泵，运行 12h，试验前、后油中应无乙炔，总烃含量无明显变化，无明显局部放电的声、电信号，且前、后空载损耗值偏差不大于 4%	H
25	频率响应特性的测量	变压器置于额定分接，一端激励，另一端响应，分别测量网侧绕组及阀侧绕组的频率响应特性，测量结果应符合相关要求	H
26	杂散电容的测量	测量端子间及端子对地的杂散电容	H
27	有载分接开关试验	（1）开关切换循环次数满足要求，开关机构操作无异常； （2）变压器不励磁，且操作电压降到其额定值 85% 时，完成 1 个操作循环； （3）空载状态下开关切换； （4）负荷状态下开关切换； （5）开关油室色谱无异常	H
28	油泵和风扇的吸收功率测量	施加 380V 电压测量风扇及油泵的吸收功率，测量结果应符合相关要求	H
29	辅助线路的绝缘试验和附件功能检查试验	辅助线路对地施加 2kV 电压，维持 1min，期间电压无跌落、击穿及放电现象	H
30	油箱及冷却器密封试验	按照技术协议要求开展油箱及冷却器密封试验	H
31	电流互感器（TA）试验	对 TA 进行变比、绝缘电阻及耐压试验，试验结果符合协议要求	H
32	变压器油试验	绝缘试验、长时间空载试验及温升试验过程中按技术协议和有关标准要求取油样，进行色谱分析，色谱结果应符合相关标准要求	H

表 3-14　　　　　　　　　　　　型式试验及特殊试验项目

序号	试验项目	试验方法及判据	见证方式
1	温升试验	（1）检查试验过程中施加的总损耗及等效电流是否满足要求； （2）检查分接位置是否在最大损耗电流分接； （3）检查油面温升、绕组温升、热点温升等是否符合协议要求	H
2	声级测量	（1）负载及空载状态下 A 计权声压级（dB）的测量符合技术协议及相关标准要求； （2）测试环境满足要求，测试方法正确	H
3	雷电冲击截波试验	（1）试验电压峰值偏差：±3%； （2）电压极性：负极性； （3）包括网侧首、末端雷电冲击试验，阀侧首、末端雷电冲击试验，低压侧首、末端雷电冲击试验	S

续表

序号	试验项目	试验方法及判据	见证方式
4	短时极性反转试验	该试验是针对柔直/换流变压器设计的特殊试验，试验过程分为三个阶段：第一阶段施加负极性试验电压持续 90min；第二阶段在极短时间（2min）内完成极性反转至正极性试验电压并维持 1min；第三阶段在极短时间（2min）内完成极性反转至负极性试验电压并维持 90min	S
5	无线电干扰试验	变压器在最大分接位置上，施加 $1.1\ U_m/\sqrt{3}$，测量无线电干扰水平，要求小于 500μV	H
6	油箱的机械强度试验	按照技术协议要求在正压 100kPa、负压 133Pa 下开展油箱机械强度试验，永久变形量不应大于 5mm	H

3.4.1　短时极性反转试验

该试验是针对柔直/换流变压器设计的特殊试验，试验过程分为三个阶段：第一阶段施加负极性试验电压持续 90min；第二阶段在极短时间（2min）内完成极性反转至正极性试验电压并维持 1min；第三阶段在极短时间（2min）内完成极性反转至负极性试验电压并维持 90min。

试验结果的判断：在施加负极性电压期间任何 10min 的间隔内，所记录超过 2000pC 的脉冲数不超过 10 个，且正极性的电压不发生跌落（局部放电值作为参考），则试验结果应视为合格，不必进行其他局部放电试验。由于在极性反转过程中，某些放电活动是正常的，所以在极性反转和试验开始后的 1min 内记录的局部放电脉冲数应不予考虑。

3.4.2　阀侧交流外施耐压试验

阀侧交流外施耐压试验及局部放电测量在极性反转试验后进行，由于交流电压作用没有明显的时间累积现象，但对周围物体特别是电容性质的元件极为敏感，因此对周围环境进行检查，与试验无关的其他设备、工装等尽量移出大厅，或处于可靠接地中，并屏蔽尖端或突出部位。

交流加压过程中，分阶段逐步升高电压。每阶段停留 5min 左右，观察局部放电仪及关注大厅内是否存在异常。直流试验中残余的电荷，或者线路中的均压环、无晕导管表面的灰尘等都会引起放电，在持续加压过程中，此类放电现象将逐渐消失。

阀侧交流耐压试验时，试验电压非常高，对设备容量，以及监测回路所用阻抗的容量均要求能通过试验中产生的电流。因此，合理选择交流设备和检测阻抗的类型，以满足试验要求。

3.4.3　雷电冲击试验

雷电冲击相关参数，如波前时间、过冲控制和达到半峰值时间是雷电冲击的难点。为了尽量减小雷电全波波前时间和峰值处过冲，使之符合或接近标准要求，设备、产品布置尽量靠近，缩短连接线长度，选择最近的接地点，增大连接线的界面，减少冲击发生器的级数或使用 2 级并联接法，以减小回路电感，同时也能增大半峰值时间。因冲击波截断时，地电位抬高，可能影响截断时间控制和截波波形，截波回路需保证足够小的接地电阻，且连接牢固，有足够的分散截断电流通路。

冲击发生器主体、截断装置、分压器围绕被试端子放置，接地点靠近设备，接地使用大截面铜箔跨接，连接至不同接地点，并与地面隔开。

3.4.4 温升试验

根据 GB/T 18494.2—2007《变流变压器　第 2 部分：高压直流输电用换流变压器》以及技术协议的规定，温升过程分为两个阶段：

（1）施加总损耗至油面温升稳定，并持续 12h，测得油顶层温升；期间监测油箱热点温度。

（2）降至等效运行电流，并持续 1h，期间监测油箱热电温度；断电测量绕组热电阻，计算绕组平均温升。

3.5　典型质量问题分析处理及提升建议

3.5.1 某工程柔直变压器阀侧绕组屏线重叠

问题描述：某工程 LY 型柔直变压器生产过程中发现阀侧绕组内部屏线出现重叠问题，如图 3-16 所示。

图 3-16　柔直变压器阀侧绕组屏线交叠

LY 型柔直变压器的阀侧绕组共 74 饼线，上下各 10 饼导线带屏线，规格为 2 组×45 片×（1.08mm×4.25mm）+3 根×（0.80mm×8.00mm），电磁线入厂检查合格。阀侧绕组的带屏线段导线为两条自黏换位导线，中间夹三条并排的屏线组成一个整体，螺旋绕制。其实物如图 3-17 所示。

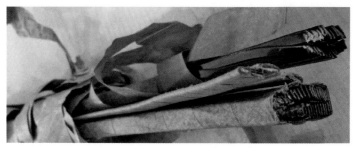

图 3-17　带屏线段导线实物

　　正常情况下三条屏线应在一个平面上，屏线发生交叠时如图 3-18 所示。LY 型柔直变压器的网侧绕组也带屏线，但屏线段导线内只夹 1 根屏线，因此不存在屏线重叠问题。调压线圈不带屏线，故该线圈也不存在屏线重叠问题。

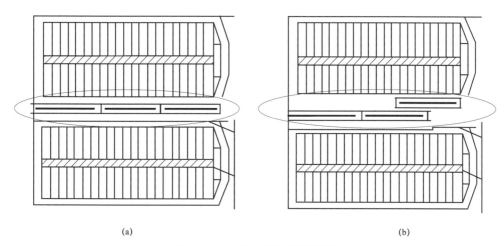

(a)　　　　　　　　　　　　　　(b)

图 3-18　带屏线段导线示意图
(a) 正常情况；(b) 屏线交叠情况

　　原因分析及处理情况：

　　（1）设计方面：LY 型柔直变压器阀侧绕组所使用的屏线段线规为常规线规，已在以往的项目上使用，并未发现异常，该线规的使用性能已经得到证实，屏线的宽度越宽，多根屏线并绕时的工艺控制要求就越高。调研发现：换流变压器屏线宽度基本在 4～5mm，而该台 LY 型柔直变压器设计了 8mm 宽的屏线，提高了生产和绕制难度。

　　（2）电磁线生产方面：电磁线的制作和绕制过程经历了 4 个阶段，在 2、3、4 阶段屏线都有发生形变或窜动的可能，图 3-19 为电磁线生产流程。

　　（3）线圈绕制过程：线圈绕制过程中，绕制工人只能通过肉眼观察以及在某些位置的尺寸测量来判断屏线是否发生重叠或蹿位，对绕制工人的技能水平和经验要求较高。

　　（4）屏线与线圈的直径及每饼的匝数有关，线圈的直径越小及每饼匝数越多越容易出现屏线重叠或蹿线，主要原因是导线在往圆形的绕线模绕制时，同一根导线的内侧屏线与外侧的屏线周长尺寸相差较大，会产生较大应力。

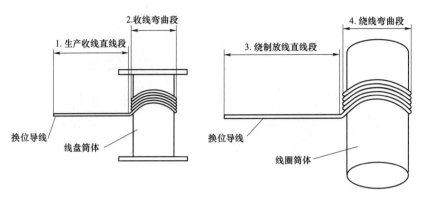

图 3-19　电磁线生产流程

综合分析认为，此次阀侧绕组屏线交叠问题的原因为屏线线规设计宽度过大，导致电磁线生产和绕制难度加大。整改方案如下：

（1）屏线线规调整。对阀侧绕组屏线段线规进行了微调，由 3×（8.0mm×0.8mm）调整为 3×（7.3mm×0.8mm），屏线绝缘厚度由 1.60mm 调整为 2.20mm。在减小屏线宽度的同时，增加了屏线总体厚度。

（2）优化工艺。电磁线采用新的规格进行了试绕制，根据试绕制的经验，改进了屏线段导线的制作工艺：导线组合前的引入工装间隙由 1mm 调整至 0.5mm；组合绕包第一层丹尼松纸的张力由 20N 调整为 23N。

（3）柔直变压器生产。将已完成绕制和部分绕制的三台柔直变压器阀侧绕组全部报废处理。按照新线规和新工艺控制措施绕制该工程 LY 型柔直变压器阀侧绕组，制作过程中对导线尺寸及内部屏线情况测量监控，并要求供应商到现场跟踪该过程。后续未再出现屏线重叠现象，出厂试验均顺利通过。

品控提升建议：加强对电磁线线规复核及供应商质量管控，在电磁线供应商能够按照设计要求完成生产的前提下，确保线圈生产过程能够按照工艺正常执行。

3.5.2　某工程换流变压器引线均压管端部尺寸偏差较大

问题描述：某工程换流变压器阀 b 侧均压管制作完毕后，在进行出厂尺寸检验时，发现由于制作偏差，造成均压管端部与水平段的中心偏差为 40～50mm，不符合质量标准（见图 3-20）。

原因分析及处理情况：由于此均压管已经制作完毕，为验证阀 b 侧均压管装配到器身后的偏差，决定将此均压管发送至厂内进行安装，并测量尺寸偏差。均压管安装完成后，测量阀 b 侧均压管端部与水平段中心之间的偏差分别为：均压管端部上部偏差为 48mm，均压管端部下部偏差为 50mm（见图 3-21）。由于阀 b 侧均压管尺寸偏差较大，无法使用，需返回出线装置供应商进行处理。排查阀 a 侧均压管无问题。为避免后续换流变压器阀 b 侧均压管出现同类情况，该均压管金属管部件均进行相应整改。

图 3-20　返厂测量均压管尺寸

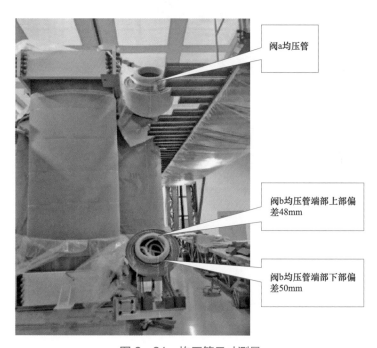

阀a均压管

阀b均压管端部上部偏差48mm

阀b均压管端部下部偏差50mm

图 3-21　均压管尺寸测量

均压管结构由两段屏蔽管及其连接金属管组装而成，外加绝缘件组装。经分析认为，均压管偏差原因初步判定为两段屏蔽管在绝缘装配或转运过程中出现偏移，导致最终成品出现中心线偏差。

均压管绝缘件全部拆解，在金属管与两段屏蔽管连接处采用焊接加固处理，避免在后续装配过程中再次产生偏移。同时，为避免后续产品出现同类问题，须采取同一加固措施，加固工艺不会对均压管功能及换流变压器性能造成影响。

品控提升建议：加强对出线装置的质量检查，确保在保证质量的前提下按期交货，建议对关键原材料及组部件开展延伸工作。

3.5.3　某工程LY型柔直变压器局部放电超标故障问题

问题描述:某工程 LY 型柔直变压器进行预局部放电试验时出现局部放电超标现象。在 $1.2U_r/\sqrt{3}$（364kV）电压下保持 2min 左右后网侧出现 350pC、阀侧出现 140pC 左右的局部放电量，超过技术规范书规定的网侧和阀侧的视在放电量不超过 100pC 的要求。电压缓慢上升至 $1.58U_r/\sqrt{3}$（479kV）电压保持 1h，网侧局部放电量基本稳定在 320～380pC 范围，阀侧局部放电量基本稳定在 110～160pC 范围。熄灭电压为 $0.79U_r/\sqrt{3}$（240kV）。局部放电试验波形如图 3-22 所示，呈现为单根对称波形。

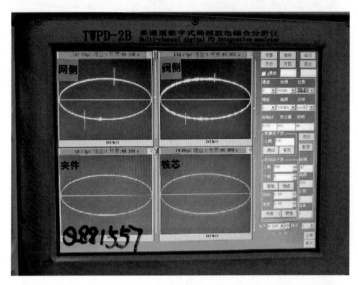

图 3-22　柔直变压器 LY1（Q881557）局部放电试验波形

通过对变压器本体外部裸金属和悬浮放电的排除，根据网侧局部放电和阀侧局部放电的波形、相位分析，故障位置可能在网侧高压套管和网侧绕组出线附近（网侧端部），网侧局部放电量和阀侧局部放电量较小，无法通过超声局部放电传感器获取局部放电信号，同时油色谱在局部放电试验前后无明显变化，见表 3-15。

表 3-15　　　　　　　　　　　　　柔直变压器试验前后油色谱

过程	H_2	CO	CO_2	CH_4	C_2H_4	C_2H_6	C_2H_2	C_1+C_2	结果
试验前	0	1.51	25.17	0.13	0	0	0	0.13	合格
局部放电后	0.85	7.26	44.89	0.22	0	0	0	0.22	合格
排查后	0.51	7.55	49.38	0.22	0	0	0	0.22	合格

原因分析及处理情况:使用新套管进行更换并重新安装。在完成网侧高压套管更换、抽真空、注油、静放一系列处理工艺后，重新开展出厂试验，试验结果合格。原网侧套管返回供货厂家后，如图 3-23 所示，对套管进行局部放电试验，局部放电量为 5pC，偶尔会达到 7～9pC（技术协议要求放电量小于 5pC）。

图 3-23　局部放电超标的网侧套管

根据试验现场、更换套管后试验合格及套管返厂后出现局部放电超标情况，认为网侧套管本身局部放电超标是此次故障的直接原因。该套管安装在变压器上与变压器一起做局部放电试验时，套管的局部放电量会被放大，导致柔直变压器出厂试验局部放电超标。

3.5.4　某工程 LD 型换流变压器局部放电超标问题

问题描述：某工程 LD 型低端换流变压器进行绝缘试验后，进行 IVPD 试验（带局部放电测量的感应耐压试验）时，试验施加到 $1.58U_r/\sqrt{3}$，进行至 45min 后网侧首端局部放电量从 40pC 缓慢增长，到 60min 时局部放电量达到 200pC；继续延长 $1.58U_r/\sqrt{3}$ 电压试验时间，70min 时局部放电量达到 300pC 左右。试验过程中放电数据见表 3-16。

表 3-16　　　　　　　　　　IVPD 试 验 数 据

时间	电压（kV）	网侧高压（1.1）端（pC）	阀侧高压（3.1）端（pC）
—	121	30	20
1min	364	30	20
5min	479	40	30
30s	546	—	—
5~45 min	479	40	30
45~60 min	479	40→200	30
60~70 min	479	200→300	30

随后进行排查后复测，在 $1.2U_r/\sqrt{3}$ 下，网侧首端局部放电量为 300pC 左右，阀侧为 70pC，降到底熄灭；再次升压，电压为 $0.3U_r/\sqrt{3}$，网侧首端局部放电量为 400pC；升至 $1.58U_r/\sqrt{3}$，局部放电量为 400pC 左右；保持 $1.58U_r/\sqrt{3}$ 试验电压，几分钟后听见异响，在网侧首端看到弧光，终止试验。试验电压及局部放电量数据见表 3-17，图 3-24 为局部放电试验波形。

表 3-17 IVPD 复测试验数据

时间	电压（kV）	网侧高压（1.1）端（pC）	阀侧高压（3.1）端（pC）
第一次	0	50	50
	364	约 300	63
	0	—	—
第二次	90	400	70
	364	400	70
	479	约 400	70

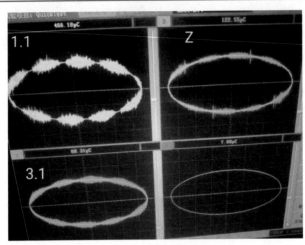

图 3-24 局部放电试验波形

该产品在试验前、温升后以及 IVPD 试验（绝缘试验后）后分别进行油色谱分析试验，油色谱数据见表 3-18。

表 3-18 IVPD 试验前后油色谱 （单位：μL/L）

试验日期	取油位置	氢气 H_2	一氧化碳 CO	二氧化碳 CO_2	甲烷 CH_4	乙烷 C_2H_6	乙烯 C_2H_4	乙炔 C_2H_2	总烃 C_1+C_2
试验前	下部	1.39	13.59	255.14	0.75	0.06	0.08	0	0.89
温升后	下部	1.98	16.84	174.97	0.77	0.07	0.09	0	0.93
局部放电后（故障后）	上部	77.50	19.61	214.52	13.63	0	15.19	**75.59**	104.41
	中部	24.98	15.64	154.82	4.14	0	4.66	**21.67**	30.47
	下部	59.27	18.00	152.30	11.34	0	15.99	**75.60**	102.93

经油色谱数据分析，发现乙炔含量偏高，三比值法代码为"202"，提示产品内部有放电故障，产品绝缘试验后 IVPD 试验不合格。随后又在当前挡位（N）进行了变比、绝缘电阻、介质损耗因数测量等试验，试验结果与故障之前数据对比无异常。对该产品进行了放油、拆附件，并进行了吊芯检查，主要情况如下：

（1）网侧套管尾部均压环安装牢固，无放电痕迹，其他部件无异常，如图 3-25所示。

图 3-25　网侧套管尾部均压环

（2）器身吊出油箱后，检查发现网侧均压管绝缘表面有放电痕迹，对应油箱箱盖内表面位置也有明显放电痕迹，如图 3-26 所示。阀侧均压管和调压引线无异常，开关无异常。

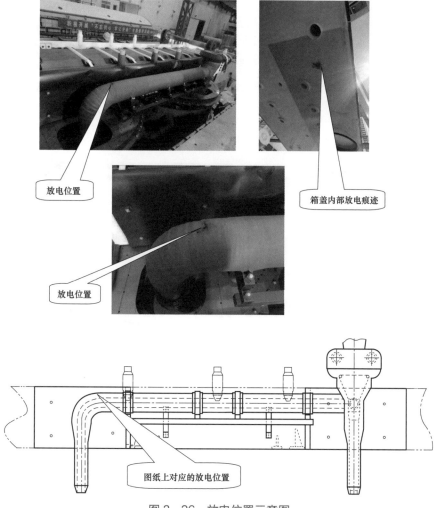

图 3-26　放电位置示意图

（3）随后进行了脱油处理，对网侧均压管进行了解体详细检查。均压管外包绝缘厚度满足图纸技术要求，剥开网侧均压管外包绝缘直至均压管金属表面，发现有明显的放电痕迹和碳化物，如图3-27所示。

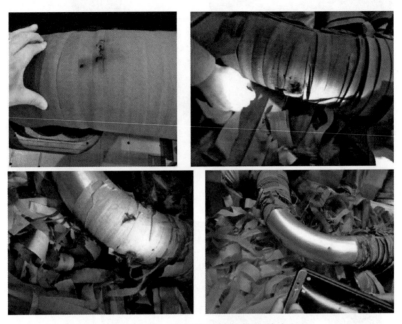

图3-27　网侧均压管外绝缘放电

（4）拆除上铁轭、拔出线圈进行解体检查，未见异常，如图3-28所示。

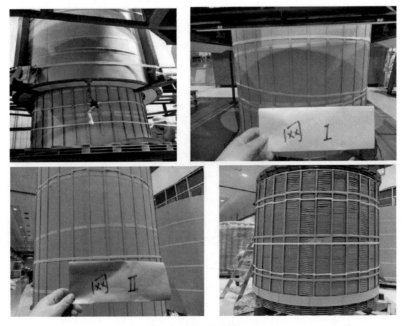

图3-28　线圈检查

原因分析及处理措施：根据技术协议要求，该产品本体储油柜与油箱之间安装了断流阀，用于阻断在变压器内部故障油流泄漏后储油柜与变压器本体的油流通路，避免事故的扩大。断流阀安装示意图如图 3-29 所示。

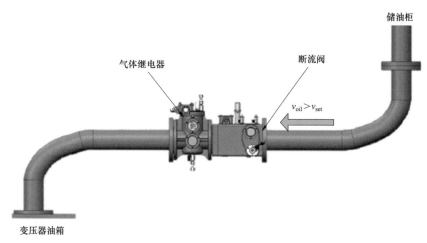

图 3-29 断流阀安装示意图

该断流阀为单向逆止阀，正常状态下处于常开状态，当储油柜往油箱方向的油流速度大于设定值时，断流阀将自动关闭。根据订单要求，该项目提供的断流阀配置了流量调节装置，且该台断流阀流量调节设置在 1 挡处，即设置关闭流量不小于 110L/min；在该流量下产品因热胀冷缩而产生的油流是无法将断流阀关闭的。

结合此台产品试验顺序以及试验过程中取油样情况，总共取油样三次，其中第一次在试验前（正常取样），第二次在温升试验后（正常取样），第三次在绝缘试验后 IVPD 试验后（油箱内部负压，无法取样），根据以上情况分析认为该断流阀在绝缘试验后 IVPD 试验前都是正常工作的，从取样的情况和其他绝缘试验的结果也可以佐证。它的不正常关断则是由于绝缘试验后 IVPD 试验发生了对地击穿短路故障，产生了较大放电能量和大量气体，导致器身内部变压器油在短时间内快速涌向储油柜后又快速回流，回流油速超过了断流阀动作设定值，使其关闭，导致变压器内部出现负压，最终出现在试验故障后无法取出油样的现象。

解体检查发现网侧均压管及其箱盖内侧对应位置有明显的放电痕迹和碳化物，可以确定网侧均压管质量异常造成了均压管与箱盖对地油隙击穿。追溯其根本原因，推断该均压管包裹外包绝缘皱纹纸时，可能夹杂了异物或其他绝缘缺陷（绝缘皱纹纸、绝缘纸板和波纹纸板），在长时间高电压试验时造成电场畸变，随着时间变化造成此区域绝缘强度逐渐降低，最终引起对地击穿故障。处理方案如下：

（1）重新组装网侧线圈，并按图纸要求依次恢复产品套装；

（2）对网侧均压管铝管进行清理和打磨，检查合格后按图纸要求重新恢复外包绝缘和瓦楞纸板包裹；

（3）按图纸要求恢复调压引线和阀侧引线；

（4）器身整体按原工艺方案进行气相干燥处理；

（5）总装配、外部附件安装；

（6）按原有工艺方案进行抽真空、注油、热油循环、静放等工艺处理；

（7）按原有试验方案重新进行全套出厂试验。

品控提升建议：加强绝缘包扎过程中异物控制力度，确保现场清洁，建议指派经验丰富的员工进行关键部位的绝缘包扎工作。

3.5.5 某工程 LY 型换流变压器转动油泵试验局部放电异常

问题描述：某工程 LY 型换流变压器进行转动油泵时的局部放电试验，试验电压至 $1.58U_r/\sqrt{3}$ 时，网侧局部放电量逐渐增加，到 50min 时网侧局部放电量增至 150pC 左右，阀侧逐渐增加，但量值增加不大，网侧和阀侧波形一致，如图 3-30 所示。重新进行油流静电 4h 试验，试验情况详见表 3-19。

表 3-19　　　　　　　　　　局部放电量变化情况

时间	试验电压	网侧高压（1.1）端（pC）	阀侧高压（2.1）端（pC）	铁芯（pC）	夹件（pC）
—	0	20	40	60	50
5min	$1.2U_r/\sqrt{3}$	55	45	70	100
5min	$1.58U_r/\sqrt{3}$	70	40	60	120
5min		90	60	80	160
10min		100	60	95	195
15min		130	65	105	220
20min		150	75	120	260
25min		175	85	140	300
30min	$1.58U_r/\sqrt{3}$	200	90	155	330
35min		220	100	170	360
40min		260	120	190	420
45min		290	130	210	470
50min		310	140	220	500
55min		340	160	240	530
60min		350	170	260	560
5min	$1.2U_r/\sqrt{3}$	190	100	140	300

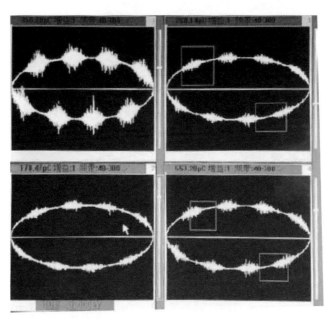

图 3-30　局部放电试验图谱

　　原因分析及处理情况：为查找故障点，经分析讨论再次进行热油循环和静放。先进行 4h 油流静电试验，然后开展油流局部放电试验，试验数据见表 3-20。

表 3-20　　　　　　　　　　　　油流放电试验局部放电量

试验电压	网侧高压（1.1）端（pC）	阀侧高压（2.1）端（pC）	铁芯（pC）	夹件（pC）	备注
0	10	30	70	40	
$0.4U_r/\sqrt{3}$	10	30	70	40	
$0.8U_r/\sqrt{3}$	150	50	190	60	局部放电波形出现
$1.2U_r/\sqrt{3}$	190	80	250	70	
$1.58U_r/\sqrt{3}$	190	80	280	160	
$1.2U_r/\sqrt{3}$	150	70	230	60	
$0.8U_r/\sqrt{3}$	150	50	180	50	
$0.9U_r/\sqrt{3}$	180	60	220	60	二次出现波形
$1.2U_r/\sqrt{3}$	200	70	250	70	

　　试验结束后进行局部放电定位，局部放电定位区域如图 3-31 所示。
　　局部放电位置对应换流变压器内部结构示意图如图 3-32 所示。

定位区域

图 3-31　局部放电定位

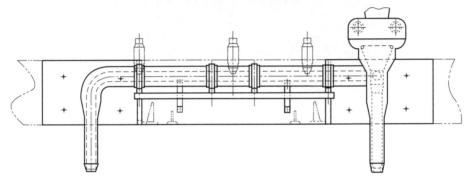

图 3-32　局部放电位置对应换流变压器内部结构示意图

开展技术讨论，处理方案如下：

（1）产品放油、拆附件、器身吊出，检查器身表面、铁芯表面、铁芯拉带、铁芯夹件、磁分路、压板、油箱内壁等位置清洁度。

（2）检查各处接地是否牢固。

（3）干燥处理后，更换器身绝缘网侧上端引出线位置绝缘成型件，拆下网侧引线，网侧均压管外表面检查后，将外包绝缘和端部覆盖绝缘纸浆剥去，清理干净并检查合格后重新按图纸恢复绝缘，更换网侧引线中所用绝缘件。

（4）更换结束后重新总装，严格按工艺方案完成工艺处理。

（5）重新进行以下试验项目：变比测量；绕组直流电阻测量；绕组绝缘电阻、介质损耗因数及电容量测量；空载试验；带局部放电测量的感应耐压试验（IVPD）；转油泵时的局部放电测量。

经过处理后重新试验，试验结果正常。

品控提升建议：加强对器身上部清洁、引出线部位成型件质量管控及外包绝缘表面清洁度控制，器身落箱前由制造单位及监理单位对器身质量进行全面检查。

3.5.6　某工程绝缘螺杆螺母污染导致局部放电量超标

问题描述：某台 800kV 换流变压器进行阀侧交流外施耐压试验及局部放电测量时，

当试验电压施加到 300kV（应施加试验电压 912kV）左右时出现局部放电信号，540kV 时局部放电量达 20 000pC，远超过标准值（100pC），产品外部听到轻微的放电声，取油样检测发现内部有微量乙炔气体。

原因分析及处理情况：通过进箱检查，发现阀 a 端屏蔽管中间固定支座上一根玻璃丝螺杆、螺母及相邻的绝缘纸筒最外层和绝缘抱箍表面有放电痕迹（共三处），如图 3−33 所示，爬电路径如图 3−34 所示，放电痕迹如图 3−35～图 3−37 所示。经过分析，认为玻璃丝螺杆或螺孔在制造过程中受到污染，导致试验时引发异常放电，系个案问题。

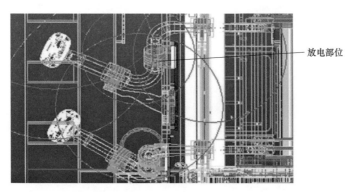

图 3−33　放电部位

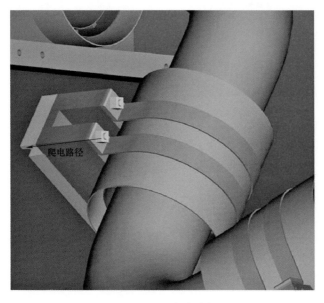

图 3−34　爬电路径

图 3-35 放电痕迹在最外层纸带外表面出现

图 3-36 放电痕迹发生在抱箍支座与最外层围屏之间

图 3-37 放电痕迹沿环氧玻璃丝螺母和螺杆

将故障的玻璃丝螺杆、螺母、绝缘纸筒、绝缘抱箍进行了更换,重新进行阀交流外施耐压试验及局部放电测量,施加试验电压 912kV,局部放电量为 90pC,符合标准要求。

品控提升建议:

(1)加强对此处绝缘件的外协加工、入厂检验、转运等过程的管控,保证绝缘件的清洁。

(2)改进结构,将靠近阀侧出线的玻璃丝螺母倒圆。

3.5.7　某工程铁芯接地引线过长导致发生外部放电

问题描述:某台 LD 型换流变压器进行绝缘试验前 IVPD 试验时,网侧上部出线对铁芯接地线放电，试验未通过。

　　原因分析及处理情况：操作人员经验不足，将铁芯接地引线配置过长，导致网侧首端引线与铁芯接地引线间的绝缘距离不够，在局部放电试验时发生放电，如图 3－38 所示。处理放电部位污染，重新配置铁芯接地引线并确保可靠的绝缘距离后，出厂试验顺利通过。

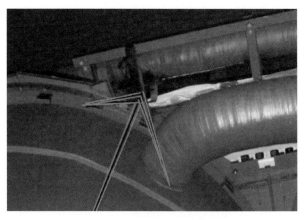

图 3－38　铁芯接地引线过长放电

　　品控提升建议：制造厂应加强生产现场的工艺管理。

3.5.8　某工程高端换流变压器局部放电量超标

　　问题描述：某工程高端换流变压器进行冲击试验后 IVPD 试验时，发现网侧局部放电异常，网侧高压端子在 1.58 倍额定电压下出现局部放电不稳定，60min 内局部放电量在 50～170pC 之间，大于 100pC，局部放电时有时无，持续闪烁，阀侧局部放电量约 75pC，如图 3－39 所示。

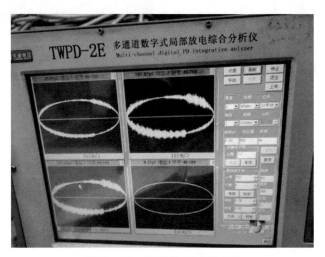

图 3－39　局部放电试验波形

原因分析及处理情况：通过以上试验现象及局部放电数据可发现，网侧局部放电量不稳定，不符合传递比。结合局部放电波形，分析认为产品存在局部绝缘件浸油不透的问题。

整改措施：根据故障原因分析，为增强绝缘浸透性，将该产品变压器油全部排空，按工艺标准抽真空注油后，产品按专项工艺要求进行负载加热循环、热油循环，循环合格静放后重新试验，试验合格。

品控提升建议：确保厂内生产过程工艺要求刚性执行，根据产品电压等级及绝缘质量适当优化厂内工艺要求。

3.5.9　某工程 LY 型换流变压器温升试验油泵故障问题

问题描述：某工程 LY 型换流变压器进行温升试验，温升进行 4h 后取油样分析，油样测量油指标异常，乙炔含量为 0.1μL/L，对变压器进行外部检查，发现 4 号冷却器油泵异常，油泵无法转动，继续温升试验至 8h，乙炔含量未变化。随后对油泵外部进行检查，发现油泵与下部联管连接法兰有放电痕迹，油泵放电位置如图 3-40 所示。

图 3-40　油泵放电位置

原因分析及处理情况：油泵自身存在质量缺陷，缺陷位置如图 3-41 所示。产品在温升试验加电初期发生对地短路故障，油泵内电动机线圈烧毁，线圈拉弧放电导致其周围变压器油碳化产生特征气体，并扩散到主体内；同时在油泵发生对地短路故障的瞬间在油泵外壳与其对应的联管之间流过较大的电流，法兰和联管连接的钢丝被烧断，并在法兰面产生灼烧痕迹。

整改措施：制造厂对变压器冷却器管路及强油管路内部进行彻底检查，以消除质量隐患。检查处理方案如下：

图 3-41　缺陷位置

（1）关闭冷却装置与主体间的所有阀门，从冷却器联管下部阀门回油，首先拆除 4 号冷却器油泵，对油泵外观和内部进行仔细检查，对油泵内部绕组进行绝缘电阻测量，拆除油箱下部进油管路，对管路内部进行仔细检查。

（2）对变压器主体回油，进入油箱内检，对箱底可视范围内进行仔细检查，打开器身内强油道管两侧盖板，对强油管路内部进行仔细检查，检查是否有异常情况。

（3）检查确认器身及各个管路内均无异常情况，则对产品进行恢复，更换新的油泵，重新抽真空注油，进行后续试验。

制造厂对上述检查项目进行检查，确认无异常后，重新开展试验，试验顺利通过。

品控提升建议：加强对外购组部件的质量控制，建议温升试验前增加对各风机及油泵运转情况的检查。

3.6　小　　结

根据近几年特高压工程换流变压器发生的主要问题来看，影响产品质量的主要因素有原材料组部件质量、生产工艺执行及信息沟通等问题，为提高关键主设备换流变压器质量，提出以下几点建议：

（1）加强原材料及组部件质量管控。制造厂在采购阶段严格按照技术协议要求执行，同时做好入厂检验及生产过程中的质量控制。对于关键原材料及组部件，应派专人前往供应商处进行延伸监造。

（2）细化生产过程工艺，工艺执行落实到位。为确保生产过程严格按照工艺文件执行，制造厂及监理单位需共同对生产过程工艺执行情况进行检查，由制造厂质量相关部门及监理单位人员共同对产品质量进行检查评估，在确认产品质量后转入下道工序。

（3）加强信息沟通，确保信息沟通顺畅。为更好保障设备生产的顺利进行，制造厂应加强与业主单位、监理单位及内部的沟通，确保项目各项要求高效、快速传达，保证生产各环节严格按照要求执行。

第4章 直流控制保护系统

4.1 设备概况

4.1.1 直流控制保护系统概况

特高压多端混合直流控制保护系统是根据目前及未来发展的需求，以保证系统稳定、可靠、可用、易用、高效为设计原则，在特高压直流控制保护系统和柔性直流控制保护系统的基础上研制出的新一代控制保护系统。特高压多端混合直流控制保护系统倚靠继承、创新的原则，利用当今先进的前沿技术，面向未来、高可靠性的直流输电控制保护设备，达到了国际领先水平。

直流控制保护系统采用嵌入式软硬件技术，使用分散、分布式结构，采用面向对象的方法对应用进行更为合理的功能划分，使系统结构清晰、功能强大、运行更加稳定可靠。硬件系统采用成熟的交流数字化变电站的若干核心控制保护、特高压直流控制保护、柔性直流控制保护设备。特高压多端混合直流控制保护系统的核心控制保护功能与辅助功能软、硬件分离，核心控制保护功能采用无操作系统的架构，具有更为先进的系统自监视结构，系统切换可以在1ms内完成。系统所有环节均自主开发，不存在任何技术盲点；系统提供灵活方便的软件开发接口，支持分布式并行计算，便于应用功能开发及合理组织；系统采用Unix/Linux/Windows混合平台的数据采集与监视控制系统（SCADA），满足直流工程对可靠性和安全性的要求；系统采用了自主研发的专用HTM总线实现机箱内板卡间数据通信，保证数据通信安全可靠；系统具有较好的扩展性、互通性，具有较长的生命周期。

4.1.2 直流控制保护系统工作原理

特高压多端混合直流控制保护系统由控制保护主控单元、就地I/O、运行人员控制系统等组成。整个系统是一个分散、分布式系统，其通过各种总线进行数据交换，协同工作。

直流控制保护主机（主控单元）由不同功能的处理器板在一个机箱内完成功能，处理器板通过机箱内高速HTM数据总线交换数据，与外部I/O通过光纤介质现场总线交换数据。

控制保护单元和现场测控单元之间采用基于光纤介质的现场总线进行通信，可完成模拟量及开关量的交换，通信高速、稳定可靠、抗干扰性强。现场测控单元的模拟量直接经由 IEC 60044-8 标准总线协议上送至控制保护主机中的浮点 DSP 板进行处理，开关量经过光纤以太网接至控制保护主机的 I/O 控制板进行处理，控制保护主机的开关量控制命令也经此路径下发至 I/O 单元，执行相应的控制。在物理连接上，IEC 60044-8 总线采用点对点的连接方式；光纤以太网总线支持组网的连接方式，冗余的分布式 I/O 连接至冗余配置的交换机，最后接入控制保护主控单元中。

控制系统既能实现特高压常规直流的控制功能，也能够实现特高压柔性直流的控制功能。冗余系统的控制保护单元之间，采用基于高速以太网的通信方式进行系统间通信，并配备了主、备通道，保证了系统间通信的可靠性。

特高压多端混合直流控制保护系统还配备了完善的极间、站间通信机制，极间通信和站间通信都采用基于光纤介质的 HDLC 进行通信；极间、站间通信都配置了主、备通道，在一个通道故障的情况下，通信仍可正常进行。对于冗余配置的控制保护单元，通信通道始终与值班状态的控制保护单元相连，一旦系统发生切换，通信通道就立刻切换至与原备用系统连接。对于控制主机和保护主机之间的信号交换，控制保护主机由一块单独的光纤通信插件来进行数据双向交换，可以交换模拟量及开关量。控制保护单元的所有运行人员所需要的信息通过冗余的 LAN 网与监控后台以 IEC 61850 进行快速通信。

4.2 设计及结构特点

特高压多端混合直流控制保护系统是基于特高压直流控制保护系统及柔性直流控制保护系统开发完成的。在开发过程中，工程师充分考虑了既消除原有系统的缺陷，又继承原有系统的经验，在提升系统性能的前提下，也提升系统的可靠性，避免引入新的问题。

特高压多端混合直流控制保护系统主要分为主机、I/O 系统、运行人员控制系统、可视化开发环境等部分。

4.2.1 主机

主机是特高压多端混合直流控制保护系统的核心部分，采用了嵌入系统，而未采用 X86 PC 架构工控机，考虑到以下原因：

（1）交流系统大批量应用统计表明，嵌入式装置的可靠性优于工控机，使用寿命也比工控机长。

（2）嵌入式系统现场维护经验丰富，硬件的维护工作只需要在装置后侧插拔插件，操作方便，用时短，技术要求简单。

前面板的指示灯可以清楚地表示出主机的运行状态（运行、备用、服务、试验），按钮可以在紧急情况下就地进行系统切换（运行→备用、服务→试验、试验→服务）。

4.2.2　I/O 系统

特高压多端混合直流控制保护系统中的 I/O 系统也是分布式的嵌入系统，每类板卡承担特定的功能，根据控制对象的特点，按照面向对象的原则配置与组屏。I/O 系统具备如下新的特点：

（1）集成度高。相比 PCS-9500 系统，每个 I/O 插件的接口容量更大，这就意味着可以用更少的插件实现更多的监控功能。

（2）处理能力更强。I/O 系统的处理器经过全面升级，用当前主流的微处理器替代了原来的老处理器，处理能力有数量级的提升。模拟量采样的最小周期保持 25μs；控制逻辑运算速度可提升到 25μs。

（3）即插即用。控制保护系统的 I/O 插件真正实现了即插即用，更换板卡时无须任何设置，将 I/O 板卡插入机箱并上电即可，极大地方便了日常运行维护。

（4）I/O 机箱面板上设计有板卡运行状态指示灯。一旦发生板卡故障，面板上相应位置的指示灯亮起，提示运行人员故障板卡的具体位置。

（5）就地分布式 I/O 屏柜与主机的通信采用组网方式连接。控制保护系统的各 I/O 屏柜直接接入光纤以太网交换机，而主机也接入交换机，形成光纤网络结构，相互通信。通信功能更强、结构更清晰、中间环节更少，进一步提高了系统的可靠性。光纤以太网连接示意图如图 4-1 所示。

4.2.3　运行人员控制系统

运行人员控制系统基于调度自动化、集控站、变电站自动化中大量使用的监控系统开发而来。系统采用先进的分布式网络技术、面向对象的数据库技术、跨平台可视化技术，按照行业内最新标准设计开发，全面支持 IEC 60870-5-103、IEC 61850 等国际标准。

4.2.4　可视化开发环境

直流控制保护系统平台的可视化开发工具为 ACCEL。ACCEL 提供图形化、模块化、层次化、面向对象的编程方式，使开发人员能够直观地设计元件的输入输出和插件之间的数据流关系，清晰地组织整个装置的程序结构，图 4-2 为 ACCEL 图形化界面。

ACCEL 采用标准 C++语言和跨平台的 QT 库开发，在 Windows 和 Unix/Linux 操作系统环境下均可运行。

ACCEL 图形化开发平台做到了应用层与硬件的无关性。随着硬件技术的发展，用户的控制保护设备硬件进行升级时，仍然可以使用经过运行验证的应用层逻辑。具体情况就是：某处理器插件由于芯片停产更换了处理器类型，只需要将该逻辑图形重新编译，

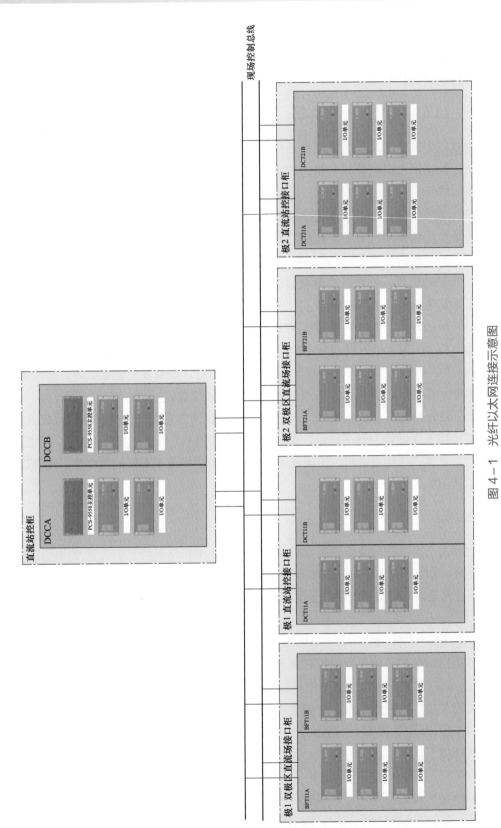

图 4-1 光纤以太网连接示意图

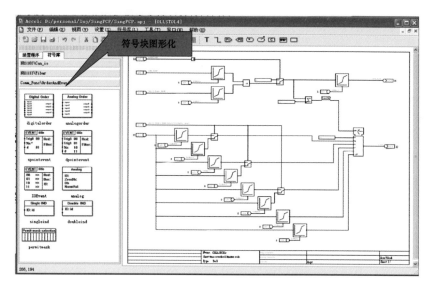

图 4-2　ACCEL 图形化界面

就可以在新插件中严格完成一致的功能,用户使用该新类型插件替换原有类型插件时可以确保与原系统完全一致。

4.2.5　系统灵活性

特高压多端混合直流控制保护系统在保证可靠性、提高性能的同时,为了适应实际需要,在设计时也充分考虑灵活性的要求。控制保护系统的灵活性主要通过以下技术来实现:

(1)高性能时间多路同步(HTM)总线技术。该技术保证了不同板卡间可以高速同步传输数据,因此可以随时增加板卡来增加计算能力。机箱在设计时也留有至少 40%的裕度,支持随时增加板卡。

(2)高速高级数据链路控制协议(HDLC)总线。对于复杂系统,也可以通过高速HDLC 总线,将数据扩展到另一机箱,处理能力将会按倍提升。理论上该种扩展方法不受限制。

(3)可视化编程工具(ACCEL)图形化开发技术。该技术可以方便的将不同的应用功能在不同的装置、板卡间分布,从而获得强大的处理能力以及信号处理的灵活性。

(4)分散分布的 I/O 系统。I/O 系统可以根据工程要求,灵活扩展,该灵活性已经在多个扩建工程中得到了体现。

4.2.6　数字化扩展,适应智能电网新要求

特高压多端混合直流控制保护系统基于 UAPC 平台开发,因此充分考虑了智能电网对系统互联的要求。对于同样采用 UAPC 平台的稳控系统、静止无功补偿设备(SVC)控制系统等,直流控制保护系统可以直接采用数据接口与之连接,实现高性能的协调控

制。以上方式已在工程中得到了应用。

4.2.7 小结

特高压多端混合直流控制保护系统的主要特点有：

（1）全部基于嵌入式硬件技术的高性能分散、分布式系统，最快中断时间 10μs；模块化的应用软件架构，简洁高效，可靠性高。

（2）跨越软件和硬件系统的图形化编程、调试工具，调试维护简单、直观，可视化开发环境可跨平台。

（3）核心控制保护功能运行于无操作系统环境，辅助功能独立运行在一个自主知识产权的嵌入式 Linux 系统中，系统运行可靠性高，无死机问题。

（4）全系统整体无风扇散热设计。

（5）运行人员控制系统采用 IEC 61970 标准，全面支持 IEC 61970 CIM 模型的图模库一体化技术；支持多种标准通信规约，支持同时接入使用不同通信规约的装置［IEC 61850、IEC 60870－5－101、IEC 60870－5－102、IEC 60870－5－103、IEC 60870－5－104、IEC 60870－6（TASE 2）］，可在最少转换设备的情况下实现全站设备信息集成，运行人员工作站可见全站二次设备获得的信息。

（6）同步采样的测量系统精度高。

（7）现场模拟量总线仅有一根光纤，系统连接简洁，集成度高，可靠性高。

（8）具有与多种技术换流阀的接口技术。

（9）全系统所有环节采用冗余设计，包括 I/O 设备。

（10）系统性电磁屏蔽设计，整体具有高抗干扰性能。

（11）保护冗余配置灵活，可方便实现完全双重化配置和三取二配置。

（12）事件丰富，类型易于区分，通过动态显示技术直接指示该事件的程序页面，方便故障追踪。

（13）所有装置内具有高达 10K 采样率的完善故障录波功能，直接以 IEEE 的 COMTRADE 格式文件存放至服务器，便于获得与分析。

（14）集成设计的谐波监视系统。

（15）系统设计模块化，所有板卡独立开发制造，芯片升级后确保板卡对外兼容，备品备件有长久保证。

（16）可靠的切换逻辑，值班系统随机选择，运行状态就地显示，可操作就地按钮实现硬切换。

（17）所有软件远程维护，无须在屏柜内连接设备或者插拔器件。

（18）可靠的系统自检，配合冗余配置，杜绝单一元件故障造成系统误动。

（19）远动系统可采用 UNIX/LINUX 远动系统、装置型远动系统。

（20）全真培训系统，具有智能操作票功能。

（21）I/O 板卡即插即用，无须任何设置。

4.3　设备品控要点

4.3.1　厂内品控要点

生产前检查品控要点见表 4-1，原材料组部件品控要点见表 4-2，硬件生产品控要点见表 4-3，软件生产品控要点见表 4-4，包装发运品控要点见表 4-5。

表 4-1　　　　　　　　　　　　　　生产前检查品控要点

序号	见证项目	见证内容	见证要点及要求	见证方式
1	生产前检查	质量及环境安全体系审查	审查制造商质量管理体系、安全、环境、计量认证证书等是否在有效期内	W
2		软件系统设计审核	(1) 设计条件应包含设计范围、操作系统、应用程序及编程工具等； (2) 软件结构应为可视性的模块化结构； (3) 软件模块、程序结构及功能分配设计合理，软件数据结构、逻辑结构和物理结构设计合理； (4) 功能的分布结构和主要流程、应用软件必须满足系统功能要求，具有良好的实时响应速度和可扩充性	W
3		硬件系统设计审核	(1) 换流站二次系统设备配置及分层结构应满足成套设计要求； (2) 检查运行人员控制系统（含调度通信）、换流站控制系统、双极控制系统、极控系统、换流阀控制系统、直流保护系统（含直流保护、换流变压器保护）、站用电监控系统、阀冷却监控系统、辅助系统监控接口等部分所采用的硬件产品是否符合合同确定的产品系列； (3) 检查组屏方案是否满足可靠性、可维护性及工程设计布置等要求； (4) 检查接口范围、接口形式、信号传输方式及传输性能； (5) 硬件性能指标应满足功能规范书要求； (6) 硬件设计中功能、性能的变更及补偿措施应满足规范要求	W
4		设计冻结的技术资料	(1) 检查冻结会议要求提交的报告是否满足工程需求； (2) 检查冻结会议纪要要求是否已经落实	W
5		排产计划	(1) 审查制造商提交的生产计划，明确该生产计划在厂内生产执行的可行性（要求满足业主要求）； (2) 审查其能否满足工程交货期要求（落实关键原材料及组部件的供货情况）	W

表 4-2　　　　　　　　　　　　　　原材料组部件品控要点

序号	见证项目	见证内容	见证要点及要求	见证方式
1	原材料、组部件	原材料、零部件的采购	(1) 具有合格供方名录，供方资质材料齐全、符合要求； (2) 原材料、零部件供货合同完整，质量及技术规范要求明确； (3) 采购进度计划合理，满足工程工期要求，急需部件预先采购存储； (4) 采购材料检验和试验控制程序规范，相关产品检验报告齐全； (5) 采购材料问题反馈和沟通机制规范； (6) 采购材料库存档案管理规范	W

表 4-3 硬件生产品控要点

序号	见证项目	见证内容	见证要点及要求	见证方式
1	硬件生产过程	作业环境检查	（1）作业环境温度符合要求：15～35℃； （2）作业环境湿度符合要求：50%～75%； （3）接地符合要求； （4）空气洁净符合防尘要求； （5）生产场所区域划分清晰； （6）生产设备设施的摆放、布局合理； （7）生产场所通道布局合理，标记清晰	W
2		印刷电路板工艺质量控制	（1）印刷电路板清单完整； （2）印刷电路板的功能、性能说明文件齐全； （3）印刷电路板结构、尺寸、厚度、边距、孔径设计文件及其允许误差说明文件齐全； （4）印刷电路板电源回路、接地回路和信号回路分层布局合理； （5）线路板面印刷字迹清晰； （6）线路板面不允许线路有露铜、沾锡、翘起及变形现象； （7）线路板面焊盘完整、有光泽且不允许有沾锡翘起的现象或过孔开路现象	W
3		屏柜组装	（1）屏柜种类清单完整； （2）物料号、屏柜编号、屏柜型号及名称与屏图一致； （3）屏柜尺寸、屏柜颜色、铭牌及外观符合工程要求； （4）屏柜内机械连接应牢固可靠，相关附件安装齐全； （5）接地良好； （6）柜内扎线工艺整齐； （7）绝缘及耐压符合要求； （8）屏柜各项加工工序记录完整； （9）屏柜各项检查检验记录完整	S
4		最终外观检查	（1）未留有试验期间造成的机械损伤； （2）未留有临时标识、标签、导线； （3）屏柜等供货设备项目正确、完整； （4）试验期间各项临时跳线或参数设置均已恢复； （5）铭牌位置、内容正确； （6）屏柜各项外观检查检验记录完整	H

表 4-4 软件生产品控要点

序号	见证项目	见证内容	见证要点及要求	见证方式
1	软件生产	系统概况	特高压换流站控制保护系统软件工作范围主要包括以下部分的软件： （1）运行人员控制系统； （2）交流站控系统； （3）换流器控制保护； （4）极控制保护； （5）双极控制保护； （6）换流变压器保护； （7）直流滤波器保护； （8）交流滤波器保护； （9）远动系统； （10）站用电监控系统； （11）辅助系统； （12）规约转换	W
2		软件编程	检查供货商的编程软件、编程方式、编码规则等软件编制的规范性文件的完整性和有效性	W

续表

序号	见证项目	见证内容	见证要点及要求	见证方式
3	软件生产	标识和可追溯性	（1）软件标识号和修订号清晰； （2）软件名称和功能描述合理； （3）署有发布日期； （4）署有编写人、审核人、批准人姓名； （5）定义了系统软件和工具软件表	W
4		归档	（1）供货商应具有完整的软件归档版本号和其他标识，监造人员应对此过程，以及软件的装载是否完整和具有规范的质保体系进行检查； （2）软件编程及归档使用的管理工具； （3）软件文件（版本）清册； （4）归档版本号和其他标识清晰； （5）软件的装载规范，下装前校验版本号； （6）软件发生修改时具有修订说明，修订版本标识清晰	W

表 4-5　　　　　　　　　　包装发运品控要点

序号	见证项目	见证内容	见证要点及要求	见证方式
1	包装	装运前质量文件检查	（1）工程的自检和测试计划； （2）分系统试验内容表和型式试验报告（如有）； （3）工厂系统试验报告； （4）工厂见证试验纪要和报告； （5）工程检测和试验计划所要求的其他检查报告； （6）合格证要求文件齐全、结论正确且符合技术规范要求	H
2		包装及质量控制检查	（1）包装材料、包装过程和搬运过程规范； （2）防潮、防震措施到位； （3）封箱后箱边固定件紧固无松动； （4）外包装设备名称、编号标识清晰，与发运设备相符； （5）唛头格式准确，箱体体积、质量准确，存放及吊装标识清晰； （6）随箱所附资料、附件齐全； （7）包装及外观检查检验记录完整	H
3		存栈	（1）对包装后产品的存栈环境进行检查； （2）核查室内存储温度； （3）核查室内存储湿度； （4）核查是否含有腐蚀性气体或易燃、易爆物质	W
4		出厂配套供应	随主产品出厂的配套文件、元部件或设备完整： （1）质量证明文件、设备说明书、设备安装图、设备原理图及接线图； （2）装箱单； （3）随主设备供应的配套件、易损件、设备附件； （4）备品备件及专用工具	W

4.3.2　原材料组部件延伸监造

依据技术协议及相关会议要求，开展原材料组部件延伸监造，品控要点见表 4-6。

表 4-6　　　　　　　　　　原材料组部件延伸监造品控要点

序号	见证项目	见证方式	见证要点及要求	见证方式
1	电子板卡元器件	驻厂监造	（1）质量及环境安全体系审查； （2）原材料、组部件、关键工序等检查； （3）出厂试验见证； （4）包装及发运检查	W

序号	见证项目	见证方式	见证要点及要求	见证方式
2	屏柜	驻厂监造	（1）质量及环境安全体系审查； （2）原材料、组部件、关键工序等检查； （3）出厂试验见证（电磁兼容试验、环境试验等）； （4）包装及发运检查	W

4.3.3　原材料组部件抽检

依据技术协议及相关会议要求，开展原材料组部件抽检，品控要点见表 4-7。

表 4-7　　　　　　　　　　　原材料组部件抽检品控要点

序号	见证项目	见证内容	见证要点及要求	见证方式
1	主机	生产制造	（1）检查器件的型号、规格、数量； （2）检查器件的外观、尺寸、表面处理情况良好，表面没有划痕，无磕碰伤； （3）检查记录完整，签字齐全，批次、数量、规格、型号、存放位置	W
2	屏柜	生产制造	（1）检查屏柜种类清单完整； （2）物料号、屏柜编号、屏柜型号及名称与屏图一致； （3）屏柜尺寸、屏柜颜色、铭牌及外观符合工程要求	W

4.4　试验检验专项控制

控制保护试验（型式试验、例行试验、工厂系统试验、联调试验）专项控制项目品控要点见表 4-8～表 4-11。

表 4-8　　　　　　　　　　　型式试验品控要点

序号	见证内容	见证要点及要求	见证方式
1	温度储存试验	（1）系统在运输环境温度的极限值为 -40～70℃，且不施加任何激励的条件下； （2）每一温度持续 16h，室温恢复 2h； （3）试验结束后，系统零部件的材料不应出现不可恢复的损伤，通电操作应正常	H
2	电源变化及断电试验	系统功能正确，性能满足技术规范书要求，精度保持在规定的范围内	H
3	机械试验	系统功能正确，性能满足技术规范书要求，精度保持在规定的范围内	H
4	耐湿热试验	系统功能正确，性能满足技术规范书要求，精度保持在规定的范围内	H
5	电磁兼容试验	系统功能正确，性能满足技术规范书要求，精度保持在规定的范围内	H

表 4-9 例 行 试 验 品 控 要 点

序号	见证内容	见证要点及要求	见证方式
1	结构、外观及装配检查	屏柜尺寸符合合同要求，装置外形尺寸应符合 GB/T 19520.3—2004《电子设备机械结构 482.6mm（19in）系列机械结构尺寸 第 3 部分：插箱及其插件》的规定	H
2	绝缘和耐压试验	（1）对所有的引线、所有的信号输入及输出端子以及电源输入端子都进行绝缘试验； （2）所有的输入及输出线连在一起，经受 2kV（有效值）对地 1min 耐压试验； （3）每一输入及输出都应经受 5kV、0.5J 的共模脉冲耐压试验而不损坏	H
3	安全要求试验	（1）检查辅助电源的输入输出端有无短路； （2）检查交、直流电源是否能送到所用电器，如插座、灯、温控器上； （3）检查电源监视信号是否正常等	H
4	连续通电试验	所有屏柜都进行 100h 连续通电运行试验，设备工作正常	H
5	功能和技术性能试验	（1）开入功能正常； （2）开出功能正常； （3）模拟量精度符合规范书要求； （4）系统自监视与切换功能符合规范书要求； （5）系统通信功能符合规范书要求； （6）主机负载率符合规范书要求； （7）时钟同步系统对时精度符合规范书要求； （8）事件顺序记录分辨率符合规范书要求； （9）与各级调度通信符合规范书要求； （10）与保护故障录波信息管理子站通信符合规范书要求	H
6	接口检查	检查接口的数量与形式是否满足合同及设计方案的要求	H

表 4-10 工厂系统试验品控要点

序号	见证内容	见证要点及要求	见证方式
1	有功功率控制试验	（1）稳态参数校核，稳态运行参数（触发控制角、分接头挡位、换流变压器阀侧电压 U_{di0} 以及直流电压和电流）需与技术规范书一致，直流外特性曲线满足规范要求。 （2）不同运行方式下启停、功率升降试验。要求解闭锁过程中电压、电流平稳，没有过电压、过电流，解闭锁时序正确；功率上升、下降过程平稳，无电流、电压突变。 （3）不同运行方式下系统切换试验，系统切换过程中直流输送功率平稳、无扰动。 （4）不同运行方式下控制模式转换试验，要求解锁情况下能够进行双极功率、单极功率、单极电流控制模式切换，切换过程中系统运行稳定、无扰动。 （5）动态响应试验，直流电流、功率、电压、关断角的阶跃响应时间和超调量都应满足技术规范要求。 （6）电流裕度补充试验，当整流侧失去定电流能力时，逆变侧能够实现对直流电流的控制。 （7）过负荷限制试验，过负荷能力满足规范要求，如在最高环境温度下，长期过负荷能力为 1.0（标幺值），2h 过负荷能力为 1.05（标幺值），3s 过负荷能力为 1.20（标幺值）	H
2	无功功率控制	（1）在手动/自动两种控制模式下，滤波器投切正确，交流电压波动在正常范围内。 （2）在进行滤波器替换功能时，能够正确进行同类型滤波器替换，替换时间满足规范书要求。 （3）试验验证滤波器电压控制功能是否满足设计要求。 （4）试验验证 Q 控制逻辑是否满足设计要求。 （5）试验验证 U_{max} 和 Q_{max} 控制功能是否满足设计要求。 （6）试验验证绝对最小滤波器功能，在不同的功率点，根据绝对最小滤波器投切策略，将相应类型相应个数的交流滤波器依次投上。 （7）试验验证交流过电压时，滤波器投切策略是否满足设计要求	H

序号	见证内容	见证要点及要求	见证方式
3	系统监视与切换	控制系统应设置三种故障等级，即轻微、严重和紧急。控制系统故障后动作策略应满足如下要求： （1）当运行系统发生轻微故障时，另一系统处于备用状态，且无任何故障，则系统切换。切换后，轻微故障系统将处于备用状态。当新的运行系统发生更为严重的故障时，还可以切换回此时处于备用状态的系统。 （2）当备用系统发生轻微故障时，系统不切换。 （3）当运行系统发生严重故障时，若另一系统处于备用状态，则系统切换。切换后，严重故障系统不能进入备用状态。 （4）当运行系统发生严重故障，而另一系统不可用时，则严重故障系统可继续运行。 （5）当运行系统发生紧急故障时，若另一系统处于备用状态，则系统切换。切换后紧急故障系统不能进入备用状态。 （6）当运行系统发生紧急故障时，如果另一系统不可用，则闭锁直流系统。 （7）当备用系统发生严重或紧急故障时，故障系统应退出备用状态。 除监控自身故障外，控制系统还应监测智能子系统（水冷系统、换流变压器控制系统等）运行情况，并按照如下要求进行配置： （1）控制系统与智能子系统之间的连接设计为交叉连接，且任一智能子系统故障不应闭锁直流。 （2）控制系统检测不到智能子系统时，应先发智能子系统切换指令，检测到智能子系统切换不成功后，控制系统自身再进行系统切换。若切换后，运行极控系统仍检测不到智能子系统，可发直流闭锁指令	H
4	顺序控制与联锁	（1）直流场顺序控制与联锁满足功能规范要求，断路器、隔离开关、接地开关的联锁功能正确。 （2）换流器顺序控制与联锁功能满足规范要求，换流器连接/隔离等功能正确。 （3）极的顺序控制与联锁功能满足规范要求，极的连接/隔离、直流滤波器的连接/隔离、联合/独立控制、正送/反送、全压/降压、空载加压等功能正确。 （4）双极的顺序控制与联锁功能满足规范要求，双极功率控制功能、主从站切换、双极功率正送/反送顺序控制、大地/金属回线转换等功能正确	H
5	附加控制功能	（1）功率回降，功率回降过程快速、稳定，无异常事件。 （2）功率提升，功率提升过程快速、稳定，无异常事件。 （3）阻尼次同步振荡，能够对直流系统与交流系统中的任何同步发电机之间可能发生的次同步振荡产生正阻尼。 （4）频率控制，当交流系统频率偏移，高于或低于额定频率一定值时，通过调整直流功率、触发角，以及投切滤波器组，能够实现频率控制	H
6	分接头控制	（1）自动/手动功能满足技术规范要求。 （2）分接头能够根据触发控制角、交流电压等条件变化，按照技术规范书要求正确动作	H
7	阀组在线投退	（1）能够实现各种运行工况下阀组的在线投入、退出。 （2）阀组投入、退出过程中直流电流产生平滑的、轻微的扰动，直流电压平滑地变化至新的定值	H
8	保护范围及分区	（1）直流保护的范围至少应覆盖（但不限于）两端换流站的换流变压器网侧与交流开关场相连的交流断路器之间的区域，以及交流滤波器及其引线上的所有设备。 （2）直流保护必须对保护区域的所有相关的直流设备进行保护，相邻保护区域之间应重叠，不存在保护死区。 （3）双极中性线和接地极引线是两个极的公共部分，其保护不允许有死区，以保证对双极利用率的影响减至最小	H

续表

序号	见证内容	见证要点及要求	见证方式
9	保护系统冗余	（1）保护采用三重化配置，在运行中的任何工况下其所保护的每一设备或区域都能得到正确保护，任意单一元件故障不能导致该保护系统误动作。 （2）保护的防误动措施应当在每一重保护的设计中完成，不允许采用两重保护系统之间的切换来实现。保护出口均应独立启动跳闸及直流控制。 （3）每重保护都应具有完整的全部保护功能，能覆盖全部保护区域，并能独立地对所保护设备或区域进行全面、正确的保护。各重保护之间在物理上和电气上应完全独立，即有各自独立的电源回路，测量互感器的二次绕组、信号输入/输出回路、跳闸回路、通信回路、主机，以及二次绕组与主机之间的所有相关通道、装置和接口。任意一重保护因故障、检修或其他原因而完全退出时，不应影响其他各重保护，并对整个直流系统的正常运行没有影响。其他各重保护应正确动作，且不失去准确性和灵敏度	H
10	换流器区保护试验	12 脉动换流器保护区的保护功能包括： （1）阀短路保护。 （2）换相失败保护。 （3）过电流保护。 （4）阀直流差动保护。 （5）阀组过电压保护。 （6）阀组欠电压保护。 （7）换流变压器阀侧中性点偏移保护。 （8）旁通断路器保护。 （9）旁通对过载保护。 以上保护功能通过试验进行验证，保护动作应能满足技术规范书要求	H
11	极区保护试验	极保护区的直流系统保护功能包括： （1）50Hz/100Hz 保护。 （2）直流极母线差动保护。 （3）直流中性母线差动保护。 （4）直流极差动保护。 （5）接地极引线开路保护。 （6）直流行波保护。 （7）直流线路突变量保护。 （8）直流线路低电压保护。 （9）直流线路纵差保护。 （10）交直流碰线保护。 （11）重启逻辑。 （12）中性母线转换开关保护。 （13）直流欠电压保护。 （14）直流过电压保护。 （15）换流器连接线差动保护。 （16）金属回线横差保护。 （17）金属回线纵差保护。 以上保护功能通过试验进行验证，保护动作应能满足技术规范书要求	H
12	双极区保护试验	双极保护区的直流系统保护功能包括： （1）双极中性线差动保护。 （2）站接地过电流保护。 （3）站接地过电流后备保护。 （4）转换开关保护（包括 NBGS、GRTS、MRTB）。 （5）金属回线接地保护。 （6）接地极引线过负荷保护。 （7）接地极引线不平衡保护。 （8）接地极引线差动保护。 以上保护功能通过试验进行验证，保护动作应能满足技术规范书要求	H

序号	见证内容	见证要点及要求	见证方式
13	直流滤波器保护试验	直流滤波器保护功能包括： （1）电阻/电抗过负荷保护。 （2）失谐保护。 （3）差动保护。 （4）高压电容器不平衡保护。 （5）高压电容器接地保护。 以上保护功能通过试验进行验证，保护动作应能满足技术规范书要求	H
14	换流变压器保护试验	换流变压器保护功能包括： （1）换流变压器引线差动保护。 （2）换流变压器差动保护。 （3）换流变压器过电流保护。 （4）换流变压器绕组差动保护。 （5）饱和保护。 （6）热过负荷保护。 （7）换流变压器引线和换流变压器过电流保护。 （8）换流变压器引线和换流变压器差动保护。 （9）换流变压器引线过电压保护。 （10）换流变压器零序电流保护。 （11）换流变压器零序差动保护。 （12）换流变压器过励磁保护。 （13）换流变压器本体保护	H
15	直流线路保护试验	模拟不同运行工况、不同电压模式（全压模式、降压模式）、不同故障位置（靠近整理站、线路中点、靠近逆变站）、不同接地方式（金属性接地、大电阻接地、小电阻接地）下的直流线路故障，相应保护（直流线路行波保护、突变量保护等）应当能够正确动作	H

表 4-11　　　　　　　　　　联 调 试 验 品 控 要 点

序号	见证内容	见证要点及要求	见证方式
1	有功功率控制试验	（1）稳态参数校核，稳态运行参数（触发控制角、分接头挡位、U_{di0} 以及直流电压和电流）需与技术规范书一致，直流外特性曲线满足规范要求。 （2）不同运行方式下启停、功率升降试验，要求解闭锁过程中电压、电流平稳，没有过电压、过电流，解闭锁时序正确；功率上升、下降过程平稳，无电流、电压突变。 （3）不同运行方式下系统切换试验，要求系统切换过程中直流输送功率平稳、无扰动。 （4）不同运行方式下控制模式转换试验，要求解锁情况下能够进行双极功率、单极功率、单极电流控制模式切换，切换过程中系统运行稳定，无扰动。 （5）动态响应试验，直流电流、功率、电压、关断角的阶跃响应时间和超调量都应满足技术规范要求。 （6）电流裕度补充试验，当整流侧失去定电流能力时，逆变侧能够实现对直流电流的控制。 （7）过负荷限制试验，过负荷能力应满足工程规范要求，如在最高环境温度下，长期过负荷能力为 1.0（标幺值），2h 过负荷能力为 1.05（标幺值），3s 过负荷能力为 1.20（标幺值）	H
2	无功功率控制	（1）在手动/自动两种控制模式下，滤波器投切正确，交流电压波动在正常范围内。 （2）在进行滤波器替换功能时，能够正确进行同类型滤波器替换，替换时间满足规范书要求。 （3）试验验证滤波器电压控制功能是否满足设计要求。 （4）试验验证 Q 控制逻辑是否满足设计要求。 （5）试验验证 U_{max} 和 Q_{max} 控制功能是否满足设计要求。 （6）试验验证绝对最小滤波器功能，在不同的功率点，根据绝对最小滤波器投切策略，将相应类型相应个数的交流滤波器依次投上。 （7）试验验证交流过电压时，滤波器投切策略是否满足设计要求	H

序号	见证内容	见证要点及要求	见证方式
3	系统监视与切换	控制系统应设置三种故障等级，即轻微、严重和紧急。控制系统故障后动作策略应满足如下要求： （1）当运行系统发生轻微故障时，另一系统处于备用状态，且无任何故障，则系统切换。切换后，轻微故障系统将将处于备用状态。当新的运行系统发生更为严重的故障时，还可以切换回此时处于备用状态的系统。 （2）当备用系统发生轻微故障时，系统不切换。 （3）当运行系统发生严重故障时，若另一系统处于备用状态，则系统切换。切换后，严重故障系统不能进入备用状态。 （4）当运行系统发生严重故障，而另一系统不可用时，则严重故障系统可继续运行。 （5）当运行系统发生紧急故障时，若另一系统处于备用状态，则系统切换。切换后紧急故障系统不能进入备用状态。 （6）当运行系统发生紧急故障时，如果另一系统不可用，则闭锁直流系统。 （7）当备用系统发生严重或紧急故障时，故障系统应退出备用状态。 除监控自身故障外，控制系统还应监测智能子系统（水冷系统、换流变压器控制系统等）运行情况，并按照如下要求进行配置： （1）控制系统与智能子系统之间的连接设计为交叉连接，且任一智能子系统故障不应闭锁直流。 （2）若控制系统检测不到智能子系统时，应先发智能子系统切换指令，检测到智能子系统切换不成功后，控制系统自身再进行系统切换。若切换后，运行极控系统仍检测不到智能子系统，可发直流闭锁指令	H
4	顺序控制与联锁	（1）直流场顺序控制与联锁满足功能规范要求，断路器、隔离开关、接地开关的联锁功能正确。 （2）换流器顺序控制与联锁功能满足规范要求，换流器连接/隔离等功能正确。 （3）极的顺序控制与联锁功能满足规范要求，极的连接/隔离、直流滤波器的连接/隔离、联合/独立控制、正送/反送、全压/降压、空载加压等功能正确。 （4）双极的顺序控制与联锁功能满足规范要求，双极功率控制功能、主从站切换、双极功率正送/反送顺序控制、大地/金属回线转换等功能正确	H
5	附加控制功能	（1）功率回降，功率回降过程快速、稳定，无异常事件。 （2）功率提升，功率提升过程快速、稳定，无异常事件。 （3）阻尼次同步振荡，能够对直流系统与交流系统中的任何同步发电机之间可能发生的次同步振荡产生正阻尼。 （4）频率控制，当交流系统频率偏移，高于或低于额定频率一定值时，通过调整直流功率、触发角，以及投切滤波器组，能够实现频率控制	H
6	分接头控制	（1）自动/手动功能满足技术规范要求。 （2）分接头能够根据触发控制角、交流电压等条件变化，按照技术规范书要求正确动作	H
7	阀组在线投退	（1）能够实现各种运行工况下阀组的在线投入、退出。 （2）阀组投入、退出过程中直流电流产生平滑的、轻微的扰动，直流电压平滑地变化至新的定值	H
8	接口试验	（1）控制保护与换流阀接口方案按照标准接口设置，输入输出信号全面，系统切换、报警、跳闸逻辑正确。 （2）控制保护与水冷控制系统、消防系统、测量装置、稳控装置等设备的接口功能正常	H
9	保护范围及分区	（1）直流保护的范围至少应覆盖（但不限于）两端换流站的换流变压器网侧与交流开关场相连的交流断路器之间的区域，以及交流滤波器及其引线上的所有设备。 （2）直流保护必须对保护区域的所有相关的直流设备进行保护。相邻保护区域之间应重叠，不存在保护死区。 （3）双极中性线和接地极引线是两个极的公共部分，其保护不允许有死区，以保证对双极利用率的影响减至最小	H

序号	见证内容	见证要点及要求	见证方式
10	保护系统冗余	（1）保护采用三重化配置，在运行中的任何工况下其所保护的每一设备或区域都能得到正确保护，任意单一元件故障不能导致该保护系统误动作。 （2）保护的防误动措施应当在每一重保护的设计中完成，不允许采用两重保护系统之间的切换来实现。保护出口均应独立启动跳闸及直流控制。 （3）每重保护都应具有完整的全部保护功能，能覆盖全部保护区域，并能独立地对所保护设备或区域进行全面、正确的保护。各重保护之间在物理上和电气上应完全独立，即有各自独立的电源回路，测量互感器的二次绕组、信号输入/输出回路、跳闸回路、通信回路、主机，以及二次绕组与主机之间的所有相关通道、装置和接口。任意一重保护因故障、检修或其他原因而完全退出时，不应影响其他各重保护，并对整个直流系统的正常运行没有影响。其他各重保护应正确动作，且不失去准确性和灵敏度	H
11	换流器区保护试验	12脉动换流器保护区的保护功能包括： （1）阀短路保护。 （2）换相失败保护。 （3）过电流保护。 （4）阀组直流差动保护。 （5）阀组过电压保护。 （6）阀组欠电压保护。 （7）换流变压器阀侧中性点偏移保护。 （8）旁通断路器保护。 （9）旁通对过载保护。 以上保护功能通过试验进行验证，保护动作应能满足技术规范书要求	H
12	极区保护试验	极保护区的直流系统保护功能包括： （1）50Hz/100Hz保护。 （2）直流极母线差动保护。 （3）直流中性母线差动保护。 （4）直流极差动保护。 （5）接地极引线开路保护。 （6）直流行波保护。 （7）直流线路突变量保护。 （8）直流线路低电压保护。 （9）直流线路纵差保护。 （10）交直流碰线保护。 （11）重启逻辑。 （12）中性母线转换开关保护。 （13）直流欠电压保护。 （14）直流过电压保护。 （15）换流器连接线差动保护。 （16）金属回线横差保护。 （17）金属回线纵差保护。 以上保护功能通过试验进行验证，保护动作应能满足技术规范书要求	H
13	双极区保护试验	双极保护区的直流系统保护功能包括： （1）双极中性线差动保护。 （2）站接地过电流保护。 （3）站接地过电流后备保护。 （4）转换开关保护（包括NBGS、GRTS、MRTB）。 （5）金属回线接地保护。 （6）接地极引线过负荷保护。 （7）接地极引线不平衡保护。 （8）接地极引线差动保护。 以上保护功能通过试验进行验证，保护动作应能满足技术规范书要求	H

续表

序号	见证内容	见证要点及要求	见证方式
14	直流滤波器保护试验	直流滤波器保护功能包括: (1)电阻/电抗过负荷保护。 (2)失谐保护。 (3)差动保护。 (4)高压电容器不平衡保护。 (5)高压电容器接地保护。 以上保护功能通过试验进行验证,保护动作应能满足技术规范书要求	H
15	换流变压器保护试验	换流变压器保护功能包括: (1)换流变压器引线差动保护。 (2)换流变压器差动保护。 (3)换流变压器过电流保护。 (4)换流变压器绕组差动保护。 (5)饱和保护。 (6)热过负荷保护。 (7)换流变压器引线和换流变压器过电流保护。 (8)换流变压器引线和换流变压器差动保护。 (9)换流变压器引线过电压保护。 (10)换流变压器零序电流保护。 (11)换流变压器零序差动保护。 (12)换流变压器过励磁保护。 (13)换流变压器本体保护	H
16	直流线路保护试验	模拟不同运行工况、不同电压模式(全压模式、降压模式)、不同故障位置(靠近整理站、线路中点、靠近逆变站),不同接地方式(金属性接地、大电阻接地、小电阻接地)下的直流线路故障,相应保护(直流线路行波保护、突变量保护等)应当能够正确动作	H

FPT 和 DPT 试验是检验控制保护系统是否达到功能规范书和设计规范书要求的试验项目。该试验主要依据工程功能规范书、工程招标技术文件、工程投标技术文件、工程合同谈判技术部分会议纪要、工程设计规范、反事故措施等。其主要目的是发现设计、制造以及与一次系统接口是否存在问题,最大限度地减少将直流输电控制保护系统缺陷带到现场的可能性,把发生故障的风险降到最低限度,保证直流输电系统的高可靠性和可用率。同时,通过试验掌握直流控制保护系统技术,为工程调试及直流系统运行积累经验和提供技术准备。

例如,某特高压多端混合直流控制保护系统参与 FPT 试验的设备屏柜共 474 面,其中直流控制保护系统 452 面,功放 14 面,仿真相关设备屏柜 8 面。FPT 试验项目共计 739 项,主要成果有:

(1)对极控、换流器控制、直流站控、阀控等规范书中描述的相关功能进行了初步验证;

(2)对极保护、换流器保护、直流滤波器保护、线路保护等规范书描述的保护功能进行了初步验证;

(3)对控制保护平台的冗余功能及监控切换功能等进行了初步测试;

(4)发现并推动解决了控制保护相关问题 268 项,优化了控制保护功能,降低了现场运行风险,提高了直流运行可靠性。

FPT 试验解决问题 13 项，其中直流控制问题 6 项，直流保护问题 3 项，阀控问题 4 项。

某特高压多端混合直流控制保护系统参与 DPT 试验的设备屏柜共 72 面，其中控保 21 面，测量 10 面，柔直阀控 30 面，常直阀控 4 面，仿真相关 4 面。DPT 试验项目共计 846 项，主要成果有：

（1）对直流电压、直流电流、直流功率阶跃的动态性能进行了详细验证；

（2）对极保护、换流器保护、线路保护等规范书描述的保护功能进行了详细验证；

（3）开展大系统环境下的试验，进行稳态性能、交流系统故障、直流故障、线路故障等试验；

（4）发现并解决了控制保护相关问题上百项，优化了控制保护功能，降低了现场运行风险，提高了直流运行可靠性。

DPT 试验还发现并解决了 13 项问题，其中直流控制问题 7 项，直流保护问题 4 项，柔直阀控问题 2 项。

4.5　典型质量问题分析处理及提升建议

型式试验报告与技术规范书要求不一致

问题描述：某工程直流控制保护系统型式试验报告与技术规范书要求不一致。

原因分析及处理情况：供应商按照技术规范书要求开展相应型式试验，并在限定日期内提交型式试验报告。

品控提升建议：

（1）监造组在监造工作开展前期完成对监造项目型式试验报告的审查，严格核对试验项目和试验内容对技术规范书要求的项目覆盖情况，及时梳理缺项情况并报告业主单位。

（2）设备供应商在开工前梳理设备技术参数，并提交技术参数梳理报告。

4.6　小　　　结

本章介绍了特高压多端混合直流控制保护系统的技术特点及难点，针对性的提出了质量管控要点，后续针对工程中发生的典型问题进行了分析并提出了相应的质量管控措施。对后续工程提升建议如下：

（1）对于重要原材料板卡、屏柜等，要求厂家开展延伸监造，同时分批次入厂时针对性的开展相关试验检验项目，控制原材料质量；

（2）要求厂家提前向业主或监造单位进行设计、工艺、试验等全方位的技术交底，将质量隐患排查在生产前；

（3）开工前，监造单位组织人员核查型式试验报告是否满足技术规范书要求，特别是检查试验项目和设备参数覆盖情况。

第5章 开关类设备

5.1 设备概况及结构特点

开关类设备包括直流断路器、直流旁路开关、直流转换开关、滤波场用高压交流断路器（瓷柱式和罐式）、气体绝缘金属封闭开关设备、气体绝缘金属封闭输电线路、直流高速开关、交直流隔离开关（含接地开关）等。以下几类设备值得重点关注。

5.1.1 直流高速开关

1. 设备概况

直流高速开关（high speed switch，HSS）是多端直流输电系统中的关键设备，主要应用在多端直流输电系统中，实现直流系统的第三站在线投退及直流线路故障高速隔离，提高整个直流系统的可靠性和可用率。主要有以下三个方面的作用：

（1）直流系统运行于多端模式，需要进行检修或站内发生故障等情况下，退出对应端换流站，不影响其他换流站运行，直流系统转为两端模式。

（2）直流系统运行于两端模式，需要将已退出的换流站重新投入运行，不影响其他换流站运行，直流系统转为三端及以上的模式。

（3）发生直流线路永久故障或检修，对应换流站闭锁、直流线路电流降到一定值后，通过断开 HSS 实现直流线路故障隔离。

表 5-1 为某多端直流工程 HSS 主要技术参数。

表 5-1   某多端直流工程 HSS 主要参数

换流站	某站
额定工作电压	816kV
额定连续运行电流	3496A
额定短时耐受电流（3s）	50kA
额定峰值耐受电流	125kA
最大对地直流电压（长期，湿试）	816kV
最大对地直流电压（1h，湿试）	1224kV
最大端间电压（1min，湿试）（目前追加 60min，湿试）	1224kV

续表

换流站	某站
额定对地操作冲击电压耐受水平	1600kV
额定端间操作冲击电压耐受水平	1050kV
额定对地雷电冲击电压耐受水平	1950kV
额定端间雷电冲击电压耐受水平	1425kV
合闸时间	＜60ms
分闸时间	（20±2）ms
合闸速度范围	4.8～5.lm/s
分闸速度范围	9.2～9.6m/s
转移空充电流能力	单断口 500V DC，20A DC
燃弧耐受能力	3125A，400ms，不少于 5 次
端对地爬距	40 800mm
端间爬距	20 400mm
单次储能的操作循环	2×CO

某多端柔直工程 HSS 电气分布如图 5-1 所示，HSS 现场连接如图 5-2 所示。

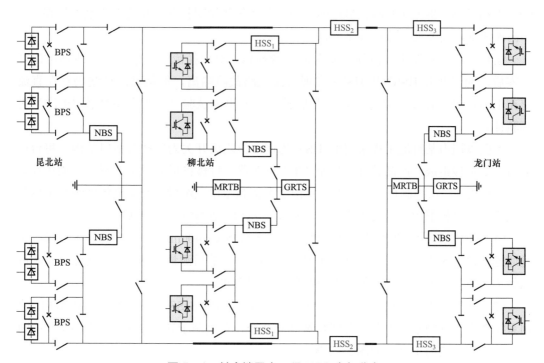

图 5-1 某多端柔直工程 HSS 电气分布

NBS—中性母线开关；MRTB—金属回线转换开关；GRTS—大地回线转换开关

图 5-2　HSS 现场连接

2. 设计及结构特点

HSS 主要包括断口单元、支柱绝缘子、操动机构和支架四个部分，根据端间耐压要求，选取相应断口串联；根据对地耐压要求，选取相应绝缘子长度；根据操动顺序要求，配置相应储能元件，实现连续的分合操作。基于典型的运行工况，其关键技术性能包括：

运行工况一：HSS 安装在直流极线上，长期处于合闸状态，承载额定电流，一旦 HSS 误动跳闸，将无法开断直流电弧。要求在系统闭锁保护前，开关灭弧室不炸裂，且不出现泄漏，需开展直流燃弧试验进行验证。

运行工况二：发生直流线路永久故障或检修，对应换流站闭锁、直流线路电流降为零后，通过断开 HSS2 和 HSS3 实现直流线路故障隔离，但是直流极线仍存在直流空充电流，开关需要可靠开断，需开展转移空充电流试验（如正负极性各 10 次）进行验证。

下面以国内某直流工程采用的 HSS 为例，该隔离开关为单柱双断口结构。每台产品由一个单极组成。产品整体外形呈"T"形布置。每极包括灭弧室、躯壳、均压环、支柱、机构、二次控制柜，开关灭弧室由 2 个灭弧室串联组成，产品整体外绝缘采用复合绝缘子，每极配用 1 台液压碟簧操动机构，每台产品配用一个控制柜。

（1）明确了直流 HSS 具备直流燃弧能力（3125A，400ms，5 次）的技术要求。试验通过判据为 5 次燃弧后绝缘外套不发生破损。试验前后测量辅助喷口、动弧触头和静弧触头的质量。电弧电流幅值、燃弧时间均满足要求。

（2）配置双操动机构，实现单次储能合分操作 2 次。HSS 开关双操动机构结构，合闸系统 2 个，分闸系统 1 个；合闸弹簧独立 2 个，合闸掣子独立 2 个，分闸弹簧共用 1 个，分闸掣子共用 1 个，如图 5-3 所示。

（3）HSS 开关灭弧室采用复合外套设计，应能承受 5 次内部直流燃弧试验，不发生涌气现象，甚至爆炸问题。

图 5-3　HSS 开关双操动机构设计

（4）选用合理分合闸弹簧分配设计，设备具备较高分闸速度（9.2～9.6m/s），稳定性高，为直流极线隔离开关拉开前，快速提供一个可靠隔离断口。

5.1.2　交流滤波器断路器

1. 设备概况

交流滤波器断路器不同于普通断路器，由于滤波器组容量大（容性）、投切频繁，所以与一般交流变电站中使用的断路器相比，用于直流换流站交流滤波器投切的断路器除应满足一般常规要求外，还必须满足断路器断口恢复电压（transient recover voltage，TRV）更高、切断电容电流更大和配备选相合闸功能等特殊要求，面临着更为严苛的工况。在系统中起到投切滤波器组、补偿无功、滤除谐波、提升电能质量的作用。一般国内采用的交流滤波器断路器分为两种结构，即柱式断路器和罐式断路器，两种断路器都以六氟化硫（SF_6）气体作为内绝缘和灭弧介质。

表 5-2 为某直流工程滤波器小组断路器主要技术参数。

表 5-2　　　　　　　　　　滤波器小组断路器主要参数

序号	参　数　名　称	单位	技术参数
1	断路器型式或型号		SF_6 瓷柱式
2	断口数	个	2
3	额定电压	kV	550
4	额定频率	Hz	50
5	额定电流	A	5000
6	主回路电阻	μΩ	60±10
7	温升试验电流	A	1.1Ir

续表

序号	参 数 名 称		单位	技术参数
8	额定工频 1min 耐受电压	断口	kV	840
		对地		450
	额定雷电冲击耐受电压 （1.2/50ms）峰值	断口	kV	1675+450
		对地		1675
	额定操作冲击耐受电压峰值 （250/2500ms）	断口	kV	1175+450
		对地		1300
9	额定短路开断电流	交流分量有效值	kA	63
		时间常数	ms	45
		开断次数	次	≥16
		首相开断系数		1.3
10	额定短路关合电流		kA	160
11	额定短时耐受电流及持续时间		kA/s	63/3
12	额定峰值耐受电流		kA	160
13	容性电流开合试验		kV	C2 级/1470
14	机械操作次数		次	10 000

2. 设计及结构特点

以国内某工程采用的柱式滤波器小组断路器为例，主要结构如图 5-4 所示。

灭弧单元的电流传导路径包括触头架、基座和滑动导电筒。在合闸位置，电流流经主触头与滑动导电筒，如图 5-5 所示。

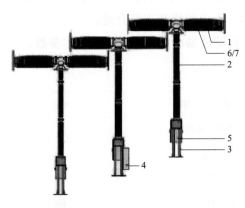

3AP2 FI 550kV及以下
每相两个灭弧单元。

弹簧储能机构，各相独立安装，可进行单相或三相操作。

图 5-4　柱式滤波器小组断路器主要结构

1—灭弧单元；2—支柱绝缘子；3—支架；4—控制柜；5—操动机构箱；6—均压电容；7—合闸电阻

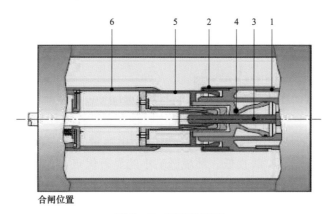

合闸位置

图 5-5 灭弧单元图

1—触头架；2—主触头；3—弧触头；4—喷嘴；5—滑动导电筒；6—基座

在分闸操作中，主触头首先分开，电流转换到仍然闭合的弧触头上。紧接着弧触头分开，在弧触头之间产生电弧。同时，滑动导电筒移动到基座中压缩此处的 SF_6 气体，如图 5-6 所示。被压缩的气体流经滑动导电筒和喷嘴到达弧触头熄灭电弧。

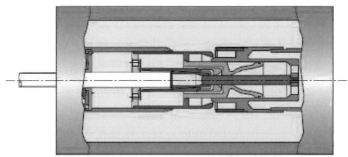

分闸：主触头打开

图 5-6 分闸操作示意图

在开断较大的短路电流时，SF_6 气体在弧触头处被电弧的能量加热，导致接触筒内的压力升高。在进一步的分断过程中，升高的压力驱使气体流经喷嘴灭弧。此时，电弧能量被用于开断故障回路的短路电流，而不用操动机构提供能量，如图 5-7 所示。

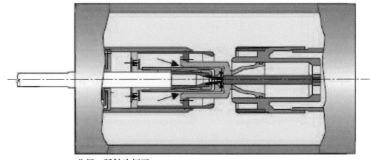

分闸：弧触头打开

图 5-7 开断电流示意图

5.1.3 GIL

1. 设备概况

气体绝缘金属封闭输电线路（gas-insulated metal enclosed transmission line，GIL）是一种采用 SF_6 或其他气体绝缘、外壳与导体同轴布置的高电压、大电流（最大额定电流可达到 8000A）、长距离电力传输设备，具有输电容量大、占地少、布置灵活、可靠性高、维护量小、寿命长、线损低、环境影响小的显著优点。

2. 结构及技术特点

长距离、大气室的母线应用场合，GIL 设备普遍采用标准单元设计，标准直线管道长度一般为 8～18m。目前气体绝缘金属封闭开关设备（GIS）壳体主要有三种成形形式，即成型管材、板材卷焊及带材螺旋焊。成型管材直径尺寸不能做得很大，只能用于低电压等级设备中；板材卷焊壳体不能做得很长，制造周期较长，对接法兰过多，制造成本高。螺旋焊接管原材料浪费少，制造效率高，壳体长度可以任意截制，更适合用于 GIL 壳体制造，以下为国内某特高压工程 GIL 采用的螺旋焊接管形式。

直线壳体采用两端铸造缩颈法兰中间螺旋焊接壳体焊接结构，如图 5-8 所示。铸造缩颈法兰可以设计复杂结构，盆式绝缘子内嵌其中，以减少密封面数量。

GIL 布置走线复杂，需要适应不同地理条件要求。所以，GIL 铺设有多种多样的转角走线要求。转角壳体采用一个直母线段，根据安装需要角度切割对接拼焊而成，其成本较低，90°～180°之间的任意角度均可加工，布置非常灵活。

以某特高压工程 GIL 导电管为例，该 GIL 导电管采用成型管材，导电管截面尺寸为 200mm × 12.5mm，通流面积为 7359mm²，在工频电流下，采用管状导电杆可以削弱集肤效应的影响，减少原材料的用量。

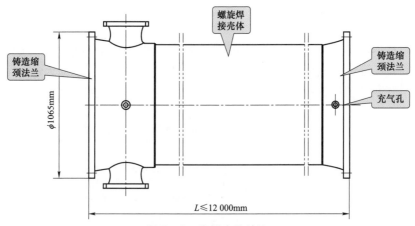

图 5-8 直线壳体结构

GIL 绝缘子有两种：一种是用来支撑一个或者多个导体的内部绝缘子（支柱绝缘子），另一个是用来分隔相邻隔室的绝缘子（隔板、盆式绝缘子）。两种绝缘子设计必须满足相应的绝缘要求。

对支柱绝缘子而言，还需要一定的机械性能要求，其需要承载导电管及自身的质量，还需要承载运输过程中的冲击和电动力的冲击。支柱绝缘子一般分为单柱式、双柱式、三柱式，如图5-9所示，三柱式绝缘子有固定和滑动两种形式，如图5-10所示。

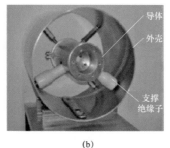

(a)　　　　　　　　(b)　　　　　　　　(c)

图5-9　支柱绝缘子

（a）单柱式；（b）双柱式；（c）三柱式

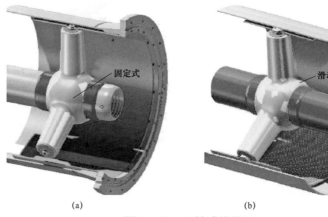

(a)　　　　　　　　(b)

图5-10　三柱式绝缘子

（a）固定式；（b）滑动式

盆式绝缘子又分为气隔式、通气式及内置式。气隔式盆式绝缘子需要承载隔室两侧的全部压力差，能够承载隔板一侧处于真空状态，另一侧处于正常运行气压。盆式绝缘子的机械强度要有足够的设计余量，保证在设备检修时相邻隔室无须降低充气压力，如图5-11所示。

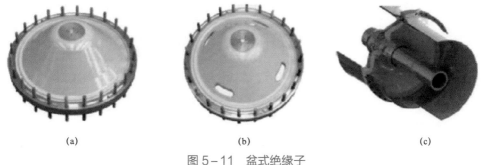

(a)　　　　　　　　　(b)　　　　　　　　　(c)

图5-11　盆式绝缘子

（a）气隔式；（b）通气式；（c）内置式

某制造厂 GIL 使用三柱式绝缘子，标准单元长度为 12～18m，如图 5-12 所示。

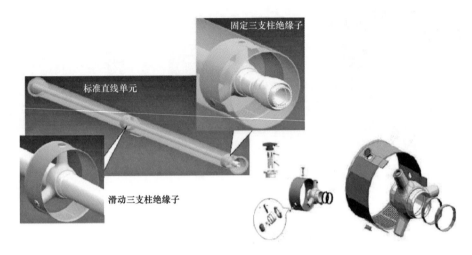

图 5-12　GIL 主流设计 1——三柱式绝缘子

某制造厂 GIL 使用双柱式绝缘子，标准单元长度为 12～18m，如图 5-13 和图 5-14 所示。

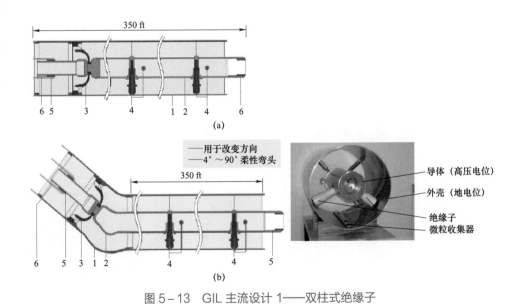

图 5-13　GIL 主流设计 1——双柱式绝缘子

（a）直线单元；（b）弯头单元

1—外壳；2—内部导电体；3—锥形绝缘子；4—支柱绝缘子；5—滑动插头；6—滑动插口

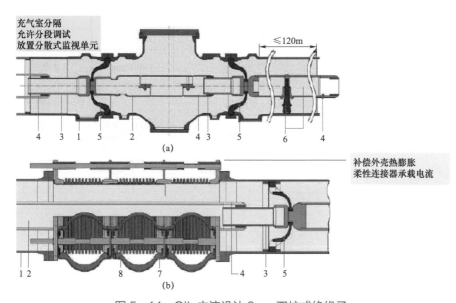

图 5-14 GIL 主流设计 2——双柱式绝缘子

（a）隔离单元；（b）伸缩/补偿单元

1—外壳；2—内部导电体；3—滑动插头；4—滑动插口；5—锥形绝缘子；

6—支柱绝缘子；7—柔性连接器；8—补偿器箱

某制造厂 GIL 使用三柱式绝缘子，标准单元长度为 12m，如图 5-15 所示。

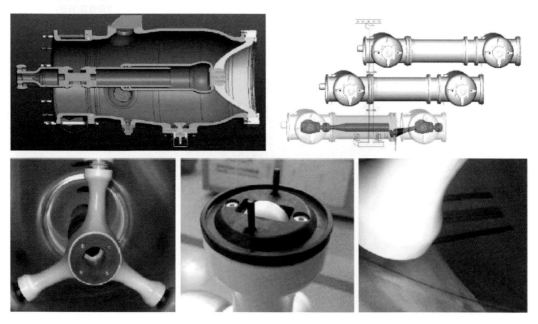

图 5-15 GIL 主流设计 2——三柱式绝缘子

某制造厂 GIL 标准单元长度为 16m，如图 5-16 所示。

采用纯装配式设计结构，结构简单，拆解方便；		最大长度	绝缘支柱
壳体采用成型管材，无纵焊缝；			
采用 GIS 产品中验证成熟的电连接和导向结构。		16 000mm	2 个

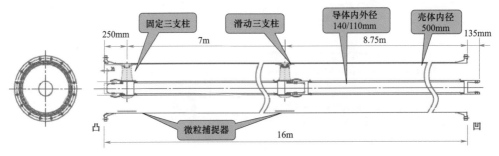

图 5-16　GIL 主流设计 3——双柱式绝缘子

某制造厂 GIL 标准单元长度为 18m，如图 5-17 所示。

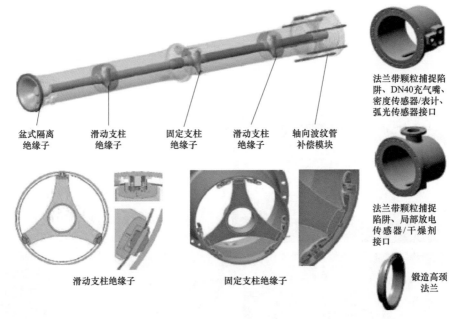

图 5-17　GIL 主流设计 4

5.1.4　直流旁路/转换开关

1. 设备概况

直流旁路开关是跨接在换流器直流端子间的机械开关装置，是特高压直流输电系统的重要设备，对直流输电系统的运行方式转变起着极其重要的作用。它的主要作用是与隔离开关配合，退出需要检修的换流桥。

2. 设计及结构特点

以国内某开关制造厂制造的直流旁路开关为例，每台直流旁路开关由 1 极组成，整体结构呈 T 形，包括灭弧室、支柱、辅助支撑和操动机构，如图 5-18 所示。

图 5-18　直流旁路开关

以国内某工程采用的无源型直流转换开关为例，其产生震荡电流的方式为自激振荡，即利用交流断路器气吹电弧的不稳定性和负阻特性，产生幅值逐渐增大的自激振荡电流，叠加至待开断的直流上，产生人工电流过零点，完成电流转移。

该无源型直流转换开关由开断装置、电容器、电抗器（如有）、避雷器及绝缘平台等设备组成，其中电容器、电抗器和避雷器为电气连接部分，绝缘平台为非电气连接部分，电容器和电抗器串联构成 L-C 回路，分别与开断装置和避雷器并联组成 3 条并联支路，如图 5-19 所示。

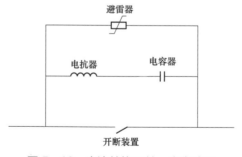

图 5-19　直流转换开关一次电路图

无源型直流转换开关根据安装位置和功能不同，有以下四种类型：中性母线开关（NBS）、中性线接地开关（NBGS）、金属回线转换开关（MRTB）、大地回线转换开关（GRTS）。其中 MRTB、GRTS 和 NBS 结构类似，主要由开断装置、电容器、电抗器、避雷器及绝缘平台组成，电容器、电抗器和避雷器安装在绝缘平台上，开断装置为一相双断口 T 形结构的断路器，结构如图 5-20 所示；NBGS 结构只包括一相双断口 T 形结构的断路器。

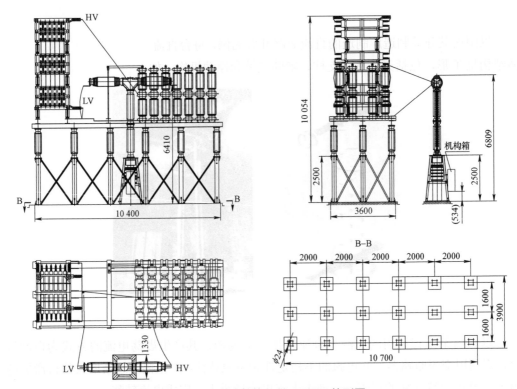

图 5-20　直流转换开关 MRTB 外形图

5.1.5　直流隔离开关

1. 设备概况

隔离开关是一种主要用于隔离电源、倒闸操作、连通和切断小电流电路，无灭弧功能的开关器件。目前，特高压直流隔离开关的结构形式主要有三柱水平旋转式、双柱单臂水平折叠式两种。

三柱水平旋转式高压隔离开关主导电系统结构简单，运动平稳，操作功相对较小，但是旋翻结构在分、合闸过程中自由度不唯一，且动、静触指长期暴露在外，同时，由于直流具有吸附效应，此种结构更容易受到粉尘、污秽等外部环境的影响，导致触头部位发热，从而缩短产品的检修周期，降低产品的可靠性，如图 5-21 所示。

双柱单臂水平折叠式隔离开关动、静触指均采取必要的密封措施，能够有效降低外部环境对触头的影响，长期保持通流能力，但是，由于此种隔离开关的结构比较复杂，要求动触头有比较精确的运动轨迹，同时需要通过增加弹簧等储能手段来平衡动触头运动过程的重力势能的变化，对产品的制造精度要求较高，如图 5-22 所示。

2. 设计及结构特点

直流隔离开关作为换流站直流场其他设备设计布置、检修隔离的重要元件，其设计制造水平对整个系统的可靠性有着重要影响。以某工程采用的户外特高压直流隔离开关为例，介绍其设计及结构特点。

(a)　　　　　　　　　　　(b)

图 5-21　三柱水平旋转式高压隔离开关

(a) 816kV；(b) 408kV

(a)　　　　　　　　　　　(b)

图 5-22　双柱单臂水平折叠式隔离开关

(a) 816kV；(b) 408kV

　　某型号户外特高压直流隔离开关为双柱水平断口、单臂水平伸缩插入式结构，主要由三角形底座、支柱绝缘子、操作绝缘子、主闸刀、静触头、均压环、操动机构等组成。支柱绝缘子并立在底座上，操作绝缘子安装在动侧三脚架的中心位置，主闸刀装在动侧支柱绝缘子的顶部中心位置，主闸刀静触头装在另一侧的支柱绝缘子顶部中心位置，支柱绝缘子采用三脚架结构增加稳定性，如图 5-23 所示。

　　动触头及静触头均采用全密闭结构，无论在合闸状态，还是在分闸状态，主触头均可封闭在防护罩内，能够有效防止雨水、沙尘对触头的侵蚀，适应恶劣环境能力强，如图 5-24 所示。

133

图 5-23　户外特高压直流隔离开关

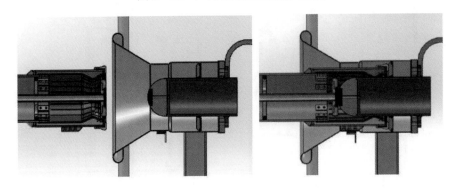

图 5-24　触头密闭结构

动触头采用环形触指结构，环形触指通过触指外缘的环形弹簧产生接触压力，啮合点多；触指直接与导电管外连接，减少固定连接点，易于控制装配质量，比内连接更加可靠，保证通流的可靠性，如图 5-25 所示。

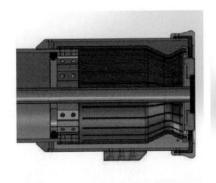

图 5-25　动触头

隔离开关所有导电固定接触面皆采用新型导电脂,对导电接触面具有极好的降阻效应和防腐防氧化作用;理化性能稳定、易于保存,具有耐腐蚀、耐氧化、使用寿命长等优点。

主静触头采用密封结构,导向罩采用旋压成型工艺提高外观质量;考虑到触头密封结构的散热可靠性,将静触头尾部设计为开放式结构,增加对流散热,避免了密封结构下触头过热现象的发生,保证通流能力的绝对可靠。隔离开关动、静侧采用半球壳形均压罩,如图 5-26 所示。

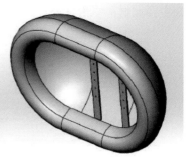

图 5-26　半球壳形均压罩

5.2　设备品控要点

为确保开关类设备质量,品控工作从设计审查、生产环境、原材料入厂、生产过程、出厂试验及包装发运全过程管控,同时开展关键组部件延伸监造工作,进一步保障产品。质量管控要点如下:

5.2.1　生产前检查品控要点

对开关类设备制造厂进行开工前生产检查,品控要点内容见表 5-3。

表 5-3　　　　　　　　　　　　生产前检查品控要点

序号	见证项目	见证内容	见证要点及要求	见证方式
1	生产前检查	质量及环境安全体系审查	审查制造商质量管理体系、安全、环境、计量认证证书等是否在有效期内	W
2		异地生产审查(如有)	审查异地生产厂家的人力资源、生产设备、工器具、检验设备、生产工艺、生产环境等是否满足工程需要	W
3		技术协议	核对厂家响应技术参数是否满足合同和相关文件	W
4		设计资料	(1)冻结会议要求提交的资料是否提交; (2)冻结会议纪要点是否落实; (3)核对设计冻结其他技术资料	W

续表

序号	见证项目	见证内容	见证要点及要求	见证方式
5	生产前检查	排产计划	（1）审查制造单位提交的生产计划，明确该生产计划在厂内生产执行的可行性（要求满足业主要求）； （2）审查其能否满足工程交货期要求（核查关键原材料及组部件的供货情况）	W

5.2.2 原材料组部件品控要点

HSS 主要原材料组部件品控要点见表 5-4。

表 5-4　　　　　　　　　　　HSS 主要原材料组部件品控要点

序号	见证项目	见证内容	见证要点及要求	见证方式
1	组部件	灭弧室（动、静触头）	（1）核查分供商、规格型号是否满足合同要求； （2）检查出厂质量证明文件报告是否完整； （3）检查外观是否完好无损，尺寸是否符合图纸要求	W
2		瓷套/复合绝缘子	（1）核查分供商、规格型号是否满足合同要求； （2）检查出厂质量证明文件报告是否完整； （3）检查外观是否完好无损，尺寸是否符合图纸要求	W
3		拉杆	（1）核对绝缘拉杆厂家出厂检验报告； （2）核对绝缘拉杆入厂检验报告（质量检验报告、尺寸检验报告）	W
4		操动机构	（1）核查分供商、规格型号是否满足合同要求； （2）检查出厂质量证明文件报告是否完整； （3）检查外观是否完好无损，尺寸是否符合图纸要求	W
5		分合闸线圈	核对分合闸线圈厂家出厂检验报告	W
6		电机	（1）核查分供商、规格型号是否满足合同要求； （2）检查出厂质量证明文件报告是否完整； （3）检查外观是否完好无损，尺寸是否符合图纸要求	W
7		行程/辅助开关	（1）核查分供商、规格型号是否满足合同要求； （2）检查出厂质量证明文件报告是否完整； （3）检查外观是否完好无损，尺寸是否符合图纸要求	W

GIL 主要原材料组部件品控要点见表 5-5。

表 5-5　　　　　　　　　　　GIL 主要原材料组部件品控要点

序号	见证项目	见证内容	见证要点及要求	见证方式
1	组部件	触头（触指、触片、导电带等）	（1）核查产地及分供商与设计文件及供货合同是否相符； （2）检查尺寸是否符合出厂要求； （3）外观检查应包装良好，且表面光滑无毛刺； （4）核对触头厂家的渗透探伤报告	W
2		绝缘子（盆式、支撑、柱式）	（1）核查产地及分供商与设计文件及供货合同是否相符； （2）核查规格、型号与设计文件及供货合同是否相符； （3）检查机械、电气性能试验是否符合要求	W
3		伸缩节	（1）核查产地及分供商与设计文件及供货合同是否相符； （2）出厂质量证明文件检查； （3）外观检查	W

续表

序号	见证项目	见证内容	见证要点及要求	见证方式
4	组部件	瓷套、复合套管	（1）核查规格、型号与设计文件及供货合同是否相符； （2）核查产地及分供商与设计文件及供货合同是否相符； （3）检查厂家的出厂文件； （4）形位公差测量、外观检查； （5）探伤检查	W
5		并联电容器（如有）	（1）核查规格、型号与设计文件及供货合同是否相符； （2）核查产地及分供商与设计文件及供货合同是否相符； （3）局部放电测量； （4）电容值测量； （5）介质损耗因数测量	W
6		合闸电阻（如有）	（1）核查规格、型号与设计文件及供货合同是否相符； （2）核查产地及分供商与设计文件及供货合同是否相符； （3）外观检查； （4）阻值测量	W
7		电流互感器、避雷器	（1）核查规格、型号与设计文件及供货合同是否相符； （2）核查产地及分供商与设计文件及供货合同是否相符； （3）电流互感器精度测试； （4）电流互感器伏安特性测试	W
8		罐体	（1）核查规格、型号与设计文件及供货合同是否相符； （2）核查产地及分供商与设计文件及供货合同是否相符； （3）出厂文件检查； （4）外观检查； （5）焊缝探伤检查	W
9		SF$_6$气体含水量测量	对 SF$_6$ 气体进行入厂抽检，微水含量应符合 GB/T 12022《工业六氟化硫》的规定	W
10		绝缘拉杆	（1）核查规格、型号与设计文件及供货合同是否相符； （2）局部放电测量	W
11		隔离/接地开关	（1）核查产地及分供商与设计文件及供货合同是否相符； （2）核查规格、型号与设计文件及供货合同是否相符； （3）检查机械、电气性能试验是否符合要求	W

交流滤波器断路器主要原材料组部件品控要点见表 5−6。

表 5−6　　　　　　交流滤波器断路器主要原材料组部件品控要点

序号	见证项目	见证内容	见证要点及要求	见证方式
1	组部件	触头（触指、触片、导电带等）	（1）核查产地及分供商与设计文件及供货合同是否相符； （2）核查尺寸是否符合出厂要求； （3）外观检查应包装良好，且表面光滑无毛刺； （4）核对触头厂家的渗透探伤报告	W
2		铝导电杆	（1）核查产地及分供商与设计文件及供货合同是否相符； （2）外观检查应采取防水措施，导电杆表面应光滑且无锈迹	W
3		铝铸件	（1）核查产地及分供商与设计文件及供货合同是否相符； （2）核查尺寸与出厂值是否相符； （3）检查清洁度是否符合要求	W

续表

序号	见证项目	见证内容	见证要点及要求	见证方式
4	组部件	瓷套、复合套管	(1) 核查规格、型号与设计文件及供货合同是否相符; (2) 核查产地及分供商与设计文件及供货合同是否相符; (3) 检查厂家的出厂文件; (4) 形位公差测量、外观检查; (5) 探伤检查	W
5		操动机构	(1) 核查规格、型号与设计文件及供货合同是否相符; (2) 核查产地及分供商与设计文件及供货合同是否相符; (3) 外观检查; (4) 性能检查	W
6		传动（连接）件	(1) 核查产地及分供商与设计文件及供货合同是否相符; (2) 外观检查; (3) 清洁度检查; (4) 出厂质量证明文件（拐臂材质）检查	W
7		均压环	(1) 核查产地及分供商与设计文件及供货合同是否相符; (2) 出厂质量证明文件检查; (3) 外观检查; (4) 尺寸检查	W
8		并联电容器	(1) 核查规格、型号与设计文件及供货合同是否相符; (2) 核查产地及分供商与设计文件及供货合同是否相符; (3) 局部放电测量; (4) 电容值测量; (5) 介质损耗因数测量	W
9		合闸电阻	(1) 核查规格、型号与设计文件及供货合同是否相符; (2) 核查产地及分供商与设计文件及供货合同是否相符; (3) 外观检查; (4) 阻值测量	W
10		电流互感器（罐式）	(1) 核查规格、型号与设计文件及供货合同是否相符; (2) 核查产地及分供商与设计文件及供货合同是否相符; (3) 精度测试; (4) 伏安特性测试	W
11		罐体	(1) 核查规格、型号与设计文件及供货合同是否相符; (2) 核查产地及分供商与设计文件及供货合同是否相符; (3) 出厂文件检查; (4) 外观检查; (5) 焊缝探伤检查	W
12		SF_6气体含水量测量	对SF_6气体进行入厂抽检，微水含量应符合 GB/T 12022《工业六氟化硫》的规定	W
13		绝缘杆	(1) 核查规格、型号与设计文件及供货合同是否相符; (2) 局部放电测量	W

直流旁路/转换开关主要原材料组部件品控要点见表 5-7。

表 5-7　　　　　　　直流旁路/转换开关主要原材料组部件品控要点

序号	见证项目	见证内容	见证要点及要求	见证方式
1	组部件	灭弧室（触头、喷嘴）	(1) 核查产地及分供商与设计文件及供货合同是否相符; (2) 检查尺寸是否符合出厂要求; (3) 外观检查应包装良好，且表面光滑无毛刺; (4) 核对触头厂家的渗透探伤报告	W

序号	见证项目	见证内容	见证要点及要求	见证方式
2	组部件	绝缘拉杆	（1）核查产地及分供商与设计文件及供货合同是否相符； （2）核查规格、型号与设计文件及供货合同是否相符； （3）局部放电测量	W
3		瓷套、复合绝缘外套	（1）核查规格、型号与设计文件及供货合同是否相符； （2）核查产地及分供商与设计文件及供货合同是否相符； （3）检查厂家的出厂文件； （4）形位公差测量、外观检查； （5）探伤检查	W
4		操动机构	（1）核查规格、型号与设计文件及供货合同是否相符； （2）核查产地及分供商与设计文件及供货合同是否相符； （3）外观检查； （4）性能检查	W
5		传动件	（1）核查产地及分供商与设计文件及供货合同是否相符； （2）外观检查； （3）清洁度检查； （4）出厂质量证明文件检查	W
6		辅助回路换相电容器（直流转换开关）	（1）核查规格、型号与设计文件及供货合同是否相符； （2）核查产地及分供商与设计文件及供货合同是否相符； （3）出厂文件检查； （4）外观检查	W
7		辅助回路避雷器（直流转换开关）	（1）核查产地及分供商与设计文件及供货合同是否相符； （2）核查规格、型号与设计文件及供货合同是否相符； （3）出厂质量证明文件检查	W
8		辅助回路电抗器（直流转换开关）	（1）核查产地及分供商与设计文件及供货合同是否相符； （2）核查规格、型号与设计文件及供货合同是否相符； （3）出厂质量证明文件检查	W
9		SF_6 气体	（1）核查产地及分供商与设计文件及供货合同是否相符； （2）出厂质量证明文件检查	W

直流隔离开关主要原材料组部件品控要点见表 5−8。

表 5−8　　　　　　　　　直流隔离开关主要原材料组部件品控要点

序号	见证项目	见证内容	见证要点及要求	见证方式
1	组部件	触头（触指、触片、导电带等）	（1）核查产地及分供商与设计文件及供货合同是否相符； （2）检查尺寸是否符合出厂要求； （3）外观检查应包装良好，且表面光滑无毛刺； （4）核对触头厂家的渗透探伤报告	W
2		导电管	（1）核查产地及分供商与设计文件及供货合同是否相符； （2）核查规格、型号与设计文件及供货合同是否相符	W
3		绝缘子	（1）核查规格、型号与设计文件及供货合同是否相符； （2）核查产地及分供商与设计文件及供货合同是否相符； （3）检查厂家的出厂文件； （4）形位公差测量、外观检查； （5）探伤检查	W
4		操动机构	（1）核查规格、型号与设计文件及供货合同是否相符； （2）核查产地及分供商与设计文件及供货合同是否相符； （3）外观检查； （4）性能检查	W

续表

序号	见证项目	见证内容	见证要点及要求	见证方式
5	组部件	传动件	（1）核查产地及分供商与设计文件及供货合同是否相符； （2）外观检查； （3）清洁度检查； （4）出厂质量证明文件检查	W
6		轴承	（1）核查规格、型号与设计文件及供货合同是否相符； （2）核查产地及分供商与设计文件及供货合同是否相符； （3）出厂文件检查； （4）外观检查	W
7		触头弹簧	（1）核查产地及分供商与设计文件及供货合同是否相符； （2）核查规格、型号与设计文件及供货合同是否相符； （3）出厂质量证明文件检查	W
8		密封件	（1）核查产地及分供商与设计文件及供货合同是否相符； （2）核查规格、型号与设计文件及供货合同是否相符； （3）出厂质量证明文件检查	W
9		端子排	（1）核查产地及分供商与设计文件及供货合同是否相符； （2）出厂质量证明文件检查	W
10		辅助开关	（1）核查产地及分供商与设计文件及供货合同是否相符； （2）核查规格、型号与设计文件及供货合同是否相符； （3）出厂质量证明文件检查	W

5.2.3　装配过程品控要点

开关类设备在实际装配过程要根据设计的要求按照装配流程、装配作业指导书、装配检查卡等进行，只有当各级装配合格后方可进行下一工序的安装，各个厂家因工艺不同可能存在差异。

1. 柱式/罐式断路器

柱式/罐式断路器包括直流高速开关、滤波场用高压交流断路器、直流旁路/转换开关，装配过程品控要点见表5-9。

表5-9　　　　　　　　　　柱式/罐式断路器装配过程品控要点

序号	见证项目	见证内容	见证要点及要求	见证方式
1	装配过程	作业环境	（1）检查温湿度、降尘量是否满足工艺文件相关要求； （2）检查材料是否分类定置摆放，产品防护和标识是否符合制造单位规定	W
2		动、静触头装配	（1）触头清洁度检查； （2）动、静触头组装工艺及质量检查	W
3		底座装配	（1）零部件质量检查和确认； （2）零部件润滑良好、转动灵活； （3）间隙配合好； （4）尺寸符合要求	W
4		传动（连杆）装配	（1）零部件质量检查和确认； （2）零部件润滑良好、转动灵活； （3）间隙配合好	W
5		灭弧室组装	灭弧室组装工艺及质量应符合供货商的设计图纸、工厂标准	W

序号	见证项目	见证内容	见证要点及要求	见证方式
6	装配过程	控制箱组装	（1）控制箱电气板各部件安装应符合设计图纸要求； （2）电气板安装过程中各元件应无损坏情况	W
7		机构箱组装	（1）各部件组装、操动机构安装应符合设计图纸、工厂标准； （2）操动机构弹簧功能性检查应良好	W
8		电气连接及功能回路检查	（1）接线工艺质量应符合供货商的接线图纸； （2）断路器实际接线与线路图编号应相符； （3）所有功能回路应良好	W
9		辅助回路电抗器组装（直流转换开关）	（1）外观检查； （2）绕组直流电阻值测量； （3）电感值测量	W
10		辅助回路避雷器组装（直流转换开关）	（1）外观检查； （2）抽样检查； （3）直流参考电压下的泄漏电流检查	W
11		制造单位检验记录核查	（1）核查制造单位记录是否真实、完整； （2）核查制造单位检验结论是否合格	W

2. GIL

GIL 装配过程品控要点见表 5－10。

表 5－10　　　　　　　　　　　GIL 装配过程品控要点

序号	见证项目	见证内容	见证要点及要求	见证方式
1	装配过程	作业环境	（1）检查温湿度、降尘量是否满足工艺文件相关要求； （2）检查材料是否分类定置摆放，产品防护和标识是否符合制造单位规定	W
2		触头装配	（1）触头清洁度检查； （2）触头组装工艺及质量检查	W
3		绝缘子装配（三支柱绝缘子、盆式绝缘子）	（1）绝缘子外观检查； （2）检查绝缘子压接是否符合厂内工艺管控要求； （3）检查螺栓拧紧力矩是否符合要求； （4）装配过程工艺检查	W
4		导体装配	（1）检查母线接头装配、导电杆装配的尺寸、形位公差等是否符合技术要求； （2）导体和外壳筒体尺寸必须符合技术图纸要求； （3）检查是否有工器具保证导电杆装配形位公差，母线的纵、横方向定位； （4）导电回路电阻检查	W
5		伸缩节装配	（1）检查伸缩节外观及内部清洁度； （2）检查伸缩量调整数据是否符合图纸要求； （3）检查装配过程是否符合工艺要求	W
6		制造单位检验记录核查	（1）核查制造单位记录是否真实、完整； （2）核查制造单位检验结论是否合格	W

3. 直流隔离开关

直流隔离开关装配过程品控要点见表 5－11。

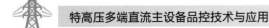

表 5-11　　　　　　　　　　　　直流隔离开关装配过程品控要点

序号	见证项目	见证内容	见证要点及要求	见证方式
1	装配过程	作业环境	（1）检查温湿度、降尘量是否满足工艺文件相关要求； （2）检查材料是否分类定置摆放，产品防护和标识是否符合制造单位规定	W
2		触头装配	（1）触头清洁度检查； （2）触头组装工艺及质量检查	W
3		端子板装配	（1）端子板外观检查； （2）端子板载流面积检查； （3）装配过程工艺检查	W
4		绝缘子装配	（1）检查绝缘子外观是否清洁、完好； （2）检查绝缘子与隔离开关配合情况； （3）检查装配过程是否符合工艺要求	W
5		传动装配	（1）零部件质量检查和确认； （2）检查传动（连杆）润滑情况是否良好； （3）检查转动是否灵活、间隙配合是否良好； （4）检查装配过程是否符合工艺要求	W
6		主刀臂装配	（1）零部件质量检查和确认； （2）检查刀臂操动是否灵活； （3）检查装配过程是否符合工艺要求	W
7		操动机构装配	（1）零部件质量检查和确认； （2）结构检查确认； （3）外观及性能检查确认； （4）二次回路检查确认； （5）检查装配过程是否符合工艺要求	W
8		制造单位检验记录核查	（1）核查制造单位记录是否真实、完整； （2）核查制造单位检验结论是否合格	W

5.2.4　包装发运过程品控要点

开关类设备包装发运过程品控要点见表 5-12。

表 5-12　　　　　　　　　　开关类设备包装发运过程品控要点

序号	见证内容	见证内容	见证要点及要求	见证方式
1	包装	铭牌	查看相关图纸并记录，检查标称参数是否准确、清晰，是否符合图纸要求	W
2		包装方式	包装材料、包装方式、包装标识等符合厂家工艺文件要求	W
3		制造单位检验记录核查	（1）核查制造单位记录是否真实、完整； （2）核查制造单位检验结论是否合格	W

5.2.5　原材料组部件延伸监造

为从源头把控开关类设备主要原材料组部件质量，依据技术协议及相关规定应进行延伸监造，品控要点见表 5-13。

表 5-13　　　　　　　　　　开关类设备原材料组部件延伸监造品控要点

序号	见证项目	见证内容	见证要点及要求	见证方式
1	组部件延伸监造	套管	(1) 外观检查与尺寸测量； (2) 水压试验； (3) 密封性试验； (4) 工频耐压和局部放电试验； (5) 例行抗弯试验	S
2		支柱绝缘子	(1) 外观检查、尺寸测量； (2) 玻璃化转变温度测量； (3) X 射线探伤试验； (4) 工频耐压和局部放电试验	S
3		盆式绝缘子	(1) 外观检查、尺寸测量（请制造厂提供检验报告）； (2) 玻璃化转变温度测量（请制造厂提供检验报告）； (3) X 射线探伤试验； (4) 气密试验； (5) 例行水压试验； (6) 工频耐压和局部放电试验	S
4		电流互感器	(1) 变比检查； (2) 极性试验结果检查； (3) 绝缘电阻测量； (4) 介质损耗因数及电容量测量； (5) 气体密封试验； (6) 雷电冲击耐压试验； (7) 工频耐压和局部放电试验	S
5		壳体	(1) 尺寸及形位公差检查（长度、直径、壁厚、直线度、圆度、法兰尺寸）； (2) 外观质量检查 [壳体外观检查（覆盖内外表面）、焊接接头外观检查]； (3) 水压试验见证； (4) 密封试验见证； (5) 焊接质量检查和探伤试验	S

5.2.6　原材料组部件抽检

依据技术协议及相关规定，对开关类设备关键组部件原材料应进行抽检见证，抽检过程品控要点见表 5-14。

表 5-14　　　　　　　　　　开关类设备原材料组部件抽检过程品控要点

序号	见证项目	见证内容	见证要点及要求	见证方式
1	组部件抽检	绝缘拉杆	(1) 检查尺寸和形位公差，整体应满足设计图纸要求； (2) 外观检查； (3) 例行拉伸试验； (4) 工频局部放电试验； (5) 拉伸破坏试验； (6) 取样试验，纤维含量、密度、吸水率等符合要求	S
2		盆式绝缘子	(1) 检查尺寸和形位公差，整体应满足设计图纸要求； (2) 外观检查； (3) 水压破坏试验； (4) 不同部分树脂组织检查（片析检查）及材料检查	S

续表

序号	见证项目	见证内容	见证要点及要求	见证方式
3	组部件抽检	支柱绝缘子	（1）检查尺寸和形位公差，整体应满足设计图纸要求； （2）外观检查； （3）压缩试验； （4）拉伸试验； （5）弯曲试验； （6）扭曲试验； （7）不同部分树脂组织检查（片析检查）及材料检查	S

5.3 试验检验专项控制

5.3.1 HSS

混合多端直流输电工程使用的 HSS 属于首台套设备，主要缺乏试验程序和标准，需开展试验回路自主设计，制定详细试验方案及评判标准，搭建试验平台，组织试验项目实施，验证设备机电热方面性能，试验主要分为型式试验、特殊试验、例行试验。HSS 型式试验品控要点见表 5－15。

表 5－15　　　　　　　　　　HSS 型式试验品控要点

序号	见证项目	见证内容	见证要点及要求	见证方式
1	型式试验	雷电冲击电压试验	施加规定电压进行断口间、端对地雷电冲击试验，雷电冲击试验结果参数应满足标准要求	H
2		湿操作冲击电压试验	用标准操作冲击波 250/2500μs 在两种极性的电压下进行，试验结果参数应满足标准要求	H
3		直流耐压试验	（1）断口间施加规定电压进行湿式耐压试验； （2）端对地施加规定电压进行干式耐压试验； （3）试验结果应满足标准要求	H
4		干式直流耐压试验及局部放电试验	施加规定电压 1h，在试验的最后 10min，进行局部放电试验，要求 1000pC 以上的放电次数小于 10 次	H
5		辅助和控制回路的试验	工频电压 2kV，1min，辅助和控制回路应能承受相应的耐受电压	H
6		作为状态检查的电压试验	（1）进行操作冲击试验，冲击电压的峰值为 HSS 额定断口操作冲击电压的 90%，或者依据 IEC 62271－100 中 6.2.11，如符合相关条件的情况下可采用出线端故障 T10 规定的 TRV 的波形进行作为状态检查的电压试验，则保证了与标准操作冲击的等效性； （2）每一极应施加 5 次冲击； （3）试验结果应满足要求	H
7		无线电干扰电压（RIV）试验	应满足 GB/T 25307—2010《高压直流旁路开关》的要求	H
8		主回路电阻的测量	应满足 GB/T 11022—2020《高压开关设备和控制设备标准的共用技术要求》的要求	H

续表

序号	见证项目	见证内容	见证要点及要求	见证方式
9	型式试验	温升试验	试验电流为额定电流，例如国内某工程 800kV HSS 施加电流 4000A	H
10		短时耐受电流和峰值耐受电流试验	见证内容参照 IEC 62271-100：2017、1EC 60427：2000	H
11		密封试验	见证内容参照 IEC 62271-100：2017	H
12		室温下的机械操作试验	见证内容参照 IEC 62271-100：2017	H
13		防护等级验证	见证内容参照 IEC 60529	H
14		端子静负载试验	应满足 GB/T 1984—2014《高压交流断路器》的要求	H
15		低温和高温试验	见证内容参照 IEC 62271-1：2007、IEC 60271-100：2012	H
16		抗震试验	见证内容参照 GB 50260—2013《电力设施抗震设计规范》	H

例行试验项目包括主回路电阻的测整、主回路的绝缘试验、辅助和控制回路的绝缘试验、设计和外观检查等，品控要点详见表 5-16。

表 5-16　　　　　　　　　　HSS 例行试验品控要点

序号	见证项目	见证内容	见证要点及要求	见证方式
1	例行试验	主回路电阻的测量	用直流来测量端子间的主回路电阻，试验电流取 100A 到额定电流间任意值	H
2		主回路的绝缘试验	试验应该按 GB/T 16927.1—2011《高电压试验技术　第 1 部分：一般定义及试验要求》（IEC 60060-1：2010，MOD）和 GB/T 11022—2020《高压交流开关设备和控制设备标准的共用技术要求》（IEC 62271-1：2017）在新的、清洁的和干燥的完整高速并联开关或运输单元上进行。对支柱绝缘子进行干式直流耐压试验，对断口单元进行交流耐压试验	H
3		辅助和控制回路的绝缘试验	对辅助回路施加 2.5kV 电压、1s 或 2kV、1min	H
4		设计和外观检查	出厂试验开始前，对开关进行检查，包括设计检查、外观检查、铭牌检查	H
5		机械操作试验	参考 IEC 62271-100：2017 中的 7.101 规定的试验方法	H
6		密封试验	试验前充入气体 1.15MPa（ABS）放置 5min，测量密封性能。试验后将气体压力降至额定压力。试验完成后，在运输压力下，检查密封性能	H

特殊试验项目包括燃弧耐受能力验证试验（3125A，400ms，不小于 5 次）、极限分合闸速度下的机械操作试验、直流空充电流开断试验。

5.3.2　滤波场用高压交流断路器

滤波场用高压交流断路器试验主要分为型式试验、例行试验。

滤波场用高压交流断路器型式试验品控要点详见表5－17。

表5－17　　　　　　　　滤波场用高压交流断路器型式试验品控要点

序号	见证项目	见证内容	见证要点及要求 （参考以下标准）	见证方式
1	型式试验	绝缘试验、局部放电试验及辅助回路的绝缘试验	DL/T 402《高压交流断路器》	H
2		无线电干扰电压（RIV）水平的试验（如果适用）	DL/T 402《高压交流断路器》	H
3		所有部件的温升试验及主回路电阻测量	DL/T 402《高压交流断路器》	H
4		主回路和接地回路承载额定峰值和额定短时耐受电流能力的试验	DL/T 402《高压交流断路器》	H
5		开关装置的开断能力和关合能力试验	DL/T 402《高压交流断路器》	H
6		开关装置机械操作和行程—时间特性测量	DL/T 402《高压交流断路器》	H
7		防护等级验证	DL/T 402《高压交流断路器》	H
8		气体密封性试验和气体状态测量	DL/T 402《高压交流断路器》	H
9		电磁兼容性试验（EMC）	DL/T 402《高压交流断路器》	H
10		辅助和控制回路的附加试验	DL/T 402《高压交流断路器》	H
11		机械特性试验	DL/T 402《高压交流断路器》	H
12		机械温度下机械操作的试验	DL/T 402《高压交流断路器》	H
13		机械试验和环境试验	DL/T 402《高压交流断路器》	H
14		低温和高温试验	DL/T 402《高压交流断路器》	H
15		湿度试验	DL/T 402《高压交流断路器》	H
16		严重结冰条件下的机械试验	DL/T 402《高压交流断路器》	H
17		噪声测量	DL/T 402《高压交流断路器》	H
18		抗震试验	DL/T 402《高压交流断路器》	H
19		端子静负载试验	DL/T 402《高压交流断路器》	H
20		短路开合和开断试验	DL/T 402《高压交流断路器》	H
21		单相和异相接地故障试验	DL/T 402《高压交流断路器》	H
22		近区故障试验	DL/T 402《高压交流断路器》	H
23		失步关合和开断试验	DL/T 402《高压交流断路器》	H
24		容性电流开合试验	DL/T 402《高压交流断路器》	H
25		电寿命试验	DL/T 402《高压交流断路器》	H

流滤波器断路器例行试验品控要点详见表5－18。

表 5-18 交流滤波器断路器例行试验品控要点

序号	见证项目	见证内容	见证要点及要求	见证方式
1	例行试验	设计和外观检查	设计和外观检查应符合图纸与设计要求	W
2		主回路电阻测量	测量 A、B、C 三相主回路的电阻，电流不小于 DC 100A，测试电阻值不应大于 1.2 倍型式试验值	H
3		机械操作和机械特性试验	（1）分、合闸时间； （2）合分时间； （3）同期性； （4）分、合闸速度； （5）机械操作次数； （6）最高/最低控制电压下操作； （7）试验各项测试结果应符合出厂试验标准	H
4		主回路绝缘试验	工频耐压试验，施加规定电压维持 1min，期间电压应无突然跌落	H
5		辅助回路与控制回路绝缘试验	工频电压 2kV、1min 或 2.5kV、1s，辅助和控制回路应能承受相应的耐受电压	H
6		密封试验	对各密封面进行密封性能检查，年泄漏率应小于 0.5%	H
7		SF$_6$气体微水测量	总装完成的设备，六氟化硫气体充气至额定压力，经 24h 后方可进行水分检测，测量结果符合工艺要求	H
8		制造单位检验记录核查	核查制造单位记录是否真实、完整	W

5.3.3 GIL

GIL 型式试验品控要点详见表 5-19。

表 5-19 GIL 型式试验品控要点

序号	见证项目	见证内容	见证要点及要求（参考以下标准）	见证方式
1	型式试验	绝缘试验、局部放电试验及辅助回路的绝缘试验	GB/T 22383—2017《额定电压 72.5kV 及以上刚性气体绝缘输电线路》	H
2		无线电干扰电压（RIV）水平的试验（如果适用）	DL/T 978—2018《气体绝缘金属封闭输电线路技术条件》	H
3		所有部件的温升试验及主回路电阻测量	GB/T 22383—2017《额定电压 72.5kV 及以上刚性气体绝缘输电线路》	H
4		主回路和接地回路承载额定峰值和额定短时耐受电流能力的试验	GB/T 22383—2017《额定电压 72.5kV 及以上刚性气体绝缘输电线路》	H
5		外壳强度试验	GB/T 22383—2017《额定电压 72.5kV 及以上刚性气体绝缘输电线路》	H
6		防护等级验证	GB/T 22383—2017《额定电压 72.5kV 及以上刚性气体绝缘输电线路》	H
7		气体密封性试验和气体状态测量	GB/T 22383—2017《额定电压 72.5kV 及以上刚性气体绝缘输电线路》	H

序号	见证项目	见证内容	见证要点及要求（参考以下标准）	见证方式
8	型式试验	电磁兼容性试验（EMC）	DL/T 978—2018《气体绝缘金属封闭输电线路技术条件》	H
9		辅助和控制回路的附加试验	DL/T 978—2018《气体绝缘金属封闭输电线路技术条件》	H
10		隔板的试验	GB/T 22383—2017《额定电压 72.5kV 及以上刚性气体绝缘输电线路》	H
11		直埋安装时长期性试验	GB/T 22383—2017《额定电压 72.5kV 及以上刚性气体绝缘输电线路》	H
12		绝缘子试验	NB/T 42105—2016《高压交流气体绝缘金属封闭开关设备用盆式绝缘子》	H
13		接地连接的腐蚀试验（如果适用）	GB/T 22383—2017《额定电压 72.5kV 及以上刚性气体绝缘输电线路》	H
14		特殊的型式试验项目（按制造厂和用户协议进行）		H
15		内部故障电弧效应的试验	GB/T 22383—2017《额定电压 72.5kV 及以上刚性气体绝缘输电线路》	H
16		支柱绝缘子力学载荷试验	GB/T 22383—2017《额定电压 72.5kV 及以上刚性气体绝缘输电线路》	H
17		抗震试验	GB/T 13540—2009《高压开关设备和控制设备的抗震要求》	H
18		滑动触头/绝缘子的机械试验	GB/T 22383—2017《额定电压 72.5kV 及以上刚性气体绝缘输电线路》	H
19		伸缩节的循环寿命试验	GB/T 30092—2013《高压组合电器用金属波纹管补偿器》	H
20		气候防护试验	GB/T 22383—2017《额定电压 72.5kV 及以上刚性气体绝缘输电线路》	H

GIL 例行试验品控要点详见表 5-20。

表 5-20　　　　　　　　　　GIL 例行试验品控要点

序号	见证项目	见证内容	见证要点及要求	见证方式
1	例行试验	设计和外观检查	设计和外观检查应符合图纸与设计要求	W
2		主回路电阻测量	测量 A、B、C 三相主回路的电阻，电流不小于 DC 100A，测试电阻值不应大于 1.2 倍型式试验值	H
3		绝缘子试验	（1）X 射线探伤试验； （2）局部放电试验，要求在不低于 80%工频耐压值的试验电压下持续 5min，单个绝缘件的局部放电量不大于 3pC	H
4		密封试验	对各密封面进行密封性能检查，年泄漏率应小于 0.5%	H
5		辅助回路与控制回路绝缘试验	工频电压 2kV、1min 或 2.5kV、1s，辅助和控制回路应能承受相应的耐受电压	H

续表

序号	见证项目	见证内容	见证要点及要求	见证方式
6	例行试验	主回路绝缘试验	（1）工频耐压试验，施加规定电压维持1min，期间电压应无突然跌落； （2）局部放电试验，局部放电量应满足技术协议要求； （3）雷电冲击试验，雷电冲击试验结果参数应满足标准要求	H
7		外壳的压力试验和探伤		H
8		SF_6 气体微水测量	装配完成的 GIL，六氟化硫气体充气至额定压力，经 24h 后方可进行水分检测，测量结果符合工艺要求	H
9		隔板压力试验	参考 GB/T 22383—2017《额定电压 72.5kV 及以上刚性气体绝缘输电线路》中 7.103 规定	H
10		伸缩节压力试验	参考 GB/T 30092—2013《高压组合电器用金属波纹管补偿器》中 6.11.3.2 规定	H
11		制造单位检验记录核查	核查制造单位记录是否真实、完整	W

针对首次采用的 500kV GIL 三支柱绝缘子开展了相关试验验证，其中型式试验品控要点详见表 5-21，例行试验品控要点见表 5-22。

表 5-21　　　　　　　　　　三支柱绝缘子型式试验品控要点

序号	见证项目	见证内容	见证要点及要求	见证方式
1	型式试验	尺寸检查、外观检查	目视确认各部有无异常。用游标卡尺等相应工具按图纸要求对各部分尺寸进行测量	H
2		X 射线检查	采用 X 射线装置，确认内部是否有异常	H
3		雷电冲击试验	把试品安装在试验装置上，内部充规定压力 SF_6 气体，±1675kV 各 15 次	H
4		交流耐压试验	把试品安装在试验装置上，内部充规定压力 SF_6 气体，施加规定交流电压 5min	H
5		局部放电	把试品安装在试验装置上，内部充规定 SF_6 气体，施加规定交流电压 30min，测量局部放电量	H
6		机械试验	轴向载荷试验：12000N×30min； 径向载荷试验：15000N×30min	H
7		冷热冲击试验	在 0～5℃和 95～100℃的恒温槽中进行高低温交替操作，各实施 2h×3 周期的热冲击试验	H
8		着色探伤	在环氧树脂与金属嵌件接合面及绝缘件表面抹上渗透着色液，确认有无裂纹	H
9		轴向载荷破坏试验	把试品安装在试验装置上，在中心电极上施加力矩，直至破坏	H
10		径向载荷破坏试验	把试品安装在试验装置上，在中心电极上施加力矩，直至破坏	H

续表

序号	见证项目	见证内容	见证要点及要求	见证方式
11	型式试验	整体抗弯试验（破坏）	在中心导体端部施加与中心导体垂直的径向机械载荷，使三支柱绝缘子受到沿导体径向的压力载荷。非破坏性试验持续30min	H
12		单柱腿抗弯试验（破坏）	把试品安装在试验装置上，固定单腿，在中心电极上施加力矩，直至破坏，全程记录应变及应力变化并绘制曲线	H
13		单柱腿抗拉试验（破坏）	把试品安装在试验装置上，固定单腿，在中心电极上施加力矩，直至破坏，全程记录应变及应力变化并绘制曲线	H
14		密度试验	专用仪器检测试验密度	H
15		玻璃化温度试验	专用仪器检测玻璃化温度	H

表5-22 三支柱绝缘子例行试验品控要点

序号	见证项目	见证内容	见证要点及要求	见证方式
1	例行试验	设计和外观检查	设计和外观检查应符合图纸与设计要求	W
2		玻璃化温度测量	从浇注口取一个试样，按Q/GDW 11127—2003《1100kV气体绝缘金属封闭开关设备用盆式绝缘子技术规范》中7.13的要求进行，玻璃化温度不小于120℃	H
3		着色探伤	在环氧树脂与金属嵌件接合面及绝缘件表面抹上渗透着色液，确认有无裂纹	H
4		X射线检查	采用X射线装置，确认内部是否有异常	H
5		交流耐压试验	把试品安装在试验装置上，内部充规定压力SF₆气体，施加规定交流电压5min	H
6		局部放电	把试品安装在试验装置上，内部充规定压力SF₆气体，施加规定交流电压30min，测量局部放电量	H

5.3.4 直流旁路/转换开关

直流旁路/转换开关型式试验品控要点详见表5-23，例行试验品控要点见表5-24。

表5-23 直流旁路/转换开关型式试验品控要点

序号	见证项目	见证内容	见证要点及要求（参考以下标准）	见证方式
1	型式试验	本体湿态直流耐压试验	GB/T 11022—2020《高压交流开关设备和控制设备标准的共用技术要求》	H
2		主回路工频电压试验	GB/T 11022—2020《高压交流开关设备和控制设备标准的共用技术要求》	H
3		干式雷电冲击耐受试验	GB/T 11022—2020《高压交流开关设备和控制设备标准的共用技术要求》	H

续表

序号	见证项目	见证内容	见证要点及要求 （参考以下标准）	见证方式
4	型式试验	操作冲击耐受试验	GB/T 11022—2020《高压交流开关设备和控制设备标准的共用技术要求》	H
5		主回路局部放电试验	GB/T 11022—2020《高压交流开关设备和控制设备标准的共用技术要求》	H
6		开关装置机械操作和行程一时间特性测量	GB/T 11022—2020《高压交流开关设备和控制设备标准的共用技术要求》	H
7		防护等级验证	GB/T 11022—2020《高压交流开关设备和控制设备标准的共用技术要求》	H
8		气体密封性试验和气体状态测量	GB/T 11022—2020《高压交流开关设备和控制设备标准的共用技术要求》	H
9		电磁兼容性试验（EMC）	GB/T 11022—2020《高压交流开关设备和控制设备标准的共用技术要求》	H
10		辅助和控制回路的附加试验	GB/T 11022—2020《高压交流开关设备和控制设备标准的共用技术要求》	H
11		主回路电阻测量	GB/T 11022—2020《高压交流开关设备和控制设备标准的共用技术要求》	H
12		温升试验	GB/T 11022—2020《高压交流开关设备和控制设备标准的共用技术要求》	H
13		短时耐受电流和峰值耐受电流试验	GB/T 11022—2020《高压交流开关设备和控制设备标准的共用技术要求》	H
14		断路器 TRV 试验	GB/T 11022—2020《高压交流开关设备和控制设备标准的共用技术要求》	H
15		绝缘子机械试验	GB/T 11022—2020《高压交流开关设备和控制设备标准的共用技术要求》	H
16		机械特性试验	GB/T 11022—2020《高压交流开关设备和控制设备标准的共用技术要求》	H
17		机械温度下机械操作的试验	GB/T 1984—2014《高压交流断路器》	H
18		噪声测量	GB/T 11022—2020《高压交流开关设备和控制设备标准的共用技术要求》	H
19		抗震试验	GB/T 13540—2009《高压开关设备和控制设备的抗震要求》	H
20		端子静负载试验	GB/T 1984—2014《高压交流断路器》	H
21		短路关合和开断试验	GB/T 11022—2020《高压交流开关设备和控制设备标准的共用技术要求》	H
22		近区故障试验	GB/T 11022—2020《高压交流开关设备和控制设备标准的共用技术要求》	H
23		失步关合和开断试验	GB/T 11022—2020《高压交流开关设备和控制设备标准的共用技术要求》	H

表5-24 直流旁路/转换开关例行试验品控要点

序号	见证项目	见证内容	见证要点及要求	见证方式
1	例行试验	设计和外观检查	设计和外观检查应符合图纸与设计要求	W
2		主回路电阻测量	测量A、B、C三相主回路的电阻，电流不小于DC 100A，测试电阻值不应大于1.2倍型式试验值	H
3		机械操作和机械特性试验	（1）分、合闸时间； （2）合分时间； （3）同期性； （4）分、合闸速度； （5）机械操作次数； （6）最高/最低控制电压下操作； （7）试验各项测试结果应符合出厂试验标准	H
4		主回路绝缘试验	工频耐压试验，施加规定电压维持1min，期间电压应无突然跌落	H
5		辅助回路与控制回路绝缘试验	工频电压2kV、1min或2.5kV、1s，辅助和控制回路应能承受相应的耐受电压	H
6		密封试验	对各密封面进行密封性能检查，年泄漏率应小于0.5%	H
7		SF₆气体微水测量	总装完成的设备，六氟化硫气体充气至额定压力，经24h后方可进行水分检测，测量结果符合工艺要求	H
8		电抗器试验（如有）	（1）绝缘电阻测量； （2）线圈直流电阻测量； （3）工频耐压试验； （4）电感测量； （5）损耗因数测量； （6）品质因数测量	H
9		制造单位检验记录核查	（1）核查制造单位记录是否真实、完整； （2）核查制造单位检验结论是否合格	W

5.3.5 直流隔离开关

直流隔离开关型式试验品控要点详见表5-25。直流隔离开关例行试验品控要点详见表5-26。

表5-25 直流隔离开关型式试验品控要点

序号	见证项目	见证内容	见证要点及要求 （参考以下标准）	见证方式
1	型式试验	直流耐压试验	GB/T 16927.1—2011《高电压试验技术 第1部分：一般定义及试验要求》	H
2		雷电冲击电压试验	GB/T 16927.1—2011《高电压试验技术 第1部分：一般定义及试验要求》	H
3		操作冲击电压试验	GB/T 16927.1—2011《高电压试验技术 第1部分：一般定义及试验要求》	H

续表

序号	见证项目	见证内容	见证要点及要求（参考以下标准）	见证方式
4	型式试验	辅助回路和控制回路试验	GB/T 11022—2020《高压交流开关设备和控制设备标准的共用技术要求》	H
5		人工污秽试验	GB/T 4585—2004《交流系统用高压绝缘子的人工污秽试验》	H
6		无线电干扰试验	GB/T 1985—2014《高压交流隔离开关和接地开关》	H
7		主回路电阻测量试验	GB/T 1985—2014《高压交流隔离开关和接地开关》	H
8		温升试验	GB/T 1985—2014《高压交流隔离开关和接地开关》	H
9		防护等级检验	GB/T 1985—2014《高压交流隔离开关和接地开关》	H
10		电磁兼容性试验	GB/T 1985—2014《高压交流隔离开关和接地开关》	H
11		操作和机械寿命试验	GB/T 1985—2014《高压交流隔离开关和接地开关》	H
12		严重冰冻条件下的操作（适用时）	GB/T 1985—2014《高压交流隔离开关和接地开关》	H
13		极限温度下的操作（适用时）	GB/T 1985—2014《高压交流隔离开关和接地开关》	H
14		抗震试验（适用时）	GB/T 1985—2014《高压交流隔离开关和接地开关》	H
15		直流滤波器高压端隔离开关开合谐波电流能力试验（适用时）	GB/T 1985—2014《高压交流隔离开关和接地开关》	H

表 5−26 直流隔离开关例行试验品控要点

序号	见证项目	见证内容	见证要点及要求	见证方式
1	例行试验	设计和外观检查	设计和外观检查应符合图纸与设计要求	W
2		主回路电阻测量	测量开关主回路电阻值是否满足要求	H
3		机械操作试验	（1）分、合闸时间；（2）手动操作次数；（3）机械操作次数；（4）最高/最低控制电压下操作；（5）试验各项测试结果应符合出厂试验标准	H
4		主回路绝缘试验	（1）开关回路对地绝缘电阻；（2）相间绝缘电阻；（3）外绝缘安全距离测量	H
5		辅助回路与控制回路绝缘试验	工频电压 2kV、1min 或 2.5kV、1s，辅助和控制回路应能承受相应的耐受电压	H
6		制造单位检验记录核查	（1）核查制造单位记录是否真实、完整；（2）核查制造单位检验结论是否合格	W

5.4 典型质量问题分析处理及提升建议

5.4.1 某站 HSS 开关密封试验测试结果超标问题

问题描述：国内某工程 HSS 开关在进行密封试验时，测试结果为：3.05、3.14、3.09μL/L，换算后大于 0.5% 的年泄漏率。

原因分析及处理情况：工频耐压试验在气密试验期间进行，需要降低其室内压力至闭锁压力，做完工频耐压试验后又需要充到额定压力，进行密封试验，重复充放气操作使罩里室内 SF_6 气体浓度增大，导致超标。在重新扣罩静放 48h 后再次进行测量，测试结果最大为 0.81μL/L，换算后符合要求。

品控提升建议：制造厂应严格按照厂内制造工艺及相应标准进行试验，避免重复返工。

5.4.2 某工程交流滤波器断路器 C2 级容性开断试验失败

问题描述：因制造厂所提供的设备为常规交流开关，容性电流开合试验（C2 级）试验参数不满足招标技术规范要求，容性电压系数为 1.2 倍，而招标要求为 1.68 倍。因此，由制造厂供货的交流滤波器用断路器补充背对背电容器容性电流开合试验（C2 级）型式试验，根据招标要求，试验参数为：

（1）试验容性电压系数为 1.68。

（2）试验电流：500A。

（3）试验电压：$1.68 \times 550/\sqrt{3}$ kV。

（4）恢复电压峰值 1470kV。

在某院开展容性电流开合试验中的第 22 次开断过程中，试验样机发生断口重击穿。

原因分析及处理情况：分析认为试验未能通过的主要原因是绝缘裕度不足，给出的改进方案包括优化灭弧室动静触头结构，减少机械磨损造成的金属粉尘；优化灭弧室电场，重点考虑触头及均压罩结构优化，提高绝缘裕度；提高分闸速度，增大刚分 10ms 时的触头开距。厂家对第二次试验样机做出了如下改进：

（1）绝缘筒内径增加 8mm（单边间隙增加 4mm），支撑绝缘筒内表面的沿面场强分布基本不变，放电通道增加裕度 10% 左右；

（2）调整机构输出速度，在原基础上增加 3%～5%（8.8m/s），增加等时开距。

（3）在不增加支撑绝缘筒总长的前提下，增加绝缘筒长度，减少静侧接头长度。

（4）增加气流通道。

（5）所有绝缘件发货前都必须进行烘干处理，装入工装筒内抽真空发运，防止水分吸附。

改进完成后再次开展容性电流开合试验，共发生了两次重击穿。其中，第一次在

0.7MPa 额定气压下，完成了 3 次 T_{60} 预备试验，120 次 20kA 关合试验，在 BC2 试验方式过程中第 11 次容性电流开断出现了重击穿。第二次将罐式断路器额定气压提升至 0.8MPa，重新开展 BC2 试验方式的容性电流开断，在第 62 次出现重击穿。开展样机拆卸及解体分析工作，解体发现：非机构侧断口发生重击穿，机构侧断口发生绝缘筒内壁闪络。

断路器罐体内壁存在灰白色放电生成物，如图 5-27 所示；非机构侧静主触头屏蔽罩存在 2 个电弧烧蚀痕迹，如图 5-28 所示，触指存在电弧灼伤痕迹，触指对应动主触头位置存在电弧灼伤痕迹，如图 5-29 所示，动静主触头间喷口表面存在爬电，爬电长度约 95mm（速度约 8.8m/s，第 2 次重击穿发生在刚分 1ms），如图 5-30 所示，非机构侧绝缘筒沿面放电未贯穿，如图 5-31 所示；机构侧静主触头屏蔽罩存在 1 个较大的电弧烧蚀痕迹，如图 5-32 所示，对应绝缘筒沿面放电贯穿，如图 5-33 所示，触指也存在电弧灼伤痕迹，如图 5-34 所示（上述放电痕迹均位于部件下侧）。综合分析认为：

0.7MPa 重击穿路径：应为非机构侧动主触头屏蔽罩直接对静主触头发生击穿放电（或非机构侧动弧触头直接对静弧触头击穿放电），非机构侧断口重击穿，断口击穿后，使得原来双断口承担的 1253kV 断口电压全部加载在机构侧的单断口，导致机构侧静主触头屏蔽罩对绝缘筒内壁放电（击穿点断口行程约 61mm，大于屏蔽罩到绝缘筒内壁的距离），且在绝缘筒内壁形成爬电。由于重击穿电流只有几十安培，绝缘筒表面绝缘自恢复，因此在 0.7MPa 条件下，发生重击穿后开展半压及全压检查均通过。

0.8MPa 重击穿路径：应为非机构侧动主触头屏蔽罩通过断口间喷口表面爬电对静主触头击穿放电（爬电距离与第 2 次重击穿时刻断口行程相符，约 95mm），非机构侧断口重击穿，断口击穿后，原来双断口承担的 1466kV 断口电压全部加载在机构侧的单断口，导致机构侧静主触头屏蔽罩对绝缘筒内壁放电（击穿点断口行程约 97mm，大于屏蔽罩到绝缘筒内壁的距离），且在绝缘筒内壁形成爬电。由于此次重击穿非机构侧断口间喷口表面已形成爬电，因此，在 0.8MPa 条件下，发生重击穿后开展半压检测（788kV）时再次发生断口击穿。

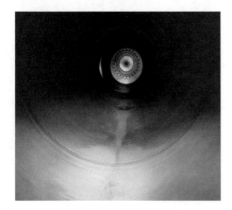

图 5-27　罐体内壁存在灰白色放电生成物

图 5-28　非机构侧静主触头屏蔽罩存在 2 个电弧烧蚀痕迹

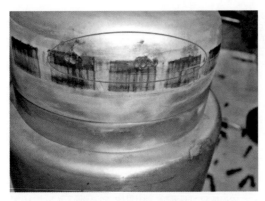

图5-29　触指存在电弧灼伤痕迹，触指对应
动主触头位置存在电弧灼伤痕迹

图5-30　动静主触头间喷口表面存在爬电

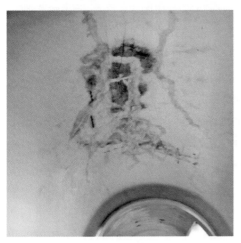

图5-31　非机构侧绝缘筒沿面放电未贯穿

图5-32　机构侧静主触头屏蔽罩存在1个较大的
电弧烧蚀痕迹

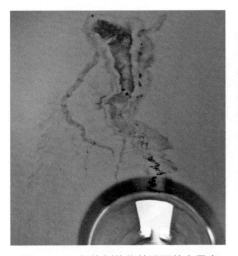

图5-33　机构侧绝缘筒沿面放电贯穿

图5-34　静弧触头烧蚀情况

因制造厂 550kV 罐式断路器未能通过 C2 级背对背电容器组试验,且短时间内完成全新设计几乎不可能,考虑工程工期要求,决定采用 800kV 罐式断路器进行替代。具体方案为本体采用 800kV 罐式断路器,电流互感器装配及出线复合套管装配采用 550kV 产品,本体与电流互感器装配通过采用过渡兰能够实现对接。

品控提升建议:制造厂应加强设计管理,确保产品质量。

5.4.3　断路器绝缘拉杆抗拉强度抽查试验问题

问题描述:某直流转换开关断路器在进行组部件绝缘拉杆的抗拉强度抽查试验时,技术要求破坏拉力值不小于 250kN,实际当拉力加至 180kN 时,绝缘拉杆与中间铝合金接头螺纹拉脱,结果此次试验无效。

原因分析及处理情况:解体检查发现拉杆试样与中间铝合金接头连接处螺纹有一侧受损严重,正常生产时绝缘拉杆与铝合金接头螺纹装配黏接有专用的装配工装,但拉杆试样装配没有制作专用工装,试样装配黏接后直线度存在偏差,导致拉力试验时螺纹一侧受力发生破坏。

制造厂重新加工了两件试样,制作了专用装配工装,保证了试样的直线度,随后在机械试验室进行了加倍抽查试验,当拉力加至 269.9kN 时两件绝缘拉杆试样均未发生破坏,试验结果合格。

品控提升建议:制造厂应严格按照厂内制造工艺及相应标准进行生产,确保产品质量。

5.4.4　某站断路器耐压试验放电问题

问题描述:国内某工程罐式断路器在进行工频耐压试验出现放电,设备合闸对地加压至 960kV 维持时间低于 90s 时,电压出现突然跌落。

原因分析及处理情况:开罐对灭弧室、壳体、屏蔽罩、套管梅花触头及机芯等部位进行检查,利用百洁布、杜邦擦拭纸对放电的零部件进行打磨清理,处理结束后按照工艺重新进行工频耐压试验,复试合格。

品控提升建议:制造厂应严格控制组部件清洁度,严格按照工艺对安装过程中组部件产生的尖角、毛刺进行处理。

5.5　小　　结

通过对特高压多端混合直流输电工程及其他特高压工程开关类设备生产过程中发生的质量问题进行系统分析,同时结合以往工程经验,提出以下几点建议:

(1)对于新开发产品,应重点加强生产过程工艺管控,对制造厂工艺进行梳理,在设备生产制造过程中如发现制造厂现有工艺存在缺陷,应及时提醒制造厂进行合理修改及补充,避免设备在生产过程中出现质量隐患及返工,影响产品质量。

（2）通过以往特高压工程开关类设备监造经验，在对开关类设备原材料组部件进行监造的同时，应增加关键组部件原材料抽检试验。

（3）目前国内大部分开关制造厂家套管、电流互感器、电压互感器等关键组部件都采用外购形式，对此应对开关设备相应外购关键组部件进行延伸监造，管控关键组部件生产流程、出厂试验，从源头对关键原材料组部件质量进行管控。

（4）加强开关类设备装配过程质量管控。严格按照制造厂生产工艺、技术协议、相关标准对开关类设备生产过程质量进行管控，对制造厂生产环境、生产设备、生产人员资质进行严格审核。

（5）加强开关类设备出厂试验检查。应审查制造厂出厂试验方案所列试验项目及试验内容是否符合技术协议及相应标准要求。

第6章 直流穿墙套管

6.1 设 备 概 况

6.1.1 技术路线

直流穿墙套管作为直流输电工程换流站直流场与阀厅的连接设备，主要起传输负载电流和阀厅内外穿墙绝缘的作用，如图 6-1 所示。直流穿墙套管主要有油浸纸电容式结构（OIP）、环氧树脂浸纸电容芯体 SF_6 气体复合绝缘结构（RIP+SF_6）及纯 SF_6 气体绝缘结构。随着阀厅防火、防爆要求提高，油浸纸电容式结构穿墙套管逐步退出穿墙套管市场。目前，±500kV 及以上电压等级直流穿墙套管主要采用 RIP+SF_6 及纯 SF_6 气体绝缘结构两种技术路线。

图 6-1 直流穿墙套管

环氧树脂浸纸电容芯体 SF_6 气体复合绝缘结构（RIP+SF_6），采用胶浸纸电容芯子作为主绝缘，SF_6 气体作为辅助绝缘起到填充作用，气压低，用气量少。

纯 SF_6 气体绝缘结构,采用 SF_6 气体作为主绝缘介质,结构简单,气压高,用气量大。纯气体主绝缘式直流穿墙套管通常在导杆至绝缘子护套内壁之间填充高压力 SF_6 气体作为套管主绝缘,为了改善设备穿墙区域内电场分布,在套管穿墙法兰处内置安装了过渡极板。

随着电网电压等级和输送功率的提高,套管电压等级和载流量随之升高。目前国内制造厂已研制出 $\pm1100kV$、$6000A$ 的直流套管并在国网昌吉-古泉直流工程挂网应用。

6.1.2　柔性直流穿墙套管特点

柔性直流穿墙套管应用于桥臂电抗器与 MMC 换流阀之间,交直流复合电流、电压影响复杂。以昆柳龙直流输电工程为例,每站采用 6 支 $\pm800kV$ 柔性直流穿墙套管、12 支 $\pm400kV$ 柔性直流穿墙套管、6 支 $\pm150kV$ 柔性直流穿墙套管。其中 $\pm800kV$ 柔性直流穿墙套管最高运行电压为 861kV,额定电流为 1042A/DC+1472A/50Hz+393A/100Hz。

柔性直流穿墙套管负荷电流中含有较大比例的交流分量与直流分量,电压中以直流分量为主,并含有比例固定的谐波分量。由于其电流电压的上述特点,柔性直流穿墙套管设计应考虑交流分量和谐波的影响。

6.2　设计及结构特点

6.2.1　结构特点

1. 内绝缘结构

根据国内外研究分析,直流套管的内绝缘可采用类似交流套管中油纸绝缘电容芯子的绝缘结构形式,即在直流电压下,由铝箔作为极板,油浸纸作为极板间介质的同轴圆柱形串联绝缘体,相当于一个串联的电阻器,通过控制其中各电阻的数值,也可使该绝缘体的径向和轴向的直流电场分布均匀。高压电容式套管的电气设计,主要包括内绝缘电容芯子的设计、外绝缘的设计。其中内绝缘电容芯子的设计是核心,涉及许用场强的选择和电容极板的设计,设计的目的是使得电容芯子内的径向场强与极板边缘的轴向电场尽可能均匀,并具有较高的局部放电起始电压。外绝缘瓷套的设计,除了要满足相关放电电压的要求,还必须注意内外绝缘的相互配合与电场调节作用。

例如某工程直流穿墙套管内绝缘采用环氧树脂浸纸电容芯子,采用国际领先的环氧树脂浇注技术。电容芯子结构如图 6-2 所示。

电容芯子中各极板的排列情况如图 6-3 所示。最内层极板(零层极板)与导杆接通,半径为 r_0,长度为 l_0;最外层极板(末层极板,或接地极板)与法兰接通,半径为 r_n,长度为 l_n。这两个极板间承受着工作电压 U。电容芯子的径向场强为 E_r,而轴向沿芯子表面承受着有可能引起沿面闪络的电场，轴向场强为 E_a。其等值电路可以看作是多个电容的串联，如图 6-4 所示。

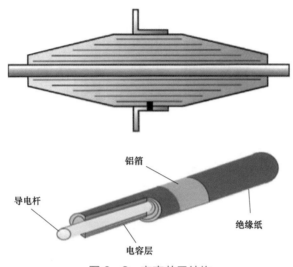

图 6-2　电容芯子结构

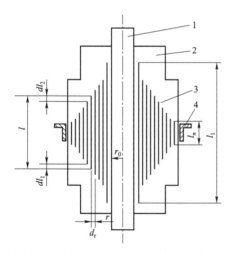

图 6-3　电容芯子中的极板布置示意图
1—导杆；2—绝缘层；3—极板；4—法兰

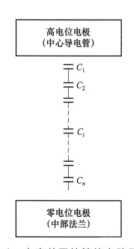

图 6-4　电容芯子的等值电路示意图

当内绝缘电容芯子的绝缘材料确定后，电容芯子可以通过调节极板尺寸（半径和长度）来变化电容量，从而调控和保持电场的分布合理化，即设计计算出的各层极板的径向及轴向尺寸应能使径向 E_r 和轴向电场 E_a 分布得比较均匀，使得绝缘材料充分发挥作用，并减小套管的半径和长度。

2. 外绝缘结构设计

某工程穿墙套管外绝缘采用了优质的硅橡胶符合外套，电容芯子和符合外套之间充

161

入 SF₆ 气体。由于直流穿墙套管气体间隙的影响，套管外绝缘直流电场的分布，对污秽和潮湿所引起的表面电导率变化比较敏感，特别是不均匀潮湿经常导致电场的畸变和闪络，如图 6-5 所示。重点采取以下措施：

（1）采用了电容式分压结构，电场分布较为均匀。

（2）提高户外外套高度及爬电距离，以减少外套表面单位长度的场强值。

（3）套伞盘上增设若干辅助伞裙，对闪络电压起屏障作用，并可减弱外套表面不均匀潮湿的影响程度。

图 6-5　内外绝缘结构

该空心复合绝缘子伞套材料采用高温硫化硅橡胶，户内、外侧空心复合绝缘子最大机械负荷选用值 36kN。空心复合绝缘子内径 ϕ660mm，按四级污秽设计，爬电比距不小于 31mm/kV。该套管伞形设计为一大两小式伞形结构，大伞伸出 88mm，小伞伸出 58mm，伞间距 120mm。

6.2.2　纯 SF₆ 气体绝缘直流穿墙套管结构

纯 SF₆ 气体绝缘直流穿墙套管主要由空心复合绝缘子、内部屏蔽装置、均压环、导电杆、安装法兰等部件组成，套管内部充满 SF₆ 气体。接地屏蔽层通常固定在穿墙筒体上。为满足电场设计要求，也可在导电杆与接地屏蔽层之间增加中间屏蔽层，在中间屏蔽层与接地屏蔽层之间安装绝缘拉杆以实现两层屏蔽间的绝缘和机械固定。

国外 A 公司和国内厂家早期选取典型特高压 SF₆ 气体绝缘穿墙套管和典型支柱绝缘子结构。国内厂家通过应力场和电场的仿真分析与试验研究，发现当支柱绝缘子布置在套管内屏蔽电极外时，可以降低支柱绝缘子所承受的电压，减小支柱绝缘子表面电场强度，不易发生闪络故障，实现了套管内部绝缘支撑结构合理化、电场分布均匀化，抑制了中心载流导体的形变，提高了超/特高压 SF₆ 气体绝缘穿墙套管长期运行的可靠性，如图 6-6 所示。

国外 B 公司采用中部无支撑的纯 SF₆ 气体绝缘型穿墙套管，端部采用弹簧拉紧导

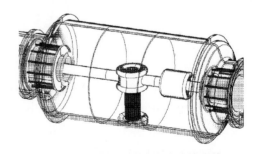

图 6-6　纯气体绝缘直流穿墙套管
中部支撑结构示意图

电杆，可满足运行中导电杆与中部法兰的绝缘要求。目前国内厂家也设计并生产出了同种技术路线的特高压直流穿墙套管，并投入了工程应用。

6.3　设备品控要点

在生产过程工艺控制环节，需重点跟踪电容芯子卷绕、真空干燥、环氧树脂浇注、固化、芯子加工等核心工艺，如图 6-7～图 6-9 所示。

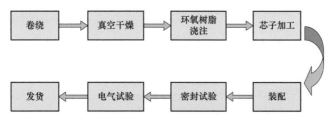

图 6-7　直流穿墙套管主要生产步骤

图 6-8　直流穿墙套管芯子生产现场图

图 6-9　直流穿墙套管试验现场图

同时结合前期工程典型案例，对全流程质量要点进行细化进一步保障产品，品控要点见表6-1。

表6-1 生产前检查品控要点

序号	见证项目	见证内容	见证要点及要求	见证方式
1	生产前检查	质量及环境安全体系审查	审查制造商质量管理体系、安全、环境、计量认证证书等是否在有效期内	W
2		异地生产审查	审查异地生产厂家的人力资源、生产设备、工器具、检验设备、生产工艺、生产环境等是否满足工程需要	W
3		技术协议	核对厂家响应技术参数是否满足合同和相关文件	W
4		设计冻结的技术资料	（1）冻结会议要求提交的资料是否提交； （2）冻结会议纪要要点是否落实； （3）核对设计冻结其他技术资料	W
5		排产计划	（1）审查制造单位提交的生产计划，明确该生产计划在厂内生产执行的可行性（要求满足业主要求）； （2）审查其能否满足工程交货期要求（核查关键原材料及组部件的供货情况）	W

原材料及组部件品控要点见表6-2。

表6-2 原材料及组部件品控要点

序号	见证项目	见证内容	见证要点及要求	见证方式
1	主要原材料	皱纹纸的性能检查	（1）检查规格型号与设计文件及供货合同相符； （2）检查产地及分供商与设计文件及供货合同相符； （3）审核皱纹纸的性能检验记录	W
2		环氧树脂	（1）检查环氧树脂环氧值、含水量等与设计文件及供货合同相符； （2）检查规格型号与设计文件及供货合同相符； （3）检查产地及分供商与设计文件及供货合同相符	W
3		SF_6气体	检查充SF_6气体套管的SF_6气体入厂检查记录	W
4	重要组部件	空心复合绝缘外套、密封圈、导杆和均压球检查	检查尺寸和外观，审核出厂试验记录	W
5	原材料及组部件	制造单位检验记录核查	（1）核查制造单位记录是否真实、完整； （2）核查制造单位检验结论是否合格	W

生产过程品控要点见表6-3。

表 6-3　　　　　　　生 产 过 程 品 控 要 点

序号	见证项目	见证内容	见证要点及要求	见证方式
1	电容芯子卷制	卷制过程工艺质量控制	（1）检查套管卷制时的环境温、湿度控制满足工艺控制要求，查验仪器仪表记录数值； （2）在套管卷制过程中检查卷制尺寸控制在偏差范围内，按照制造进度选择节点测量芯子直径； （3）套管卷制完成后检查电极板尺寸及芯子直径尺寸控制在偏差范围内	W
2	干燥处理	绝缘处理过程	套管干燥温度控制在工艺文件要求范围内，时间和真空度满足相关标准和技术协议要求	W
3	环氧浇注及固化	环氧浇注及固化过程	（1）环氧浇注时腔体温度、浇注浸渍时间与作业手册一致； （2）固化温度上升速度变化、玻璃化转换温度控制等工艺控制指标与作业手册一致	W
4	套管芯子车削	芯子车削	检查电容芯子出炉后芯子车削后直径与设计值偏差情况，建议电容芯子直径偏差控制在 2mm 以内	W
5	套管装配	气体密封性能检查	检查充 SF_6 气体套管的装配密封性能	W
6	包装存栈	包装存栈满足发运要求	（1）检查包装箱质量，核实装箱清单； （2）检查套管固定措施、防护撞击措施； （3）在发运前检查套管的仓储条件和存放状态满足套管存放要求	W

6.4　试 验 检 验 专 项 控 制

直流穿墙套管除了正常开展常规试验外，还应开展温升、均匀淋雨直流试验以及悬臂负载承受试验和内压力试验。常规试验项目见表 6-4。

表 6-4　　　　　　　常 规 试 验 项 目

编号	试验项目	试验方法	见证方式
1	外观检查	检查绝缘外套外观无破损，无划痕、磕碰，无弯曲、扭曲现象，法兰等金属连接处牢固可靠	W
2	介质损耗因数测量	在绝缘试验前后均要测量套管介质损耗因数并进行比较，在冲击试验后，直流耐压试验前也应重复测量套管介质损耗因数	H
3	绝缘试验	现场见证工频干耐受试验、雷电冲击干耐受电压试验、直流耐压试验带局部放电测量、直流极性反转试验带局部放电测量、抽头绝缘试验，核实试验结果满足技术标准要求	H
4	密封试验	（1）检查 SF_6 充气套管的密封性，试验结果满足技术标准要求。 （2）检查法兰和其他装配件的密封性，试验结果满足技术标准要求	H
5	内压力试验	检查压力试验装置，核实试验结果满足技术标准要求	H
6	绝缘试验	穿墙套管应考虑预形变后进行操作和直流耐压试验	H
7	温升试验（型式试验）	对所有套管进行温升试验，施加电流满足技术规范要求，充气型套管须充气到额定运行气压。进行温升试验时导流杆须预埋温度测点，电容芯体区域任意两测点之间距离不大于 300mm	H

编号	试验项目	试验方法	见证方式
8	悬臂负载受力试验（型式试验）	（1）端子受力应考虑安装均压罩之后满足技术规范要求。 （2）在温升试验后进行机械受力试验。 （3）机械受力试验前后须进行全压下的介质损耗因数试验	H
9	密封试验	（1）套管的泄漏试验须在温升试验后立即进行。 （2）套管的密封结构须进行设计校核	H
10	均匀淋雨直流试验（型式试验）	（1）在淋雨环境下进行直流耐压试验。 （2）套管各部分不发生放电、闪络现象	H

6.5 典型质量问题分析处理及提升建议

6.5.1 以往直流工程运行中暴露的典型问题

我国已投运了数十条 500kV 及以上电压等级直流工程，长期运行经验表明，直流穿墙套管运行中的主要问题集中在绝缘、机械、载流结构等方面。

1. 绝缘缺陷

某 800kV 直流工程自 2009 年投运以来，先后有 4 支直流穿墙套管发生内部放电故障或重大缺陷。解体发现套管中部对接处环氧芯体表面存在大量白色粉末，环氧芯体表面有爬电痕迹，对接表带触指存在过热痕迹，如图 6-10 所示。通过元素成分分析发现，图中电容芯体表面的白色粉末主要为铝、氟等元素化合物。

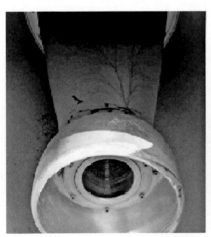

图 6-10 某 800kV 穿墙套管内部故障情况

2. 机械缺陷

某直流工程投运 3 年内先后发生了两起 500kV 穿墙套管户外侧空心复合绝缘子玻璃钢筒与法兰连接处漏气缺陷，如图 6-11 所示。

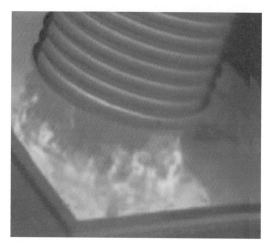

图 6-11 某站直流穿墙套管绝缘子根部裂纹

根据 IEC 61462 及 GB/T 21429《户外和户内电气设备用空心复合绝缘子　定义、试验方法、接收准则和设计推荐》相关条款对故障批次空心复合绝缘子进行抽检分析,认为空心复合绝缘子与法兰材料、装配工艺均存在缺陷,产品机械性能未达到设计要求,且套管厂家对空心复合绝缘子选型的机械裕度较小。另外,空心复合绝缘子在水平安装弯矩作用下若发生较大形变,可能导致电容芯体承受超出正常机械负荷的应力,存在机械损伤的隐患。

采取以下措施:对同批次套管空心复合绝缘子进行更换,并制定了穿墙套管用空心复合绝缘子出厂抽检的试验项目和验收标准。

3. 载流缺陷

某换流站 400kV 直流穿墙套管运行过程中出现套管户外侧端部异常发热,温度最高达 91℃。解体发现,套管端部载流表带触指烧蚀严重,铜导管表面有明显过热痕迹,如图 6-12 所示。

图 6-12 某站直流穿墙套管端部过热情况

对套管户外侧导电杆插接处进行受力分析,结果表明表带触指连接处上下面受力不均,应力最大处位于上插接面根部。现场对套管触指进行更换,对各个接触面进行镀银处理。运维策略方面,加强了套管端部红外巡视,并增加了套管回路电阻测试预试项目。

6.5.2 某工程穿墙套管交流耐压试验局部放电量超标

问题描述: 某型号两支穿墙套管冲击试验后进行交流耐压试验,局部放电量超标,不满足局部放电量小于 5pC 的要求。

处理措施: 一支穿墙套管厂家重新清洁、干燥处理后再次进行交流耐压试验,局部放电量小于 5pC,满足要求。另外一支穿墙套管重新干燥后进行耐压试验,局部放电量仍超标,厂家将该套管进行报废处理,重新进行生产。

提升建议: 通过以上两则案例可以看出,在穿墙套管生产过程中,监造人员需注意电容芯子干燥固化过程中,干燥数据的监测以及杜绝粉末和金属异物,提升品控质量。

6.5.3 某工程穿墙套管直流耐压试验时发生闪络放电现象

问题描述: 某 800kV 穿墙套管进行现场直流耐压试验,试验电压为 +960kV,总耐压时间 30min。当试验进行至 16 分 45 秒时套管户内端发生贯穿性闪络放电现象并伴随着爆响,套管底部紧贴合成伞裙出现贯穿性放电弧光。直流高压发生器出现高压过电流跳闸,放电前试验电压为 960.3kV,电流为 894μA,放电后电压迅速降为 214kV。

处理措施: 用专用洗洁液体将套管重新清洗后,并在室内侧接线导杆上加装了一个小均压环(处于原均压环中心),再次进行直流耐压试验,试验电压仍为 +960kV,泄漏电流在 750～950μA 之间波动,从 17min 开始有断断续续的放电声,但没有贯穿性放电,最终耐压试验通过。

提升建议: 试验前注意套管清洁,试验时做好均压处理措施。

6.6 小　　结

本章归纳了设备设计审核、原材料组部件检查、过程工艺控制、试验见证等专项技术要点,提高了品控能力,具体建议如下:

(1)穿墙套管结构设计和生产安装应充分考虑现场运行的实际工况,包括安装位置的受力情况,运行过程中的年温差、日温差。套管电、热、力设计要充分考虑外部应力、热胀冷缩等因素的影响,套管装配、运输和安装要加强品控,严格落实工艺文件要求。

(2)穿墙套管载流连接结构设计中应考虑套管运输、安装及运行中的复杂受力情况下载流结构的性能稳定性,避免出现载流结构断裂、过热等问题。套管运输过程中宜采取有效的包装和减震措施。

(3)加强直流穿墙套管关键点监造,检查内外套管连接前是否存在粉末或金属异物,检查套管内部螺栓是否紧固,由监造人员逐项确认。

(4)直流穿墙套管空心复合绝缘子选型应充分考虑运输及水平安装条件下的机械

特性和安全裕度。户外侧套管空心复合绝缘子还应考虑硅复杂环境中橡胶材料老化风险。

（5）加强直流穿墙套管半成品试验及出厂试验的局部放电控制，必要时可将长时工频耐压带局部放电测试作为例行试验项目。

（6）运维单位应加强对套管关键组部件（如空心复合绝缘子）开展抽检试验；加强穿墙套管的红外测温及 SF_6 气体压力监测，预防性试验中宜增加回路电阻测试及 SF_6 气体组分测试项目；运行超过 10 年的穿墙套管，应缩短空心复合绝缘子憎水性的检测周期。

第7章 干式电抗器

7.1 设备概况

特高压多端混合直流工程中电抗器主要包括桥臂电抗器、平波电抗器、阻塞滤波器电抗器、接地极阻断滤波电抗器和接地极注流回路滤波电抗器、交直流滤波器电抗器（以上均为干式空芯电抗器）和高压并联电抗器（油浸式）。本章主要对桥臂电抗器、平波电抗器、阻塞滤波器电抗器的主要特点进行了介绍，其余干式电抗器品控可参照本章执行，油浸式并联电抗器品控可参照变压器章节执行。

7.2 设计及结构特点

7.2.1 桥臂电抗器设计及结构特点

串联在柔性直流换流器桥臂上的桥臂电抗器，主要起到抑制桥臂间环流和抑制短路时上升过快的桥臂故障电流的作用，此外还能控制功率传输、滤波和抑制交流侧电流波动。±800kV 桥臂电抗器整体结构如图 7−1 所示。

图 7−1 ±800kV 桥臂电抗器整体结构

桥臂电抗器主要生产流程如图 7-2 所示。

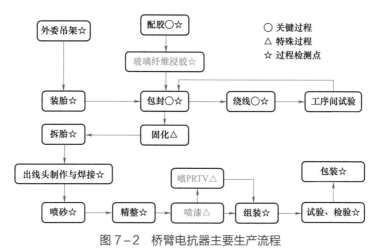

图 7-2　桥臂电抗器主要生产流程

电抗器工艺施工过程中，包封和绕线是最重要的环节。

7.2.2　平波电抗器设计及结构特点

在高压直流输电系统中，平波电抗器串联于直流输电线路上，可有效防止直流线路或直流开关站所产生的陡波冲击进入阀厅，使换流阀免于遭受过电压应力而损坏；可以平滑直流电流中的纹波，避免在低压直流功率传输时电流的断续；可以抑制故障电流上升率并降低故障电流幅值，减少连续换相失败的概率。高压极线平波电抗器整体结构示意图如图 7-3 所示。

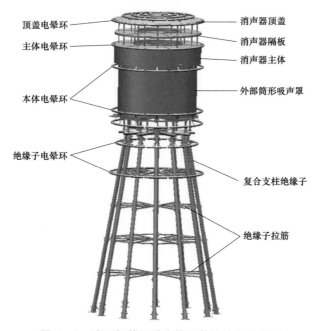

图 7-3　高压极线平波电抗器整体结构示意图

171

中性线平波电抗器的结构示意图如图 7-4 所示，其结构与极母线侧电抗器结构类似。

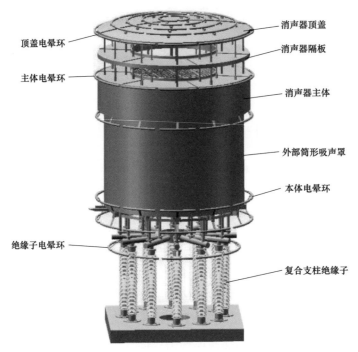

图 7-4　中性线平波电抗器结构示意图

平波电抗器与桥臂电抗器同属于干式电抗器，生产工序流程及工序要点一致，不再重复介绍。

7.2.3　阻塞滤波器电抗器设计及结构特点

100Hz 阻塞滤波器电抗器作为工程的重要主设备之一，与电容器并联组成阻断滤波器，对抑制系统直流侧低频谐振具有重要的作用。100Hz 阻塞滤波器电抗器额定运行时同时存在直流电流和 100Hz 交流电流，因此阻塞滤波器电抗器既要考虑基于电感分布的交流电流分配特性，也要考虑基于电阻分布的直流电流分配特性。100Hz 阻塞滤波器电抗器整体结构示意图如图 7-5 所示，与平波电抗器结构基本类似。

阻塞滤波器电抗器与桥臂电抗器同属于干式电抗器，生产工序流程及工序要点一致，不再重复介绍。

图 7-5　100Hz 阻塞滤波器
电抗器整体结构示意图

7.3　设备品控要点

桥臂电抗器、阻塞滤波器电抗器、平波电抗器均属于干式空芯电抗器，本体在厂内生产过程一致。本章节参考了 DL/T 1793—2017《柔性直流输电设备监造技术导则》、DL/T 399—2020《直流输电工程主要设备监理导则》、Q/GDW 263—2009《±800kV 直流系统电气设备监造导则》等标准干式电抗器部分，结合前期工程发生的典型质量案例及设计特点，从生产前的检查、原材料组部件入厂检查、生产过程、包装发运等全流程细化了专项品控要点。

7.3.1　生产前检查品控要点

生产前检查主要审查制造厂的开工条件，主要品控要点详见表 7−1。

表 7−1　　　　　　　　　　　生产前检查品控要点

序号	见证项目	见证内容	见证要点及要求	见证方式
1	生产前检查	质量及环境安全体系审查	审查制造商质量管理体系、安全、环境、计量认证证书等是否在有效期内	W
2		技术协议	厂家响应技术参数满足工程需要	W
3		设计冻结的技术资料	（1）核对抗短路、电磁、抗震、噪声等计算报告是否满足质量要求； （2）核对设计冻结其他技术资料	W
4		排产计划	（1）审查制造商提交的生产计划，明确该生产计划在厂内生产执行的可行性（要求满足业主要求）； （2）审查其能否满足工程交货期要求（核查关键原材料及组部件的供货情况）	W

7.3.2　原材料组部件品控要点

原材料组部件品控要点详见表 7−2。

表 7−2　　　　　　　　　　　原材料组部件品控要点

序号	见证项目	见证内容	见证要点及要求	见证方式
1	原材料	绝缘铝导线	（1）外观检查无缺陷； （2）规格型号与设计文件及供货合同相符； （3）出厂和入厂检验合格，检验报告、合格证等质量证明文件齐全一致	W
2		环氧树脂	（1）厂家、型号规格等符合设计及供货合同要求； （2）质量证书、合格证、试验报告齐全并一致	W
3		玻璃纤维	（1）厂家、型号规格等符合设计及供货合同要求； （2）质量证书、合格证、试验报告齐全并一致	W
4		固化剂	（1）厂家、型号规格等符合设计及供货合同要求； （2）质量证书、合格证、试验报告齐全并一致	W

续表

序号	见证项目	见证内容	见证要点及要求	见证方式
5	原材料	表面绝缘涂层	(1) 厂家、型号规格等符合设计及供货合同要求; (2) 质量证书、合格证、试验报告齐全并一致	W
6		绝缘撑条	(1) 厂家、型号规格等符合设计及供货合同要求; (2) 抽检试验检测符合要求; (3) 质量证书、合格证、试验报告齐全并一致	W
7		汇流排	(1) 生产厂家、型号规格符合要求; (2) 出厂和入厂检验合格,检验报告、合格证等质量证明文件齐全并一致	W
8		支柱绝缘子	(1) 外观检查无缺陷;规格型号与设计文件及供货合同相符; (2) 出厂和入厂检验合格,检验报告、合格证等质量证明文件齐全并一致	W
9	组部件	避雷器	(1) 厂家、型号规格等符合设计及供货合同要求; (2) 质量证书、合格证、试验报告齐全并一致	W
10		均压环	(1) 生产厂家、型号规格符合要求; (2) 出厂质量证明书、合格证等齐全,性能指标符合相关文件要求	W
11		隔声降噪装置	(1) 隔声装置组件应齐全、无缺件现象; (2) 生产厂家、型号规格符合要求; (3) 组件之间对接口应能配合良好	W
12		配套金属支架	(1) 规格型号与设计文件及供货合同相符; (2) 出厂和入厂检验合格,检验报告、合格证等质量证明文件齐全	W
13	原材料及组部件	检验记录核查	(1) 核查制造单位记录是否真实、完整; (2) 核查制造单位检验结论是否合格	W

7.3.3　汇流排焊接品控要点

汇流排焊接品控要点详见表 7-3。

表 7-3　　　　　　　　　　　　汇流排焊接品控要点

序号	见证项目	见证内容	见证要点及要求	见证方式
1	汇流排焊接	作业环境	工作环境、清洁度等符合要求	W
2		材料	铝排规格型号、产地与设计文件以及实物相符,外观质量合格	W
3		汇流排焊接	(1) 参与制作人员有相关培训记录及资格证书; (2) 对照焊接工艺文件,观察实际焊接操作,符合工艺要求; (3) 对照工艺文件,焊条、焊丝牌号应符合要求	W
4		汇流排整体质量	查看操作记录、质检员的检验记录并对照设计图纸进行对应检查,注意定位和各铝排焊接固定后的配合尺寸,严格控制公差在工艺要求范围内	W
5		检验记录核查	(1) 核查制造单位记录是否真实、完整; (2) 核查制造单位检验结论是否合格	W

7.3.4　线圈绕制品控要点

线圈绕制是电抗器品控的重要环节，绕制品控要点详见表 7-4。

表 7-4　　　　　　　　　　　　线 圈 绕 制 品 控 要 点

序号	见证项目	见证内容	见证要点及要求	见证方式
1	线圈绕制	作业环境	应在净化密封车间作业，环境指标达到制造单位文件控制标准	W
2		材料验收	（1）环氧树脂、玻璃纤维、固化剂厂家型号符合要求。 （2）绝缘撑条外观检查无损伤，无异常，厂家型号符合要求	W
3		纤维、树脂调配	（1）树脂调配（树脂、固化剂、促进剂）应在专用容器中进行，应混合均匀，调配比例及时间等应符合相应标准。 （2）纤维浸渍速度、时间控制，调配好的树脂纤维保质期一般较短，因此采用现调配，现使用的原则，应特别关注是否在使用保质期内	W
4		铝导线绕制	上、下汇流排及定位圈安装应符合图纸要求	W
5		包封绕制	每层铝导线上、下端部包封绝缘厚度偏差符合要求；每层铝导线内外包封直径偏差，每层包封整体高度偏差，最内层、最外层假包封（如有）直径及高度偏差在要求范围内	W
6		线圈出头	对照设计图纸和工艺文件，现场观察、查看，出头位置偏差应符合要求	W
7		绝缘撑条布置	撑条上、下端部是否固定良好，气道撑条呈圆周布置均匀，间距偏差应符合要求；气道撑条应内外排列合理、分段对齐，气道无杂物；每层铝导线或包封绕制完成收紧后，撑条弹性形变偏差应在可控范围内	W
8		直流电阻测量与绝缘	在每层导线绕制后固化前，应测量每根换位线内部各股线的单丝直流电阻，并折算出总电阻，还应测量每股线与其他各股线之间的绝缘电阻值。单丝直流电阻偏差要求由厂家内控并提供内控标准，但不应大于±1.5%	S
9		特殊工艺点	（1）线圈绕制前厂家应向监造组交底改进的工艺点。 （2）对照工艺文件，特殊工艺点应符合厂内工艺控制要求	W
10		线圈整体外观检查（绕制阶段）	对照检验要求和图纸等，每次在线圈绕制完成后固化前对线圈整体进行检查：导线绝缘无损伤、线匝排列整齐紧实、出线头位置等位置正确、规整；线圈表面、气道清洁，无异物（特别是金属异物）	W
11		检验记录核查	（1）核查制造单位记录是否真实、完整。 （2）核查制造单位检验结论是否合格	W

7.3.5　线圈固化品控要点

线圈绕制完成或绕制过程中，需进行线圈固化，线圈固化品控要点详见表 7-5。

表 7-5   线 圈 固 化 品 控 要 点

序号	见证项目	见证内容	见证要点及要求	见证方式
1	线圈固化	作业环境	线圈存储、转运过程中温度、湿度、降尘量等应满足厂内标准要求	W
2		准备工作	查看实物，确认所用固化炉符合设计和工艺要求。固化炉质量优劣对电抗器线圈的影响重大，对于有缺陷的固化炉（如温度不准、加热不合理等），要摒弃不用，固化炉及固化时线圈温度监控探头等设备需在有效检验期内	W
3		固化间隔时间（针对多次固化）	入炉最大时间间隔不应超过工艺规定天数（受各个厂家自身设备、选用树脂及工作环境等影响）	W
4		固化过程	（1）温度监控探头布置视各制造单位工艺要求确定，位置需合理，所有温度监控探头均针对相应包封层对称均匀分布，对于升温较快包封层，应适当增加温测量点。 （2）对照设计和工艺要求，现场观察：升温曲线要按照工艺文件执行；升温过程要保持均匀。线圈升温阶段时，升温速度应符合要求（一般不大于 20℃/h）；升温阶段应平缓，在达到要求的工艺保温节点，温度偏差控制应符合要求（一般不大于±5℃），保温时间不应小于规定时间。必要时，厂家应提供固化曲线	W
5		外观检查（固化后）	（1）对照检验要求和图纸等，每次在线圈固化出炉后对线圈柱整体进行检查，出线头位置等位置正确、规整。 （2）气道清洁，包封无开裂现象、均匀平整，固化后无夹渣、气泡等现象，表面无异物残留，固化后树脂颜色应自然美观	W
6		检验记录核查	（1）核查制造单位记录是否真实、完整。 （2）核查制造单位检验结论是否合格	W

7.3.6 整理组焊品控要点

线圈固化完成后进行线圈整理组焊，该工序品控要点详见表 7-6。

表 7-6   整 理 组 焊 品 控 要 点

序号	见证项目	见证内容	见证要点及要求	见证方式
1	整理组焊	作业环境	现场观察，查看车间温度、湿度、降尘量并记录，环境指标达到制造单位文件控制标准	W
2		拆除定位环及临时胎具管等	（1）脱模过程中，拆除定位圈及内部临时胎具管时，线圈柱内表面树脂绝缘及端部树脂绝缘等不应受损伤。 （2）检查线圈内径偏差是否符合要求	W
3		直流电阻测量与绝缘	在每层导线固化后焊接前，应测量每根换位线内部各股线的单丝直流电阻，并折算出总电阻，还应测量每股线与其他各股线之间的绝缘电阻值。单丝直流电阻偏差要求由厂家内控并提供内控标准，但不应大于±1.5%（绕制后固化前，如有要求）	S
4		导线出头焊接	（1）参与制作人员有相关培训记录及资格证书。 （2）导线出头截至需要的长度，出线头位置应符合图纸要求，铝导线出头应清理干净，出线板打磨光滑，无异物、氧化物、绝缘漆等残留。 （3）导线出头需要补包绝缘的，使用的绝缘材料应符合要求，绝缘包扎应牢固、紧实，绝缘包扎厚度及包扎方式应符合工艺要求	W

续表

序号	见证项目	见证内容	见证要点及要求	见证方式
5		线圈整体清理检查（焊装后）	各层绕组的导线端头牢固地焊接在上、下汇流排上，焊接要可靠、美观，气道清洁，无异物残留，气道撑条应内外排列合理、分段对齐，气道无杂物、无松动，包封无开裂现象、均匀平整	W
6	整理组焊	半成品试验（如有）	如有必要，线圈柱整体的线头焊接完成后，进行半成品试验：测量总体直流电阻，校验到指定温度后与设计值进行对比；测量电感与设计值进行对比	S
7		检验记录核查	（1）核查制造单位记录是否真实、完整。 （2）核查制造单位检验结论是否合格	W

7.3.7　装配品控要点

电抗器试验前需安装附件，该工序品控要点详见表 7-7。

表 7-7　　　　　　　　　　　装 配 品 控 要 点

序号	见证项目	见证内容	见证要点及要求	见证方式
1		作业环境	制造单位应有相应的环境管理制度和测量手段，记录齐全规范，处于受控状态	W
2		线圈验收	各层导线出头焊接位置正确，焊缝饱满；汇流端子牢固可靠；结构端子牢固可靠；接口尺寸正确；气道绝缘撑条上、下端部对齐，分布均匀，无松动。撑条数量一致的气道，撑条应内外对齐；包封无开裂现象、均匀平整等	W
3	装配	装配组件验收	均压环、内部降噪装置（如有）、外部降噪装置（如有）、避雷器、复合支柱绝缘子及其他装配附件等生产厂家、型号规格符合要求；有质保书、出厂检验报告；装配数量符合图纸要求；外观无损伤、污染，接口尺寸正确等	W
4		装配组件	（1）均压环表面干净整洁，无尖角、毛刺，与汇流排可靠连接，必要时用万用表进行检测，均压环与汇流排连接处螺栓紧固，均压短环与均压环间有间隙，安装时保证每个屏蔽短环间间隙均等，且最大距离受控。均压环安装完毕后外限直径符合图纸要求等。 （2）其余组件安装位置、安装尺寸应符合图纸要求，安装连接应可靠等	W
5		外观检查	组部件安装齐全，安装位置符合图纸要求	W
6		检验记录核查	（1）核查制造单位记录是否真实、完整。 （2）核查制造单位检验结论是否合格	W

7.3.8　涂装及发运品控要点

电抗器需进行防污闪涂料喷涂及包装、发运，该工序品控要点见表 7-8。

表 7-8   涂装及发运品控要点

序号	见证项目	见证内容	见证要点及要求	见证方式
1	涂装	整体外观质量	试验完成后，拆装前再次对线圈本体的绝缘进行检查，应保证绝缘基本无裂缝等缺陷	W
2		线圈整理及防污闪涂料喷涂	（1）线圈表观质量良好，无开裂、起毛刺现象；检查包封无开裂现象、均匀平整；线圈柱表面精整平滑，无明显损伤。 （2）检查喷砂气体压力，以及喷砂后效果，保证喷砂均匀。 （3）喷涂时，汇流排螺栓孔等做好防护	W
3	包装、发运	包装文件	包装及其标识应符合技术协议书和相关标准要求	W
4		吊装	应按该产品的安装使用说明书及工艺文件的要求做好本体吊装及固定	W
5		本体包装	（1）干式电抗器汇流排端子应做好防护，本体外覆防雨布或运输用外壳。 （2）确认冲撞记录装置安装正确，工作状态正常；记录初始值	W
6		附件包装	（1）避雷器一般应有防护性隔离措施或采用包装箱。 （2）支柱绝缘子尽量用原包装，但不得有破、损、缺。 （3）其他零部件必须按要求妥善装箱	W
7		存储	（1）存储方式应符合工艺要求。 （2）如订货合同或协议中有要求的则按要求进行	W
8		发运	（1）产品承造商选择有资质、信誉好和有电抗器运输业绩的运输公司。 （2）审查制造单位运输方案。 （3）汲取以往几个工程的包装防护经验，对产品采取更加有效的包装防护措施	W
9	涂装及发运	检验记录核查	（1）核查制造单位记录是否真实、完整。 （2）核查制造单位检验结论是否合格	W

7.3.9 原材料组部件抽检及延伸监造

原材料组部件延伸监造及抽检品控要点见表 7-9 和表 9-10。

表 7-9   原材料组部件延伸监造品控要点

序号	见证项目	见证内容	见证要点及要求	见证方式
1	支柱绝缘子	按照协议要求开展全流程驻厂/关键点监造	（1）质量及环境安全体系审查； （2）原材料、组部件检查； （3）关键制造工序检查； （4）出厂试验见证； （5）包装及发运	W

表 7-10   原材料组部件抽检品控要点

序号	见证项目	见证内容	见证要点及要求	见证方式
1	换位铝导线	厂内抽检或第三方检测	（1）建议一批次抽检 1 次或按协议要求； （2）单丝直径、成品线外形尺寸、电阻平衡率、电阻率、成品线有效截面积、绝缘电阻、工频耐受电压、工频击穿电压、聚酰亚胺薄膜熔点、软化击穿、燃烧性能等应满足 GB/T 6109.5《漆包圆绕组线 第 5 部分：180 级聚酯亚胺漆包铜圆线》、JB/T 4279.8《漆包绕组线试验仪器设备检定方法 第 8 部分：软化击穿试验仪》及技术协议相关要求	W/H

续表

序号	见证项目	见证内容	见证要点及要求	见证方式
2	环氧树脂	厂内抽检或第三方检测	（1）建议一季度抽检 1 次或按协议要求； （2）环氧当量、外观、弯曲强度、冲击强度检查	W/H
3	固化剂	厂内抽检或第三方检测	（1）建议一季度抽检 1 次或按协议要求； （2）外观、黏度、酸值、酐基含量、弯曲强度、冲击强度检查	W/H
4	玻璃纤维	厂内抽检或第三方检测	（1）根据实际使用需求批次抽检； （2）外观、线密度、断裂强度、含水率检查	W/H
5	绝缘撑条	厂内抽检或第三方检测	（1）建议一批次抽检 5%或协议要求； （2）雷电冲击试验满足相关要求	W/H

7.4　试验检验专项控制

出厂试验主要包括例行试验、型式试验及特殊试验。

1. 例行试验

出厂例行试验主要包括外观检查、绕组电阻测量、阻抗测量（50～2500Hz 电抗和交流电阻测量）、谐波损耗测量、端对端雷电全波冲击试验、负载试验、主要谐波频率下的阻抗及品质因数测量。其中直流电阻、主要谐波频率下的阻抗及品质因数测量绝缘试验前后均需复测。例行试验品控要点见表 7-11。

表 7-11　　　　　　　　　　干式电抗器试验品控要点

序号	见证项目	见证内容	见证要点及要求	见证方式
1	例行试验	外观检查	电抗器外观应无损、无异物附着；外包封表面清洁，无明显裂痕、开裂、毛刺，无爬电痕迹，无油漆脱落现象	H
2		绕组电阻测量	（1）试品在试区静放 5 倍热时间常数后，方可进行冷态电阻测量。 （2）试品避免受日光照射。 （3）应在温度均衡下测量其绕组电阻，并折算至 80℃下，并根据折算后的直流电阻测量结果，计算出额定直流电流下的损耗，应符合相应要求	H
3		阻抗（电感）测量（50～2500Hz 电抗和交流电阻测量）	（1）测试前试品应进行恒温处理。 （2）频率为 50～2500Hz 的范围内，测量电抗器各谐波频率的电感值和谐波等效电阻。 （3）（如超标）可重复测量 3 次，取 3 次测量的平均值作为测量结果	H
4		谐波损耗测量试验	各频率谐波损耗及各次谐波总损耗应满足技术协议要求	H
5		端对端雷电全波冲击试验（LI）	（1）上下端子分别进行试验。 （2）波头时间 1.2×（1±30%）μs，波尾时间 50×（1±20%）μs，电压峰值允许偏差±3%。 （3）包括电压为 50%～75%负极性全试验电压的一次冲击及其后的三次负极性全电压冲击	S

续表

序号	见证项目	见证内容	见证要点及要求	见证方式
6	例行试验	负载试验	根据总损耗折算试验电流；在最大连续直流电流和持续2h过载状态下（施加电流以技术规范数值为准），电抗器不出现烟雾、局部温升异常偏高和异常放电声响；试验前后线圈的电阻值应没有明显的变化	H
7		高频阻抗和品质因数测量	（1）高频阻抗和品质因数 Q 在第12次（600Hz）和24次（1200Hz）谐波下测量；该项目为比对性试验，绝缘试验前后均需测量；在绝缘前后进行测量时应使用同一仪器，同样的试验电流计同样的长度测量线，甚至引线方向及仪表与试品的相对位置也应当保持不变。 （2）绝缘试验前后，600Hz和1200Hz下的变化量不应超过±15%	S
8	型式试验	杂散电容与高频阻抗测量	用高频阻抗测试仪测量平波电抗器两端之间及端对地之间高频阻抗，测试频率范围为30kHz～1MHz，扫描步长不应大于10kHz。可采用同样方法测量试品对地杂散电容，必要时绝缘试验前后均需测量。具体测量方法及要求参照各厂家试验方案	H
9		端对端雷电冲击截波试验（LIC）	波头时间一般为 $1.2×(1±30\%)$ μs，截断时间应在2～6μs，波的反极性峰值不应大于截波冲击峰值的30%	S
10		端对地雷电冲击全波及截波	（1）试验的本质是对平波电抗器绝缘支架进行的试验；试验在端子对地间进行。 （2）波头时间一般为 $1.2×(1±30\%)$ μs，波尾时间 $50×(1±20\%)$ μs，电压峰值允许偏差±3%。 （3）包括一次正极性50%～75%电压全波冲击；七次正极性100%电压全波冲击；一次负极性50%～75%电压全波冲击；八次负极性100%电压全波冲击；一次负极性50%～75%电压截波冲击；三次负极性100%电压截波冲击。必要时，全电压冲击后加作50%～75%试验电压下的冲击	S
11		直流温升试验	（1）记录测温计的布置、环境温度。 （2）温控点布置需合理，真实反映试品温度。 （3）施加的总损耗应是谐波损耗与直流损耗之和；当最热点温升的变化率小于1K/h，并维持3h时，取最后1h内的最热点值为热点值。配以红外热像检线圈外表面温度	H
12		声级测量	对产品逐一施加单频试验电流，检查施加电流，测量点数等是否符合要求	H
13		端对地（湿）操作冲击试验（SI）	（1）波头 $250×(1±20\%)$ μs，波尾时间 $2500×(1±60\%)$ μs。 （2）包括一次正极性降低电压的操作冲击；七次正极性全电压操作冲击；一次负极性降低电压的操作冲击；八次负极性全电压操作冲击	S
14		端对地（湿）外施直流耐压试验	试验电压持续时间不应小于60min，对户外运行的电抗器，试验应在湿态下进行	S
15		端对端中频振荡电容器放电试验	（1）耐受电压按协议要求进行。 （2）按照协议和标准要求，振荡放电频率为300～900Hz，持续时间不小于10ms，充电电压为负极性。在降电压下进行1次，在100%电压下进行3次，允许偏差±3%	S
16		无线电干扰测量	施加比试验电压高10%电压，持续5min，降电压到规定值的30%，再上升到初始值，持续1min；然后按每级约10%试验电压逐级下降到试验规定电压的30%，在每级电压下对试品进行无线电干扰电压测量	H
17	特殊试验	暂态故障电流试验	（1）一般通过理论计算验证，厂家需提供相应报告。 （2）具体要求参考技术协议及相关标准	W

序号	见证项目	见证内容	见证要点及要求	见证方式
18	特殊试验	抗震性能试验	（1）提供相应计算报告和同类型产品试验报告。 （2）具体要求参考技术协议及相关标准	W
19		交流温升试验	（1）进行 50Hz 和 100Hz 交流温升试验，热点温升及绕组平均温升需满足要求，在试验过程中，电抗器不出现烟雾、局部温升异常偏高和异常放电声响。 （2）具体要求参考技术协议及相关标准	W
20		耐环境试验	（1）一般通过理论计算验证，厂家需提供相应报告。 （2）具体要求参考技术协议及相关标准	W
21		耐气候试验	（1）一般通过理论计算验证，厂家需提供相应报告。 （2）具体要求参考技术协议及相关标准	W
22		磁场试验	（1）一般在桥臂电抗器上开展，在温升试验和交流负载试验时开展磁场测量。在要求电流下，测量电抗器空间磁场。测量位置应位于距电抗器中心轴线水平距离 2.5 倍电抗器直径、地面高度 1.5m 处，在电抗器周围选取 8 个点测量。试验实测结果应满足 DL/T 275《±800kV 特高压直流换流站电磁环境限值》和 DL/T 799.7《电力行业劳动环境监测技术规范　第 7 部分：工频电场、工频磁场监测》的限值要求。 （2）其他具体要求参考技术协议及相关标准	H
23	出厂试验	检验记录核查	（1）核查制造单位记录是否真实、完整。 （2）核查制造单位检验结论是否合格	W

2. 型式试验

型式试验主要包括杂散电容与高频阻抗测量、端对端雷电冲击截波试验、端对地雷电全波及截波冲击试验、直流温升试验、声级测量、端对地（湿）操作冲击试验、端对地（湿）外施直流耐压试验、端子间中频振荡电容器放电试验、无线电干扰测量。型式试验品控要点见表 7-11。

其中温升试验开展时间长，并随着当前直流工程电抗器容量增大，品控要点及难度增多，该项试验中反馈出的质量增多。直流温升试验及特殊试验中的交流温升试验一般统一进行。

3. 特殊试验

特殊试验项目包括暂态故障电流试验、抗震性能试验、耐环境试验、耐气候试验、交流温升试验、磁场测量、交流负载试验及协议规定的其他试验等。特殊试验品控要点见表 7-11。

其中暂态故障电流试验、抗震性能试验、耐环境试验、耐气候试验一般提供计算报告即可，磁场测量、交流负载试验根据协议要求开展。

4. 交流温升试验案例

某工程阻塞电抗器 50Hz 及 100Hz 交流负载试验如下：该试验施加的 50Hz 电流为 1200A，100Hz 电流为 920A，直至电抗器绕组温升达到稳定。经试验验证，在 50Hz 交流电流下，电抗器绕组热点温升为 9.8K，接线端子温升为 26.3K；在 100Hz 交流电流下，电抗器绕组热点温升为 12.8K，接线端子温升为 37.2K，满足设备规范要求。设备试验红外图谱如图 7-6、图 7-7 所示。

图 7-6　50Hz 交流温升试验

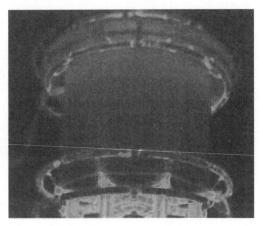

图 7-7　100Hz 交流温升试验

7.5　典型质量问题分析处理及提升建议

7.5.1　桥臂电抗器技术规范书中参数与合同不一致问题

问题描述：监造组核查技术参数表发现，某站桥臂电抗器、接地电阻监视用电抗器技术规范书中参数与供货合同书中货物参数不符。

原因分析及处理情况：此问题是制造厂商务失误造成的。制造厂出具了相关说明文件，将电抗器按照技术规范书的要求进行了设计冻结，故制造厂按技术规范书进行供货和现场货物验收。

品控提升建议：产前检查阶段，严格审查各类设计文件，特别是主要技术参数，同时督促厂家核查技术协议与供货合同一致性，做好厂家、业主、监造方之间的三方交底工作，避免出现不符合协议要求的情况发生。

7.5.2　电抗器换位铝导线绝缘膜不符合要求问题

问题描述：某工程电抗器对产品解剖取导线样品送至第三方检测，发现铝导线绝缘膜为改进型聚酯膜，不符合协议要求（技术协议要求换位导线股间为带 H 级的绝缘层，即聚酰亚胺膜）。

原因分析及处理情况：铝导线供货厂家有造假嫌疑，同时电抗器制造厂入厂管控点缺失及对原材料上游厂家管控不到位。后续对不符合技术协议的电抗器全部重新绕制，如图 7-8 所示。

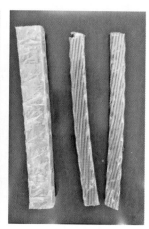

图 7-8 干式电抗器包封及导线实物图

品控提升建议：绝缘铝导线是干式电抗器主要材料，需加强其入厂检验，在入厂检查及线圈绕制过程中取样留样，必要时送第三方检测或对绝缘铝导线开展延伸监造。

7.5.3 电抗器星架焊接质量问题

问题描述：某工程监造组人员现场检查桥臂电抗器星架焊接时，发现铝排与铝芯焊接焊缝表面高低不平整，出现较大缝隙。

原因分析及处理情况：焊接工艺管控不到位，焊缝质量不过关。星架焊接工艺采用三道焊接，分底、中及表面焊接。通过对该焊件进行打磨及重新焊接，监造人员现场见证了该台星架补焊，补焊完成后，检查焊件焊缝平整、饱满，无缝无孔，无焊瘤、无夹渣，焊接过程符合工艺控制要求，如图 7-9 所示。

（a）　　　　　　　　　　　　　　　　（b）

图 7-9 干式电抗器星架处理效果图

（a）打磨后；（b）补焊后

品控提升建议：将汇流排焊接质量设置为专项巡检品控要点，必要时采取旁站见证（S 点）；同时督促厂家开展自检、互检并加大质量部门的巡查次数，确保产品质量。

7.5.4 桥臂电抗器温升试验电流问题

问题描述：某制造厂在第 1 台桥臂电抗器进行直流温升试验时，因超过设备负荷，电流无法加载至 1305A（试验电流由实测所得损耗值，折算出温升试验电流 I_t 为 1240A，2h 过负荷试验电流 I_{t2} 为 1305A），试验暂停。

原因分析及处理情况：由于设备能力有限，制造厂提出可根据 GB 1094.2—2013《电力变压器 第 2 部分：液浸式变压器的温升》中 7.13 及 GB/T 1094.6—2011《电力变压器 第 6 部分：电抗器》中 12.8.13，当温升试验条件不能满足用户特定的试验条件时，该试验可分别在不低于 $0.85I_T$（GB 1094.2—2013）或 $0.9I_T$（GB/T 1094.6—2011）的降级的试验电流 I_{test} 下进行。测得的温升值可校正到等效的直流试验电流 I_T。对于干式电抗器，绕组对环境温度的温升应乘以 $\left(\dfrac{I_T}{I_{test}}\right)^y$，对于空气自然冷却电抗器，$y=1.6$。按照此校正系数对以该试验电流长期运行这种最苛刻情况下进行折算，结果见表 7－12，同时对 $y=2.0$ 也进行了模拟计算。

表 7－12　　　　　当 2h 过负荷试验电流为长期运行电流的温升

I_{t2}/A		1305	1414
$y=1.6$	θ_{av}/K	56	63
	θ_{hot}/K	78	85
$y=2.0$	θ_{av}/K	57	66
	θ_{hot}/K	79	88

注　θ_{av} 指平均温升；θ_{hot} 指热点温升。

根据表 7－12 的折算结果，即使将 2h 过负荷试验电流当作长期运行电流时热点温升也不超过协议中规定的 115K，完全满足协议要求。

处理结果：设备规范书明确要求温升试验应在相应的电流下进行，且以往工程不在降低电流下开展温升试验的经验，同时制造厂承诺提升温升设备试验能力，最终该温升试验按规范书要求重新进行了完整的温升试验，试验结果完全符合规范书的温升限值要求。

品控提升建议：试验开始前，审查试验方案、试验设备及能力等，如有必要组织开展专项审查会，及时反馈存在的问题，避免后续争议。

7.5.5 平波电抗器表面喷涂质量问题

问题描述：在某站平波电抗器生产过程中，发现第 2 台平波电抗器线圈表面喷 RTV 漆后，存在较为严重的挂丝现象，且厂家在室外露天进行喷漆施工，依据技术协议和工艺文件要求，线圈表面要光滑、无滴流、无挂丝，从而保证电抗器的绝缘性能在长期的运行中安全可靠，以免表面挂丝类缺陷引起的爬电距离改变及尖角放电产生。

原因分析及处理情况：厂家对上述问题进行了分析并提出处理方案，分析原因是玻璃纱张力不够导致的，对已经完成的产品即进行修剪、打磨等处理，而对后续的产品细化了涂漆工艺、环境控制及干燥工艺等方面要求。虽然厂家加强了工艺控制，但第 3 台平波电抗器表面质量依然不佳，线圈外观喷漆后表面挂丝，线圈下部有一束玻璃纱下掉产生离缝，线圈表面有棱、不光滑，如图 7-10 所示。

图 7-10　第 3 台平波电抗器线圈表面

为了确保产品的外观质量和绝缘性能，厂家在工艺上做了改进，由原来工艺规定的平叠绕制改为半叠绕制。新方案制作的产品绝缘性能优于原方案，原工艺及新工艺包封绕制不同点见表 7-13。

表 7-13　　　　　　　　　　原工艺及新工艺包封绕制不同点

方案	类别	绕制要求
原工艺方案	内、外假包封绕制	胶束带半叠→稀纬带半叠→胶束带半叠→稀纬带半叠→胶束带平叠
	层绝缘包封底包、外包绕制	胶束带平叠→稀纬带半叠→导线→胶束带平叠
新工艺方案	内、外假包封绕制	胶束带半叠→稀纬带半叠→胶束带半叠→稀纬带半叠→胶束带平叠
	层绝缘包封底包、外包绕制	胶束带半叠→稀纬带半叠→导线→稀纬带半叠→胶束带平叠

半叠绕制方式下带与带之间绕制重叠为 40%～50%；平叠绕制方式下带与带之间绕制重叠为 0～2mm。

最终，前 3 台产品按原工艺方案执行，后 7 台产品按新方案执行。新工艺明显在原来工艺方案基础上增加了绝缘，线圈每层增加胶束带、稀纬带绕制。新工艺方案制作的产品绝缘性能优于原工艺方案。经过绕制工艺方案的改进和加强工艺质量的控制，后续生产的平波电抗器表面质量明显改善，原来的问题基本消除。

为了确保产品型式试验能够具备代表性地反映这批平波电抗器绝缘性能，根据业主方要求，抽取按原方案绕制的 1 台平波电抗器进行型式试验，经业主和监造人员现场见证，试验通过，认定该产品设计性能可靠。其他产品所有出厂例行试验项目均一次性通过，证明这批平波电抗器质量良好。

品控提升建议：线圈绕制及喷涂过程，建议厂家进行样件制造，如无问题再进行干抗批量制造。加强全流程工艺管控，增加线圈绕制工序的巡检频次，各工序留取映像资料，切实做好生产全过程品控控制，不放过任一质量问题。

7.5.6 电抗器厂内转运碰撞损伤问题

问题描述：因试验场地改变，某厂电抗器需厂内转运。在转运过程中电抗器下部均压环支撑板与路边围栏发生碰撞，导致下部均压环支撑板损坏，线圈与星架外观无明显变形，如图 7-11 所示。

原因分析及处理情况：转运工作监管不到位造成。后续首先对发生碰撞电抗器进行了直流电阻、电感及损耗性能测量，未见异常。其次对下部均压环支撑板进行了更换及打磨喷漆工作。再次进行出厂试验复测，包括外观检查、直流电阻测量、50Hz 和谐波频率下的电感和交流电阻测量、损耗测量，试验结果未见异常。进行了端对端雷电冲击试验，试验结果符合要求。根据前后试验情况，制造厂提交了产品评估报告：该台产品修复完成后，试验数据符合设计要求，导线无异常，导线焊接无松动，拉筋、吊臂无损伤，并未伤及电抗器本体，该电抗器性能良好，可正常使用。

图 7-11 电抗器厂内转运碰撞损伤

品控提升建议：设置专项检验点，线圈或成品厂内工序流转时，前期应安排专人核查运输路线，转运时除操作人员外应安排监督人员协助及监督转运。

7.5.7 桥臂电抗器金属汇流排温升超标问题

问题描述：某工程开展第 1 台桥臂电抗器型式试验中，交流温升的结果发现电抗器铝制的上、下汇流排的中心的集电环热点温升分别达 115.2K 和 141.5K（协议要求值不大于 95K）。通过红外扫描测温，发现热点位于集电环和汇流排焊接连接处，如图 7-12、图 7-13 所示。

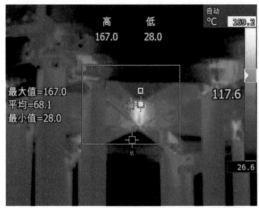

图 7-12　桥臂电抗器金属汇流排温升超标　　　　图 7-13　整改前集电环

　　原因分析及处理情况：中心集电环尺寸设计不合理，环的内外径较小，厚度较大，导致穿过的磁力线较多，涡流较大，从而导致发热；汇流排距离本体较近，导致磁场影响较大，致使汇流排中心集电环温升超标；焊接粗糙，焊接形成的焊瘤、凹陷等没有经过充分的打磨，容易出现涡流损耗导致发热。

　　整改措施：优化汇流排及其集电环尺寸，星架臂及集电环变得更薄，降低涡流损耗；增加线圈端封距离，降低线圈磁场对汇流排的影响；改善焊接工艺和打磨处理方案，避免出现焊瘤、焊坑等不规则焊接面，如图 7-14 所示。整改后，先后开展了 5 次温升验证试验，整改措施效果良好，彻底解决了金属汇流排温升超标的难题。

（a）　　　　　　　　　　　　　　　　　（b）

图 7-14　桥臂电抗器星架集电环整改效果比对

（a）整改前；（b）整改后

　　品控提升建议：对于新建工程大容量电抗器，加强设计校核，通过多次仿真计算确认，充分考虑设计结构、漏磁、生产工艺等对温升的影响；加强汇流排工艺质量控制。

7.5.8　桥臂电抗器本体包封温升超标问题

问题描述：某工程第 2 台桥臂电抗器开展型式试验，交流温升试验中发现：第 7 包封温度持续升高，为避免达到环氧树脂的耐热水平（F 级：155℃）后过热起火，试验在 145.7℃下停止，停止时刻测得的热点温升为 113.2K（协议要求值不大于 88K），如图 7-15 所示。

图 7-15　桥臂电抗器本体包封温升超标（仰视红外测温图）

原因分析及处理情况：从理论设计、仿真计算、制造工艺、试验诊断等各个方面进行了深入技术分析排查，开展了各个包封的分配电流测试，测试结果发现，该台产品第 7 包封分配电流实测值和设计值偏差较大，异常大电流是造成第 7 包封温升异常的主要原因。

进一步详细分析发现，桥臂电抗器的性能参数对设计和制造的结构变化很敏感。匝数、包封间距、内外径等偏差对电抗器分配电流及其温升都有很大的影响。

整改措施：设计方面重新核算计算单，结合工艺偏差（包括匝数、轴向高度、包封间距、轴向内外径等）反复迭代重复演算，使得设计满足制造工艺偏差要求。制造工艺方面，对于线圈绕制用的工装模具，应采取措施，避免绕制时重力下垂从而导致较大制造偏差；对线圈的各层包封尺寸控制偏差从严缩小；对导线上线的角度及拉紧力提出控制要求，保证线圈绕制紧实；端子焊接时将引线伸出端子尺寸加长，使端子与导线接触充分。

整改后，完成了该型号第 3 台桥臂电抗器全部型式试验。温升试验合格，但是本体线圈热点温升仍然偏高（75.6K，技术合同要求值不大于 88K）；且不同包封的温升不平衡较大（$\Delta T \approx 50K$）。此后，继续完成了第 4 台桥臂电抗器全部型式试验，温升试验合格，本体线圈热点温升继续向好改善，降低到 61.3K，不同包封的温升不平衡降低到 23K。

持续跟踪后续数台产品，热点温升均不超过 70K，实测分配电流和设计电流偏差均较小，温升不平衡程度保持在 21K 左右，证明设计通过验证，工艺稳定性得到了有效控制。

品控提升建议：加强设计校核，考虑设计结构及工艺偏差，考虑电流分配比，通过多次仿真计算反复确认设计结果满足要求；加强生产过程工艺质量控制、各类工艺偏差（包括匝数、轴向高度、包封间距、轴向内外径等）必须在要求范围内；温升试验时，适当缩短监测周期，发现问题及时反馈处理。

7.6 小   结

本章介绍了特高压多端混合直流输电工程的主要干式电抗器的技术特点及难点，从产品开工生产前到生产全过程、出厂试验及试验后的包装发运，全流程提出了详细的品控要点，总结如下：

（1）产前品控方面。重视开工审查工作，确保生产基本要素"人、机、料、法、环"等满足开工生产条件；明确自身品控依据，仔细通读技术协议及工程相关纪要要求，特殊要求包括对原材料组部件重要参数及试验的专项要求，应专项列明条目便于后续核查，同时避免疏漏。另外，要求厂家提前向业主或监造单位进行设计、工艺、试验等全方位的技术交底，将质量隐患排查在生产前。

（2）原材料组部件方面。严审原材料组部件供应商情况表，坚决杜绝违反协议的情况发生。严审关键原材料组部件型式试验报告，避免未及时发现重要原材料、组部件设计发生重大变更的问题。对于重要原材料组部件绝缘铝导线（特别是铝导线聚酯绝缘膜）、支柱绝缘子、玻璃纤维纱、撑条、环氧树脂等，严格执行抽检及延伸监造相关要求，控制原材料质量。

（3）生产过程及工艺管控方面。严格核对重要组件或主要工序工艺偏差要求，如汇流排加工尺寸、固化过程温控监测点的设置，避免工艺执行不到位造成的生产质量，同时及时发现工艺处理发生重大变更的情况。

（4）出厂试验方面。严审出厂试验方案，核对技术协议及相关标准要求，避免试验漏项、错项。试验过程中，如有试验疑点不轻易放过，咨询厂家及相关专家意见，必要时进行相关复核试验，确保产品无缺陷出厂。

（5）包装、发运方面。试验完成后的拆卸包装不能疏忽，特别是喷涂防护、短接点及接地点接触性能、转运过程中的磕碰防护等。

第8章 直流测量装置

8.1 设备概况

直流测量装置在电力系统中被广泛应用,是连接电力网络一次设备和二次设备的关键纽带,对电力系统的稳定安全运行有着直接且重要的影响。直流测量装置包括直流电流测量装置和直流电压测量装置,如图8-1、图8-2所示。

图8-1 直流电流测量装置图

图8-2 直流电压测量装置

8.2 设计及结构特点

8.2.1 直流电流测量装置

1. 直流电子式电流测量装置

直流电子式电流测量装置采用悬式结构,首尾段TA通过金具固定在管母上,通过中间的光纤绝缘子将信号传输下来。直流电子式电流测量装置利用低功率线圈（LPCT）传感一次电流，利用基于激光供电技术的远端模块就地采集低功率线圈的输出信号。直流电子式电流测量装置原理与结构图如图 8-3 所示。

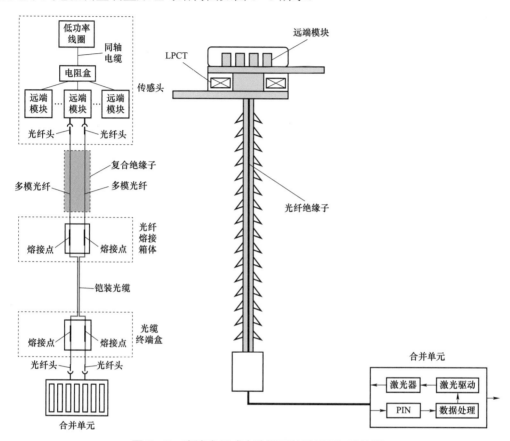

图 8-3　直流电子式电流测量装置原理与结构图

2. 直流全光纤电流测量装置

纯光学直流电流测量装置利用法拉第磁光效应原理实现对被测电流的测量。直流纯光学电流互感器传感原理如图 8-4 所示，线偏振光通过处于磁场中的法拉第材料（磁光玻璃或光纤）后，在与光传输方向平行的磁场 B 的作用下，偏振光的偏振面将会发生旋转，偏振面旋转角度与磁感应强度 B 成正比，由于磁感应强度 B 与产生磁场的电流成正比，因此检测偏振面旋转角度便可求得被测电流。

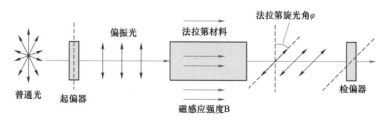

图 8-4　直流纯光学电流互感器传感原理

直流纯光学电流测量装置采用传感光纤环同时感应直流电流和谐波电流，采用采集单元提供系统光源并接收传感光纤环返回的光信号，解析出被测电流并通过光纤输出至合并单元，利用复合绝缘子保证绝缘，如图 8-5 所示。

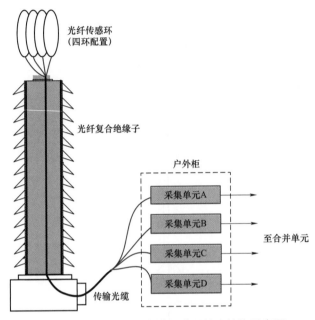

图 8-5　直流纯光学电流互感器基本结构示意图

纯光学直流电流测量中 POCT 系列纯光式 TA，通过传感光纤环实现一次电流传变，经过保偏光纤传输到采集单元完成数字信号转换，经过光纤传输到合并单元完成数据采集，并传输到保护、阀控装置。POCT 系列全光纤直流电流互感器组成如图 8-6 所示。

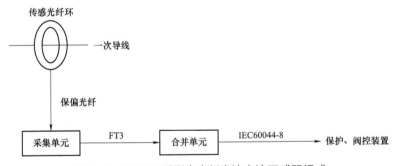

图 8-6　POCT 系列全光纤直流电流互感器组成

如图 8-7～图 8-9 所示纯光式 TA，各个部件模块为：

1）传感光纤环，实现一次电流信号传变为光信号；

2）保偏光纤，高消光比，确保光信号的高偏振度传输；

3）采集单元，通过信号调理及数字信号转换处理，保证整机数据处理精度，并输出 FT3 格式数字信号；

4）合并单元，通过信号重采样对采集单元数据进行处理，按 IEC 60044-8 规约输出数字信号到保护、阀控装置。

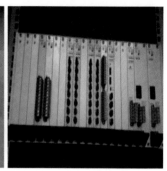

图8-7 传感光纤环　　　　　　图8-8 采集单元　　　　　　图8-9 合并单元

3. 零磁通电流互感器

零磁通电流互感器原理结构如图8-10所示，基本原理为：一次电流 I_p 产生的磁通会被测量头 4 的二次绕组（Ns）中的电流 I_s 抵消。余下的磁通会被二次绕组腔内的 3 个曲面环形磁芯所感应。其中两个（N1、N2）用于感应剩余磁通的直流部分，N3 用于感应交流部分。CTP5 用于保护测量头。振荡器 1 使两个 DC 磁通感应芯在相反方向上达到饱和。若 DC 磁通没有剩余，则两个方向上产生的电流峰值相等。若有剩余，则二者之间的电流差与剩余的 DC 磁通成正比。双峰值探测器 2 可发现该 DC 磁通。增加 AC 元件（N3）后，会设置一个控制环来产生二次电流，使磁通为零。该二次电流被一个过电流能力强的功率放大器（3）提供给 Ns，Ns 一般有 2000 匝。二次电流是一次电流的分形图像，被输送至负载电阻器（Rb）将信号转换为电压。精度放大器 5 将流经负载的信号放大，使其可以被进一步利用。通过这样的原理既可测量直流电也可测量交流电。

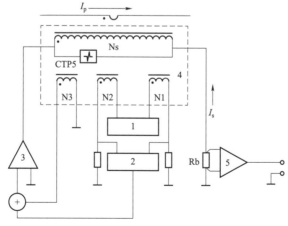

图8-10 零磁通电流互感器原理结构图

8.2.2 直流电压测量装置

直流电压测量装置利用精密电阻分压器传感直流电压,利用并联电容分压器均压并保证频率特性,利用复合绝缘子保证绝缘。直流电压测量装置绝缘结构简单可靠、线性度好、动态范围大,可实现对高压直流电压的可靠监测。直流分压器分压电阻采用大功率精密高值电阻,电阻的准确级为 0.1 级、温度系数为 10×10^{-6}。

直流电压测量装置的输出信号就地进行 A/D 转换,信号利用光缆传输至控制室。直流电压测量装置主要由分压器、电阻盒、远端模块及合并单元组成,如图 8-11 所示。

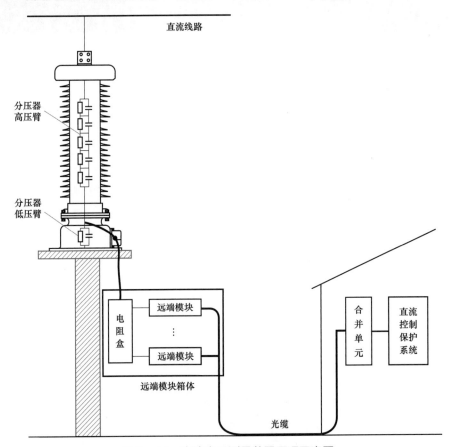

图 8-11 直流电压测量装置原理示意图

8.3 设 备 品 控 要 点

(1)开工前审查。根据签订的通用技术规范及专用技术规范,进行仔细的分解落实,特别是工程中的一些特定的要求及材料、配套件供应商的要求。开工前审查品控要点见表 8-1。

表 8-1　　　　　　　　　　　直流测量装置设备开工前审查品控要点

序号	见证项目	见证内容	品控要点	见证方式
1	开工前审查	质量及环境安全体系审查	审查制造商质量管理体系、安全、环境、计量认证证书等是否在有效期内	W
2		技术协议	核对厂家响应技术参数表，应满足工程生产需要	W
3		设计冻结的技术资料	(1)检查冻结会议要求提交的报告是否满足工程需求； (2)检查冻结会议纪要要求是否已经落实	W
4		排产计划	(1)审查制造商提交的生产计划，明确该生产计划在厂内生产执行的可行性（要求满足业主要求）； (2)审查其能否满足工程交货期要求（核查关键原材料及组部件的供货情况）	W

（2）原材料、配套件的质量管控。厂家与主要原材料供应商、配套件厂家签订工程材料采购协议时，明确优于标准的要求及一些针对特高压多端混合直流工程的特殊要求，见表 8-2 和表 8-3。

表 8-2　　　　　　　　　　　直流电流测量装置原材料组部件品控要点

序号	见证项目	见证内容	品控要点	见证方式
1	原材料、组部件	接线端子	(1)检查产地及分供商与设计文件及供货合同是否相符； (2)用卡尺等进行尺寸检查，尺寸应与出厂值相符； (3)外观检查	W
2		均压环	(1)检查产地及分供商与设计文件及供货合同是否相符； (2)用卡尺等进行尺寸检查，尺寸应与出厂值相符； (3)外观检查	W
3		光纤	(1)检查产地及分供商与设计文件及供货合同是否相符； (2)损耗值检测	W
4		绝缘子	(1)检查产地及分供商与设计文件及供货合同是否相符； (2)绝缘检测，检测结果应与订货技术要求相符； (3)外观检查； (4)绝缘子复合材料型式试验报告审查	W
5		远端模块及合并单元	检查主要组成元件的产地及分供商与设计文件及供货合同是否相符	W
6		分流器（直流电流测量装置）	(1)检查产地及分供商与设计文件及供货合同是否相符； (2)阻值检测，检测结果应与订货技术要求相符； (3)外观检查	W

表 8-3　　　　　　　　　　　直流电压测量装置原材料组部件品控要点

序号	见证项目	见证内容	品控要点	见证方式
1	原材料、组部件	接线端子	(1)检查产地及分供商与设计文件及供货合同是否相符； (2)用卡尺等进行尺寸检查，尺寸应与出厂值相符； (3)外观检查	W
2		均压环	(1)检查产地及分供商与设计文件及供货合同是否相符； (2)用卡尺等进行尺寸检查，尺寸应与出厂值相符； (3)外观检查	W

序号	见证项目	见证内容	品控要点	见证方式
3	原材料、组部件	均压电容器（直流电压测量装置）	（1）检查产地及分供商与设计文件及供货合同是否相符； （2）电容值、绝缘及局部放电测量应符合要求； （3）外观检查	W
4		电阻（直流电压测量装置）	（1）检查产地及分供商与设计文件及供货合同是否相符； （2）阻值抽样检测结果应与订货技术要求相符	W
5		绝缘子	（1）检查产地及分供商与设计文件及供货合同是否相符； （2）绝缘检测，检测结果应与订货技术要求相符； （3）外观检查； （4）绝缘子复合材料型式试验报告审查	W
6		远端模块及合并单元	检查主要组成元件的产地及分供商与设计文件及供货合同是否相符	W

（3）生产过程控制。根据排产计划，监造人员对生产设备、人员、材料、工艺、环境等因素进行过程见证，确保产品生产进度按生产计划执行，见表8-4。

表8-4　　　　　直流电流（电压）测量装置生产过程品控要点

序号	见证项目	见证内容	品控要点	见证方式
1	作业环境	作业环境	（1）材料应分类摆放； （2）产品防护和标识符合制造单位规定	H
2	接线端子	下料、焊接	（1）导杆、法兰尺寸应符合图纸要求； （2）焊接工艺及尺寸应符合图纸要求	W、H
3	底座	铸造、机加	（1）按图纸要求进行铸造或焊接； （2）按图纸要求进行机加工	W、H
4	均压环	下料、旋压、焊接、打磨	（1）铝板材质、尺寸应符合图纸要求； （2）均压环直径应符合图纸要求； （3）均压环表面光洁度应符合工艺要求	W、H
5	二次端子箱	下料、焊接、机加工	（1）材质、尺寸应符合图纸要求； （2）焊接位置及尺寸应符合图纸要求； （3）密封面光洁度、安装孔位置应符合图纸要求； （4）防护等级应符合相关要求	W、H
6	远端模块	印制板组件生产、测试、屏蔽壳体生产、组装、调试	（1）印制板组件生产及测试应符合工艺文件要求； （2）壳体材质、尺寸应符合图纸及设计文件要求； （3）远端模块测试应满足要求	W、H
7	分压器组装	电阻、电容	（1）电阻、电容外观检查； （2）电阻与电容组装检查连接应符合工艺文件要求，且连接可靠固定	W、H
8	绝缘子成套	分压器绝缘子装配，密封	（1）分压器穿入绝缘子内部； （2）分压器与绝缘子进行密封	W、H
9	分流器接线	分流器清洁，信号线连接、固定	（1）分流器清洁； （2）信号线连接、固定可靠	W、H
10	总装（直流电流测量装置）	高低压箱体组装，测量头部组装，测量头与绝缘子总装	（1）高、低压箱体组装应符合工艺文件及图纸要求； （2）传感头组件组装应符合工艺文件及图纸要求； （3）测量头与绝缘子总装应符合工艺文件及图纸要求	W、H
	总装（直流电压测量装置）	底座与绝缘子组件组装	检查底座与绝缘子组件组装是否符合图纸要求	W、H

（4）包装运输。产品应采用合理的运输结构，落实运输的保障措施，见表 8-5。

表 8-5 　　　　　　　　直流测量装置设备包装发运品控要点

序号	见证项目	见证内容	品控要点	见证方式
1	包装发运	包装发运	（1）核对装箱文件和附件，装箱文件和附件应与工艺文件要求相符； （2）检查分压器振动记录装置，记录冲撞仪编号和启动时间并加封，记录装置施加部位合理； （3）检查互感器的安全； （4）检查运输方式	W
2		制造单位检验记录核查	（1）核查制造单位记录是否真实、完整； （2）核查制造单位检验结论是否合格	W
3		包装发运注意要点	（1）互感器及其光缆应使用减震材料（如珍珠棉）进行固定和包装； （2）互感器出纤口不能受到挤压和碰撞，以免挤断光纤； （3）包装后的互感器及其光缆在受到冲击或振动时，不能发生位移和碰撞； （4）包装后的互感器采集单元机箱不与除减震材料以外的其他物件接触，避免划伤机箱； （5）包装后的光缆弯折半径不小于 10cm，防止折断光缆； （6）包装后的光缆不能受到重且坚硬的材料挤压，防止压断或割破光缆； （7）内包装应做防水处理，防止在运输过程中浸水； （8）外包装应使用加厚纸箱或木箱	W

8.4　试验检验专项控制

出厂试验品控作为直流测量装置设备重要的质量保证工作，直流测量装置设备出厂试验专项控制要点详见表 8-6 和表 8-7。

表 8-6 　　　　　　　　直流电流测量装置试验专项控制

序号	见证项目	见证内容	品控要点	见证方式
1	出厂试验	外观检查	（1）产品外形应符合图样要求； （2）产品外观应无破损； （3）产品铭牌应符合要求	H
2		一次端直流耐压试验	对直流电子式电流互感器的一次端施加 1.5 倍的额定运行电压（即 $1.5U_N$）60min。如果未出现击穿及闪络现象，则互感器通过此试验	H
3		局部放电测量	直流耐压试验的最后 10min 测量产品的局部放电（局部放电试验电压 $1.5U_N$）。如果局部放电大于 1000pC 的脉冲数在 10min 内小于 10 个，则互感器通过此试验	H
4		低压器件工频耐压试验	按照 GB/T 20840.8—2007《互感器　第 8 部分：电子式电流互感器》中 8.7 的规定进行低压器件工频耐压试验。试验电压及电压施加端口按要求进行。若未发生击穿或闪络，则互感器通过此试验	H
5		直流电流、电压测量准确度试验	误差应满足 0.2%级要求	H

序号	见证项目	见证内容	品控要点	见证方式
6	出厂试验	极性试验	在互感器的一次端由 P1 至 P2 通以 $0.1I_N$ 的直流电流，由合并单元录取输出数据波形，若输出数据为正，则互感器的极性关系正确	H
7		光纤损耗测试（光式）	若光纤损耗小于 1dB，则互感器通过此试验	H
8		分压器低压侧保护回路动作特性试验	选取一台检查动作值及恢复时间并做好记录	H
9	型式试验	阶跃响应试验	按照产品技术规范要求进行暂态响应试验。施加阶跃电压或电流，测量上升时间（10%～90%），上升时间应满足相关要求	H
10		频率响应试验	按照产品的技术规范要求进行频率响应试验	H
11		极性反转试验	按照如下方式进行极性反转试验： （1）施加 $-1.25U_N$ 直流电 60min； （2）在 2min 内极性反转至 $+1.25U_N$； （3）施加 $+1.25U_N$ 直流电压 60min； （4）在 2min 内极性反转至 $-1.25U_N$； （5）施加 $-1.25U_N$ 直流电压 30min； 如果试验结果如下，则认为互感器通过此试验： （1）无可见损伤； （2）在最后一次极性反转后试验最后 29min 内，大于 1000pC 的放电脉冲数不超过 29 个，最后 10min 内大于 1000pC 的放电脉冲数不超过 10 个	H
12		雷电冲击试验	雷电冲击电压波形为 1.2×（1±30%）/[50×（1±20%）] μs。 （1）一次端 U_m＜300kV： 试验应在正、负两种极性下进行，每一极性连续冲击 15 次，如果试验情况如下，则直流电流测量装置通过此试验： ——非自恢复内绝缘未发生击穿； ——非自恢复外绝缘未出现闪络； ——每一极性下自恢复外绝缘出现闪络不超过 2 次； ——未发现绝缘损伤的其他证据（例如所录各种波形的变异）。 （2）一次端 U_m≥300kV： 试验应在正、负两种极性下进行，每一极性连续冲击 3 次，如果试验情况如下，则直流电流测量装置通过此试验： ——未发生击穿； ——未发现绝缘损伤的其他证据（例如所录各种波形的变异）	H
13		操作冲击试验	按照技术协议及 GB/T 20840.7—2007《互感器 第 8 部分：电子式电流互感器》中 8.1.3 的规定进行操作冲击试验，操作冲击电压波形为 250×（1±20%）/[2500×（1±60%）] μs。试验应在正、负两种极性下进行，每一极性连续冲击 15 次，如果试验情况如下，则直流测量装置通过此试验： ——非自恢复内绝缘未发生击穿； ——非自恢复外绝缘未出现闪络； ——每一极性下自恢复外绝缘出现闪络不超过 2 次； ——未发现绝缘损伤的其他证据（例如所录各种波形的变异）	H
14		无线电干扰试验	满足工程技术协议要求	H
15		电磁兼容抗扰度试验	直流电子式互感器的合并单元应按照 GB/T 20840.8—2007《互感器 第 8 部分：电子式电流互感器》中 8.8.4 的规定进行电磁兼容抗扰度试验。试验项目包括：电压慢变化抗干扰度试验、电压暂降和短时中断抗扰度试验、浪涌抗扰度试验、电压瞬时变脉冲群抗扰度试验、震荡波抗扰度试验、静电放电抗扰度试验、工频磁场抗扰度试验、脉冲磁场抗扰度试验、阻尼震荡磁场抗扰度试验、射频电磁场辐射抗扰度试验。各项试验结果应满足标准要求	H

表 8-7　　　　　　　　　　　直流电压测量装置出厂试验专项控制

序号	见证项目	见证内容	品控要点	见证方式
1	出厂试验	外观检查	（1）产品外形应符合图样要求； （2）产品外观应无破损； （3）产品铭牌应符合要求	H
2		一次端直流耐压试验	对直流电子式电压、电流互感器的一次端施加 1.5 倍的额定运行电压（即 $1.5U_N$）60min。如果未出现击穿及闪络现象，则互感器通过此试验	H
3		局部放电测量	直流耐压试验的最后 10min 测量产品的局部放电（局部放电试验电压 $1.5U_N$）。如果局部放电大于 1000pC 的脉冲数在 10min 内小于 10 个，则互感器通过此试验	H
4		低压器件工频耐压试验	按照 GB/T 20840.8—2007《互感器　第 8 部分：电子式电流互感器》中 8.7 的规定进行低压器件工频耐压试验。试验电压及电压施加端口按要求进行。若未发生击穿或闪络，则互感器通过此试验	H
5		直流电流、电压测量准确度试验	误差应满足 0.2% 级要求	H
6		极性试验	在互感器的一次端由 P1 至 P2 通以 $0.1I_N$ 的直流电流，由合并单元录取输出数据波形，若输出数据为正，则互感器的极性关系正确	H
7		分压器低压侧保护回路动作特性试验	选取一台检查动作值及恢复时间并做好记录	H
8	型式试验	阶跃响应试验	按照产品技术规范要求进行暂态响应试验。施加阶跃电压或电流，测量上升时间（10%～90%），上升时间应满足相关要求	H
9		频率响应试验	按照产品的技术规范要求进行频率响应试验	H
10		极性反转试验	按照如下方式进行极性反转试验： （1）施加 $-1.25U_N$ 直流电压，60min； （2）在 2min 内极性反转至 $+1.25U_N$； （3）施加 $+1.25U_N$ 直流电压 60min； （4）在 2min 内极性反转至 $-1.25U_N$； （5）施加 $-1.25U_N$ 直流电压 30min； 如果试验结果如下，则认为互感器通过此试验： （1）无可见损伤； （2）在最后一次极性反转后试验最后 29min 内，大于 1000pC 的放电脉冲数不超过 29 个，最后 10min 内大于 1000pC 的放电脉冲数不超过 10 个	H
11		雷电冲击试验	雷电冲击电压波形为 1.2×（1±30%）/〔50×（1±20%）〕μs （1）一次端 $U_m<300kV$： 试验应在正、负两种极性下进行，每一极性连续冲击 15 次，如果试验情况如下，则直流电流测量装置通过此试验： ——非自恢复内绝缘未发生击穿； ——非自恢复外绝缘未出现闪络； ——每一极性下自恢复外绝缘出现闪络不超过 2 次； ——未发现绝缘损伤的其他证据（例如所录各种波形的变异）。 （2）一次端 $U_m≥300kV$： 试验应在正、负两种极性下进行，每一极性连续冲击 3 次，如果试验情况如下，则直流电流测量装置通过本试验： ——未发生击穿； ——未发现绝缘损伤的其他证据（例如所录各种波形的变异）	H

序号	见证项目	见证内容	品控要点	见证方式
12	型式试验	操作冲击试验	按照技术协议及 GB/T 20840.7—2007《互感器　第 8 部分：电子式电流互感器》中 8.1.3 的规定进行操作冲击试验，操作冲击电压波形为 250×（1±20%）/［2500×（1±60%）］μs。试验应在正、负两种极性下进行，每一极性连续冲击 15 次，如果试验情况如下，则直流测量装置通过此试验： ——非自恢复内绝缘未发生击穿； ——非自恢复外绝缘未出现闪络； ——每一极性下自恢复外绝缘出现闪络不超过 2 次； ——未发现绝缘损伤的其他证据（例如所录各种波形的变异）	H
13		线电干扰试验	满足工程技术协议要求	H
14		电磁兼容抗扰度试验	直流电子式互感器的合并单元应按照 GB/T 20840.8—2007《互感器　第 8 部分：电子式电流互感器》中 8.8.4 的规定进行电磁兼容抗扰度试验	H

8.5　典型质量问题分析处理及提升建议

8.5.1　绝缘子伞裙变形问题

问题描述：某工程互感器设备备品绝缘子伞裙有变形。

原因分析及处理情况：发运过程中，绝缘子之间相互挤压、碰撞，对表面伞裙造成损伤。对伞裙产生变形的绝缘子进行更换。

品控提升建议：落实整形，确保产品性能满足的同时，提升外观质量。同时协调供应商完善包装方案，厂内梳理绝缘子关键检查点，落实检查主体，确保源头可控问题，来料可发现问题。

8.5.2　光纤回路问题

问题描述：某工程现场出现过光纤回路问题导致损耗变大、装置报警等异常。

原因分析及处理情况：产生该异常的因素主要包括光纤端面脏污、光纤折弯半径过小、光纤受挤压等。对直流电流测量装置表面进行清理，使用酒精进行擦拭。若表面处理都损耗复测结果不满技术要求，供货厂家在现场进行更换。

品控提升建议：在生产过程、现场安装调试过程中均要求对光纤头进行防护，插拔前对光纤头进行清洁，并使用放大镜进行清洁度确认；产品内部、现场敷设过程对产品结构、光纤长度进行了预防性设计，保证光纤弯曲半径满足使用要求；在器件选型方面，选择铠装多模光缆，增加铠层对光纤芯体起到的良好的防护作用，同时在光缆敷设时使用金属波纹管进一步增加对光缆的防护作用。

8.5.3　直流分压器绝缘子入厂检验问题

问题描述： 某工程监造人员对直流分压器绝缘子入厂检验进行核查时，发现绝缘子法兰厚度实测值为 31～33.3mm，技术协议要求为 30mm。绝缘子内径实测值为 599.5mm，技术协议要求值为 600（＋3，－0）mm，均与技术协议要求不符。且绝缘子没密封垫。

原因分析及处理情况： 绝缘子法兰厚度为 31～33.3mm，可用于该型号直流分压器生产。绝缘子内径为 599.5mm，能够与相关零部件顺利可靠配合安装，可用于该型号直流分压器生产。密封圈为绝缘子供应商漏发，后续由供应商补发可以进行正常生产。

品控提升建议： 关于产品设计参数与实际生产情况存在偏差时，厂家应提前在产品设计冻结会时进行技术澄清，避免后续生产过程中再进行设计变更，影响产品生产进度。对于原材料组部件供应商应加强管理，制定相应的验收标准，不合格原材料禁止流入厂内。

8.5.4　互感器误差试验超差问题

问题描述： 某工程现场进行 TA 误差试验时，发现 0.2S 绕组抽头 2000/1（S1－S3）误差超差。

原因分析及处理情况： 受结构所限，补偿匝数设置在 S2、S3 之间，这样可以既满足 2000/1，也满足 4000/1 的仪表保安系数要求，但也致使这层线圈的绕制可能没有达到均匀分布，存在一定的工艺分散性，个别绕组可能会出现局部饱和现象，最终出现误差超差。在试验过程中，存在一次升流导线没有完全居中现象，对试验数据的准确性产生影响。

品控提升建议： 厂家应完善存在工艺难点的生产工序作业指导书，严格控制工艺分散性。针对试验工装存在不确定影响的情况，厂家应在试验前制作专用测试工装，确保测试过程符合实际运行状态，保证试验数据符合标准。

8.6　小　　结

为保证特高压多端混合直流工程直流测量装置设备质量，制造厂商应提升责任意识，严格执行高标准、高要求、高质量的工作态度，对供货产品的各个细节按照质量管理体系规范执行，从设计源头到现场投运全过程都严格按照标准要求进行，做成高质量的特高压多端混合直流工程直流测量装置设备。

监造单位应该明确质量控制总体思路，确保实现设备监造目标包括质量控制、工期控制。明确设备设计质量、制造质量和运输质量等的全程质量控制。切实做好产品质量的事前控制、事中控制和事后控制，为特高压多端混合直流工程直流测量装置设备质量保驾护航。

第9章 电阻器类设备

9.1 设备特点

电阻器类设备主要分为滤波器电阻器、启动电阻器（直流启动及交流启动）、接地电阻器及耗能电阻器。启动电阻是高压柔直电流电网的一项重要设备，其主要作用为限制对电容器充电时启动瞬间在阀电抗器上的过电压急功率模块二极管上的过电流；同时兼顾充电速度不能过快，以免电压电流上升率过高导致电容电压不均衡；阻值应在满足其他要求的条件下尽量降低，以免体积过大、造成增加。

在超高压直流输电 HVDC 或特高压直流输电系统 UHVDC 中，换流产生的谐波对输电质量影响较大，为消除这些谐波影响，一般在换流站需安装滤波器，滤波电阻器为滤波器的重要组成部分。

接地电阻广泛应用在变压器及发电机定子侧中性点，在设备的中性点（或者借用接地变压器引出中性点）串接一电阻。接地电阻可以有效的限制间歇性弧光接地过电压，降低系统操作过电压。可消除大部分系统谐振过电压，方便配置单项接地故障保护，有效降低了系统设备绝缘水平或延长系统设备的使用寿命。

交流耗能电阻器是换流站用于保护系统交流电压所投入的耗能装置中的耗能元件。系统交流电压超过阈值时耗能装置投切将耗能电阻角接入三相线路中，通过能耗方式降低交流母线电压，防止系统出现过电压。

9.2 设计及结构特点

9.2.1 电阻器设计

1. 整体设计

各种类电阻器设计应根据产品技术参数决定产品结构，主要参考技术参数中电流、电阻、冲击能量等。通常低电流、大电阻选择网状编织式结构电阻器。大电流、低电阻选择电阻带模块结构电阻器。

电阻器的设计应考虑电器安装、电路接线、机械连接、布置安全可靠、操作方便、便于维护。电阻值在 50～3000Hz 频率范围内不应受频率影响，标称电阻值为标称电流在环温为 25℃下的值，制造公差应满足从最小环温下的最小电阻电流到最大环温下的最大电流范围内的技术规范书要求的温度变化。设计时重点考虑在运行、安装和维护期间的机械负荷；内部或外部故障对电阻器的电磁力；风力、冰雪负荷；抗震能力；温度和负荷变化引起的伸缩力影响等环境和使用条件因素，保证使用寿命 40 年。

2. 材料选用

（1）电阻器钢框架。电阻器框架采用防腐材料的设计，钢框架为镀锌钢材。

（2）电阻器外罩。电阻器外罩侧面、顶棚、防鸟保护的盖板以及电阻器排气网采用 AISI316L 不锈钢。每个电阻器的两个相对的面板装有活页，可以便于查看内部情况。

（3）电阻器绝缘子及套管。电阻器绝缘子采用瓷质，并符合 GB/T 8287.1《标称电压高于 1000V 系统用户内和户外支柱绝缘子 第 1 部分：瓷或玻璃绝缘子的试验》的要求。套管符合 GB/T 12944《高压穿墙瓷套管》的要求。

（4）电阻器元器件。电阻器元器件所用材料及工艺与所用工程设计参数匹配，不用低熔点合金连接，拴接紧固件考虑电阻器件温升的影响，确保电器和机械的可靠性。

（5）电阻材料.制造厂家应根据各工程要求，考虑电阻材料的成分、温度系数和热容量等，电阻合金不应被潮气和含有酸碱性质成分的空气所腐蚀。

电阻器材料及最大持续电流下持续运行的温升应满足表 9-1 所列要求。

表 9-1　　　　　　　　　　电 阻 材 料 温 升 要 求

电阻器型式	电阻器材料	电阻器最热点温升（K）（推荐值）
编织状	Cr20Ni80	小于 250
	NiCr3127hMo	小于 250
片状	Cr20Ni30	小于 550
	Cr15Ni60	小于 600
	Cr23Ni60	小于 550
	Ni25Cr20Mo5	小于 550
丝绕状	Cr20Ni80	小于 400
圆盘式	陶瓷材质	小于 120

对于金属电阻器，冲击能量下产生的温升应满足 GB/T 30547《高压直流输电系统滤波器用电阻器》对暂态温升的要求，对于非金属电阻，冲击能量下产生的短时温升应小于 200K。

3. 模块设计

如采用电阻模块的设计，电阻器和电阻器模块应配备起吊环，方便安装及替换。电阻器模块内的电阻单元的中间段与金属柜体相连，应无电位悬浮。电阻器中点电位接于内部框架上，保证模块外壳电位固定，并减小框架内电位差，在设计时外壳连接处专门设计测量点，以方便测量套管与外罩之间的电阻值。

9.2.2　电阻器结构特点

目前电阻器依据结构特点主要分为金属电阻及陶瓷电阻两种结构，主要对这两种进行结构特点介绍。

1. 金属电阻

金属电阻按照电阻模块类型又可分为无感编织式及电阻片式。无感编织式特点为网状结构电阻片之间连接用若干股线组成的导体在内外连接和中点连接，网状电阻片上的线和导线连接应用连接钳压紧。在一端用张力调整器将网状电阻片安全的拉紧。在网状电阻片两端安装支撑和刚性金属片之前，网状电阻片两端的玻璃纤维已经固化。编织式电阻元件以玻璃丝和电阻为材料采用专用设备编织而成，如图 9-1 所示。

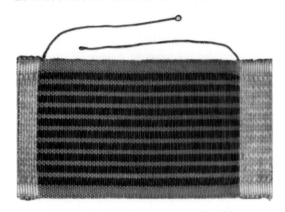

图 9-1　无感编制式电阻元件照片

片式电阻器特点为电阻片采用 NiCr 合金作为电阻片材料，电阻片采用冷加工技术，采用数控加工设备剪切及冲压，保证了每一片电阻片的阻值及功率相同，电阻器阻值的误差不超过±3%。电阻片之间连接简单、可靠，焊接和螺栓连接配合使用能达到操作方便、提高产能、连接可靠性高的效果。片式电阻器维修及更换方便、成本低、可操作性强。维修时仅需更换单个电阻排，操作简单、快捷。片式电阻器如图 9-2 所示。

图 9-2　格栅式片式电阻器照片

内绝缘性能：金属电阻主要分为无感编织式及片式冲压工艺，普遍采用箱式结构。片式通过多个电阻排或云母串梗进行串联构成一个电阻单元。数个电阻单元相互串并联，组成一个电阻箱体。片式通过电阻元件之间连接用若干股线组成的导体在内外连接和中点连接组成一个箱体。云母串梗为一根包覆云母绝缘层的金属芯棒，其两端与上下底座相连，电位与中间位置电阻片相同。云母绝缘层承受金属芯棒和电阻片间的电位差，为关键内绝缘部件，如图9-3所示。

图9-3　电阻排实物图

外绝缘性能：箱式电阻的外绝缘性能由支柱绝缘子和箱体内空气净距决定。由于箱体大小的限制，厂家往往会按照1.1～1.3的裕度进行外绝缘设计。通常来讲，这种设计方法可以满足设备绝缘需求。但是因为箱体内支柱绝缘子数量较多，可能会出现伞裙破损或者装错型号等问题，从而导致外绝缘性能下降，现场布置如图9-4所示。

图9-4　箱式电阻器实物图

温升性能：金属电阻器热时间常数为300s左右，发热快，散热能力较强，适合长期通流或频繁启动的工况。按GB/T 36955—2018《柔性直流输电用启动电阻技术规范》的要求，金属电阻器最热点温升为550K或600K。

2. 陶瓷电阻

内绝缘性能：陶瓷电阻采用圆盘式元件，箱式或套管式结构，以套管式结构为主。其内部结构类似于避雷器，多个环状陶瓷片以机械压接的方式相连，中间串以绝缘芯棒，两端通过铝件、弹簧和销钉压紧，共同构成一个电阻单元。从制造工艺可知，陶瓷电阻单元内部不存在径向电位差。

外绝缘性能：套管式电阻内部没有绝缘支撑件，靠空气绝缘；外部靠绝缘瓷套绝缘。套管式电阻绝缘裕度可达 2.0。

采用同样均压环，套管式电阻要比箱式电阻具有更为均匀的外部电场分布情况。这是因为箱式电阻通过穿墙套管进行箱体间连接，在套管尖端存在较为强烈的电场畸变，如图 9-5 所示。

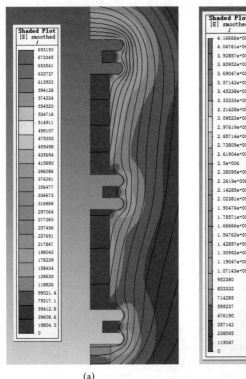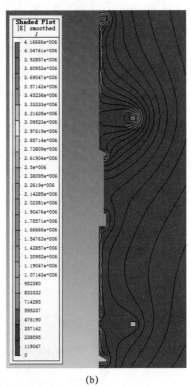

(a)   (b)

图 9-5　不同形式电阻器电场分布图

(a) 套管式电阻；(b) 箱式电阻

温升性能：陶瓷电阻器热时间常数为 1200s（加装散热片后）左右，发热慢，散热能力差，吸收过载能量能力较强，适合短时冲击的工况。按 GB/T 36955—2018《柔性直流输电用启动电阻技术规范》的要求，陶瓷电阻器最热点温升为 120K。

以某柔直站为例，极 I 陶瓷电阻设计最大温升 120K，实际温升为 114.9K；极 II 金属电阻设计温升 394K，实际温升为 163.5K。从试验结果来看，陶瓷电阻温升性能并未明显优于金属电阻，如图 9-6 所示。

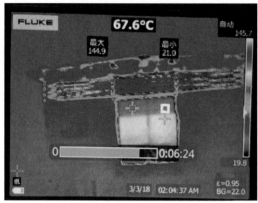

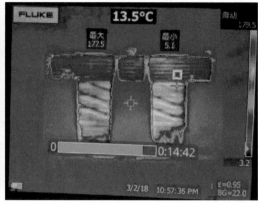

(a)   (b)

图 9-6 启动电阻最大温升

（a）极 I 陶瓷电阻（室温 30℃）；（b）极 II 金属电阻（室温 14℃）

9.3 设备品控要点

9.3.1 生产前检查品控要点

生产前检查品控要点见表 9-2。

表 9-2　　　　　　　　　　　　生产前检查品控要点

序号	见证项目	见证内容内容	见证要点及要求	见证方式
1	生产前检查	质量及环境安全体系审查	审查制造商质量管理体系、安全、环境、计量认证证书等是否在有效期内	W
2		生产质量及体系文件审查	关键工序、关键作业等进行操作人员资质审查，确保操作人员具备基本的操作能力	W
3		技术协议	核对厂家响应技术参数满足工程需要	W
4		设计冻结的技术资料	（1）查看相应计算报告是否满足质量要求； （2）查看冻结会议要求提交的报告是否提交； （3）查看冻结会议纪要要点是否落实； （4）核对设计冻结其他技术资料	W
5		排产计划	（1）审查制造商提交的生产计划，明确该生产计划在厂内生产执行的可行性（要求满足业主要求）； （2）审查其能否满足工程交货期要求（核查关键原材料及组部件的供货情况）	W
6		生产及检测设备见证	审查厂家主要生产设备及试验设备是否满足项目需求	W

9.3.2 原材料品控要点

原材料品控应按照生产进度安排对电阻器的重要组部件进场验收过程进行见证，原材料品控要点见表9−3。

表9−3 原材料品控要点

序号	见证项目	见证内容	见证要点及要求	见证方式
1	玻璃纤维	外观	颜色一致，无松散现象	W
		浸渍漆小样试验	小样烘干后拉力满足要求	W
2	电阻片	规格型号	符合订货技术协议	W
		外观	无毛刺、无损伤	W
		阻值	符合订货技术协议	W
		成分检测	符合订货技术协议及 GB/T 1234《高电阻电热合金》	W
3	外壳板材	外观	无损伤、无严重划痕	W
		规格型号	符合订货技术协议	W
4	有机硅树脂	规格型号	符合订货技术协议	W
5	角钢	规格型号	符合订货技术协议	W
6	支柱绝缘子	外观	无损伤	W
		规格型号	符合订货技术协议	W
7	穿墙套管	外观	无损伤	W
		规格型号	符合订货技术协议	W

9.3.3 生产过程品控要点

片式生产过程品控要点见表9−4。

表9−4 生产过程品控要点

序号	见证项目	见证内容	见证要点及要求	见证方式
1	箱体下料	外观	无机械划伤、无严重毛刺	W
		尺寸	确认各尺寸与图纸规格要求相符，不影响装配使用	W
2	箱体折弯	外观	无机械划伤、无严重毛刺	W
		尺寸	确认各尺寸与图纸规格要求相符，不影响装配使用	W
3	箱体冲孔	外观	无机械划伤、无严重毛刺	W
		尺寸	确认各尺寸与图纸规格要求相符，不影响装配使用	W
4	箱体焊接	外观	焊疤上不得有气孔、裂痕	W
		尺寸	焊接完毕检查主要安装尺寸是否符合图纸要求	W
5	表面处理外协热浸镀	外观	目测所有热浸镀锌制件表面应平滑，无滴瘤、粗糙和锌刺，无起皮、无漏镀，无残留的溶剂渣，在可以影响热浸镀锌工件的使用或耐腐蚀性能的部位不应有锌瘤和锌灰	W
		膜厚测试	用膜厚测试仪在每一工件的不同部位进行测量，测量位置不少于5个点，覆盖面积不少于90%。各规格的热浸镀锌层厚度验收标准参见 GB/T 13912《金属覆盖层 钢铁制件热浸镀锌层 技术要求及试验方法》	W

续表

序号	见证项目	见证内容	见证要点及要求	见证方式
6	钢板落料	外观	无机械划伤、无严重毛刺	W
		尺寸	确认各尺寸与图纸规格要求相符，不影响装配使用	W
7	冲端孔	外观	无机械划伤、无严重毛刺	W
		尺寸	确认各尺寸与图纸规格要求相符，不影响装配使用	W
8	电阻片冲栅格	外观	无机械划伤、无严重毛刺	W
		尺寸	确认各尺寸与图纸规格要求相符，不影响装配使用	W
9	边条折弯	外观	无机械划伤、无严重毛刺	W
		尺寸	确认各尺寸与图纸规格要求相符，不影响装配使用	W
10	电阻片包边	外观	无机械划伤、无严重毛刺	W
		尺寸	确认各尺寸与图纸规格要求相符，不影响装配使用	W
11	电阻片检验	阻值测试	阻值符合图纸要求	W
		耐压测试	AC 2500V，1min，无闪络、无放电	W
		尺寸	确认各尺寸与图纸规格要求相符，不影响装配使用	W
12	拉铆钉	外观	无机械划伤、无严重毛刺	W
		尺寸	确认各尺寸与图纸规格要求相符，不影响装配使用	W
13	电阻片折弯	外观	无机械划伤、无严重毛刺	W
		尺寸	确认各尺寸与图纸规格要求相符，不影响装配使用	W
14	电阻排装配	外观	无机械划伤、无严重毛刺	W
		尺寸	确认各尺寸与图纸规格要求相符，不影响装配使用	W
		阻值	阻值符合图纸要求	W
		绝缘电阻	DC 2500V，1min，绝缘电阻不小于 100MΩ	W
		耐压测试	依图纸要求进行耐压测试	W
15	最终装配	外观	无机械划伤、无严重毛刺	W
		尺寸	确认各尺寸与图纸规格要求相符，不影响装配使用	W
		阻值	阻值符合图纸要求	W
		紧固件扭矩测试	M6 扭矩要求 7N·m、M8 扭矩要求 18N·m、M10 扭矩要求 35N·m、M12 扭矩要求 45N·m	W
		紧固件防松标识	线条笔直、防松标识方向符合标准要求，防松线切不可画到螺母棱角上	W
		电气间隙	依电阻排连接示意图上要求的各部件的直线距离，须大于等于图纸数值：包括连接排与电阻片之间、连接排与电阻排安装支架之间、连接排与箱体之间、穿墙套管的带电部分与箱体之间、穿墙套管的带电部分与连接排之间、电阻排安装架（包含绝缘子金属法兰）之间、连接排与连接排之间等	W
		绝缘电阻	DC 2500V，1min，绝缘电阻不小于 100MΩ	W
		耐压测试	依图纸要求进行耐压测试	W

9.3.4 出厂试验品控要点

电阻器产品常规出厂试验品控要点见表 9−5。

表 9−5 出 厂 试 验 品 控 要 点

序号	见证项目	见证内容	见证要点及要求	见证方式
1	出厂试验	外观检查	目测电阻器外观，无明显划痕、变形	S
2		电感值测量	符合技术条件要求	S
3		直流电阻测量	环温 25℃下直流电阻实测与额定值偏差满足订货技术协议要求	S
4		工频电阻测量	环温 25℃下，电阻值与额定值偏差满足订货技术协议要求	S
5		工频耐压试验	应无击穿，无闪络	S
6		绝缘电阻测量	绝缘电阻应满足要求	S

9.3.5 包装发运品控要点

产品包装发运品控要点见表 9−6。

表 9−6 包 装 发 运 品 控 要 点

序号	见证项目	见证内容	见证要点	见证方式
1	包装	对照相关文件现场检查	包装是否符合技术协议及厂内工艺要求	W
2	存储	对照相关文件现场检查	存储期间有电容器组是否完好，有无损伤	W
3	发运	对照相关文件现场检查	吊运过程有无损伤检查装箱清单与实际发货情况是否相符；电容器组固定是否牢靠，能否满足运输要求	W

9.4 试验检验专项控制

电阻器试验主要分为出厂试验及型式试验，本节主要针对出厂试验及常规型式试验进行介绍，常规试验项目见表 9−7。

表 9−7 电阻器常规试验项目

编号	试验类别	试验项目
1	例行试验	（1）外观及一般检查； （2）装配结构及尺寸检查； （3）直流电阻测量； （4）工频电阻测量； （5）电感值测量； （6）绝缘电阻测量； （7）工频耐压试验

续表

编号	试验类别	试验项目
2	常规型式试验	（1）外观及一般检查； （2）装配结构及尺寸检查； （3）直流电阻测量； （4）工频电阻测量； （5）电感值测量； （6）绝缘电阻测量； （7）工频耐压试验； （8）温升试验； （9）冲击能量试验； （10）冲击电流试验； （11）雷电冲击耐压试验； （12）操作冲击耐压试验

9.4.1　型式试验

对每个型号的电阻器应进行完整的型式试验，此外，应提供支柱绝缘子和套管等关键部件型式试验报告。常规型式试验项目及品控要点见表 9-8。

表 9-8　　　　　　　　　　常规型式试验项目及品控要点

序号	见证项目	见证内容	见证要点及要求	见证方式
1		外观及一般检查	试验方法及判定标准与例行试验内容相同，详见例行试验章节	S
2		装配结构尺寸检查	试验方法及判定标准与例行试验内容相同，详见例行试验章节	S
3		直流电阻测量	试验方法及判定标准与例行试验内容相同，详见例行试验章节	S
4		工频电阻测量	试验方法及判定标准与例行试验内容相同，详见例行试验章节	S
5		电感值测量	试验方法及判定标准与例行试验内容相同，详见例行试验章节	S
6		绝缘电阻测量	试验方法及判定标准与例行试验内容相同，详见例行试验章节	S
7		工频耐压试验	试验方法及判定标准与例行试验内容相同，详见例行试验章节	S
8	型式试验	温升试验	综合冲击能量要求与最大稳态持续电流要求进行等效的温升试验，每次通电冷却 30min 后再次通电，共通电 5 个周期，记录每次电阻的温升值，若在电阻单元上开展试验，单台电阻单元功率需考虑 1.1 倍不均匀系数	S
9		冲击能量试验	按照设备参数的最大冲击能量要求（需考虑波尾电流影响），对电阻器施加瞬时能量，实验电流按峰值电流，冲击次数 5 次，冲击间隔 30min，若在电阻单元上开展试验，需考虑 1.1 倍不均匀系数。试验过程应对电阻器用红外线测温设备测量，测点不少于 5 点，实验之前及之后均应对电阻值进行测量，前后测量电阻值改变不应超过 ±5%	S
10		冲击电流试验	（1）按照设备参数的峰值电流要求，对电阻器施加电流，通电时间不小于 1s，试验过程应对电阻器用红外线测温设备测量，测点不少于 5 点，实验之前及之后均应对电阻值进行测量，前后测量电阻值改变不应超过 ±5%。 （2）施加峰值电流，通电时间内电阻吸收能量达最大冲击能量要求，则电流冲击试验可与能量冲击试验合并进行	S
11		雷电冲击耐压试验	（1）端子间：试验方法按照 GB/T 311.1—2012《绝缘配合　第 1 部分：定义、原则和规则》的要求进行。 （2）端对地：在电阻器整体结构上进行端对地雷电冲击耐压试验。试验方法按照 GB/T 311.1—2012《绝缘配合　第 1 部分：定义、原则和规则》的要求进行。试验电压根据设备的绝缘水平，参照 GB/T 311.1—2012《绝缘配合　第 1 部分：定义、原则和规则》的规定而定，加压次数 15 次	S

续表

序号	见证项目	见证内容	见证要点及要求	见证方式
12	型式试验	操作冲击耐压试验	（1）端子间：在电阻器整体结构上进行端对地雷电冲击耐压试验。试验方法按照 GB/T 311.1—2012《绝缘配合　第 1 部分：定义、原则和规则》的要求进行。 （2）端对地：在电阻器整体结构上进行端对地雷电冲击耐压试验。试验方法按照 GB/T 311.1—2012《绝缘配合　第 1 部分：定义、原则和规则》进行。试验电压根据设备的绝缘水平，参照 GB/T 311.1—2012《绝缘配合　第 1 部分：定义、原则和规则》的规定而定，加压次数 15 次。 注：启动电阻操作冲击耐压试验为湿式试验	S

9.4.2　例行试验

电阻器类产品常规例行试验共计 7 项，每个电阻器单元必须进行出厂试验。除另有规定外，所有试验和测量都应在以下条件下进行，温度 15～35℃；相对湿度 25%～75%；气压 86～106kPa；在进行测量之前，电阻器应在测量温度下放置足够长的时间，以使整个电阻器都达到这一温度，与试验后规定的恢复时间相同通常就可以达到此目的。常规例行试验项目及品控要点见表 9-9。

表 9-9　　　　　　　　　　　常规例行试验项目及品控要点

序号	见证项目	见证内容	见证要点及要求	见证方式
1	例行试验	外观及一般检查	裸眼目测电阻器外观应无明显划痕，门关闭灵活，查看铭牌参数正确，紧固件无松动，母线连接正确，接触可靠	S
2		装配结构尺寸检查	使用校标过的游标卡尺、卷尺对电阻器外观进行测量，产品外观误差应图纸范围内。测量电阻器内部电阻模块间及电阻模块对外壳的绝缘间隙，测量结果在图纸公差范围内则判定符合要求	S
3		直流电阻测量	使用双臂电桥测量电阻器直流电阻，单个模块及整机阻值换算 25℃标准值与额定电阻偏差应符合设计公差要求	S
4		工频电阻测量	使用交流阻值测试仪在工频状态下的交流电阻值，整机阻值与额定阻值偏差应在设计公差要求范围内，前后测量电阻值改变不应超过±2%	S
5		电感值测量	在工频频率（50Hz）下测量电阻器的电感值，测得电感值应小于设计要求值	S
6		绝缘电阻测量	试验采用 2500V 绝缘电阻表，试验电压施加于电阻器阴线端子与之家的接地端之间，测得绝缘电阻应大于 100MΩ	S
7		工频耐压试验	测试电压施加于接线端子与之绝缘的支架之间，加压时间 1min，考核电阻单元的绝缘水平，试验期间试品应无闪络、无放电，泄漏电流应无明显增大	S

9.5　典型质量问题分析处理及提升建议

9.5.1　启动电阻绝缘子装配型号错误放电击穿问题

问题描述：某型号启动电阻进行进出线套管的雷电冲击试验中，试验电压为

137.5kV，正负极性雷各 15 次。负极性雷顺利通过，正极性雷 2、4、11 号发生了三次击穿。现场见证人员观察到第三次击穿时，电阻箱内部有蓝色电弧，推测是箱体内发生了外闪放电。开箱检查发现，放电位置的旁侧支柱绝缘子与厂家最初设计型号不符。错误安装的绝缘子有较长的金属杆，缩短了空气净距，在雷电压下发生了放电，如图 9-7 所示。

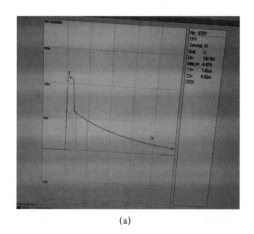
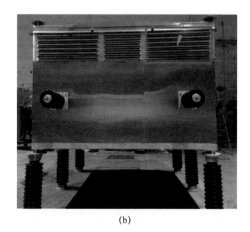

(a)　　　　　　　　　　　　　　　(b)

图 9-7　启动电阻绝缘击穿示意图

（a）典型击穿波形；（b）电阻箱内部放电示意图

原因分析及处理情况：误装绝缘子的原因有以下两点：一是设计部门与制造基地分属两地，内部管理方面设计、制造相互脱节，缺乏统筹协调；二是技术储备不足，劳动力素质低下。驻厂调研得知，制造基地人员技术水平差，生产工艺粗糙，质检环节把控不严。

厂家将绝缘子更换为南瓷 H4-170 后，该启动电阻顺利通过单个箱体型式试验，如图 9-8 所示。

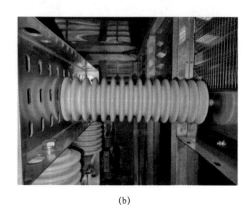

(a)　　　　　　　　　　　　　　　(b)

图 9-8　更换前后绝缘子

（a）更换前绝缘子（唐瓷）；（b）更换后绝缘子（南瓷）

品控提升建议：供应商应加强生产过程管理，制作相应检查记录，对主要原材料应有明显标识，避免原材料使用错误发运出厂。

9.5.2 启动电阻雷电冲击试验放电击穿问题

问题描述：某型号启动电阻开展端对端雷电冲击耐压试验中，试验电压为750kV，电压波形为负极性标准雷电冲击波 1.2/50μs，电阻进线端加高压，出线端接地。仅第一次试验通过，试验数据见表 9–10，从第二次试验开始即出现了放电现象。

表 9–10　　　　　　　　　　端对端雷电冲击试验数据（第一次）

序号	试验电压（kV）	波前时间 T_1（μs）	半峰时间 T_2（μs）
合格标准	−750×（1±3%）	1.2×（1±30%）	50×（1±20%）
1	−736.21	1.27	42.01
2	−530	放电	放电
3	−419	放电	放电
4	−437	放电	放电

返厂解体结果显示：多个云母串梗绝缘层上有击穿点，击穿点附近的片间瓷件上有炸裂或飞弧痕迹［如图 9–9（a）所示］，云母层放电点都分布在电阻单元上下底座附近［如图 9–9（b）所示］。这是因为电阻单元上下底座与中间电阻片相连，金属芯棒也固定于底座上，造成底座、金属芯棒、中间位置电阻片三者具有相同电位。云母绝缘层承受金属芯棒和电阻片间的电位差，自中间位置向上下底座方向不断扩大，在底座附近电位差最大。

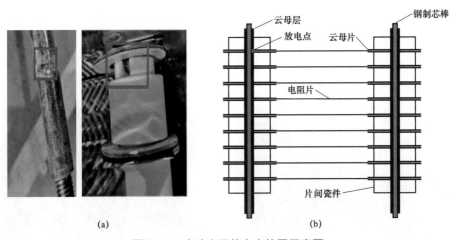

(a)　　　　　　　　　　　　　　　　　(b)

图 9–9　启动电阻放电点位置示意图
（a）云母绝缘层击穿/瓷件炸裂；（b）云母放电示意图

原因分析及处理情况：一是设计裕度不足。电阻器本体存在寄生电容电感，会引起雷电压的不均匀分布，导致电阻器局部分压过高，超过了 1.1 倍的设计裕度。二是云母绝缘层质量不佳，该批次云母串梗存在部分次等品，达不到设计绝缘强度。厂家采用了绝缘强度更高的云母层进行替换。

品控提升建议：产品设计应有足够的设计裕度，加强原材料组部件入厂的验收力度，必要时应采取延伸品控控制。

9.5.3　启动电阻雷电冲击试验第二次击穿放电

问题描述：9.5.2 中同型号电阻器开展第二次型式试验。进行端对端雷电冲击耐压试验时，试验电压为 750kV，电压波形为负极性标准雷电冲击波 1.2/50μs，电阻进线端加高压，出线端接地。然而仅前两次试验通过，试验数据见表 9–11，从第三次试验开始即出现了放电现象，中间电阻箱体内有明亮蓝白色弧光，如图 9–10 所示。

表 9–11　　　　　　　　　　端对端雷电冲击试验数据（第二次）

序号	试验电压（kV）	波前时间 T_1（μs）	半峰时间 T_2（μs）
	$-750 \times (1 \pm 3\%)$	$1.2 \times (1 \pm 30\%)$	$50 \times (1 \pm 20\%)$
1	-740.28	1	46.94
2	-739.59	1.07	46.8
3	-747.11	放电	放电
4	-590.89	放电	放电

解体发现上箱体 6 个电阻排均被击穿，中下箱体各有 3 个电阻排被击穿，放电点同样位于云母层上。中间箱体电阻排连接件上还发现了外闪放电痕迹。解体结果与试验现象相对应，推测是雷电压的不均匀分布造成上电阻箱分得较高电压，在雷电耐压试验中首先被破坏。而后中下箱体承受了大部分雷电压，超过了设计的空气净距，导致中间箱体内发生了外闪现象。

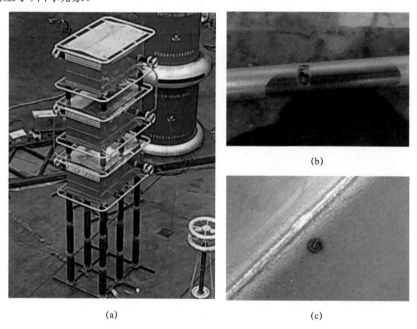

(a)　　　　　　　　　　　　　　　　(c)

图 9–10　第二次放电

（a）中间箱体放电；（b）云母绝缘层放电击穿痕迹；（c）外闪放电痕迹

特高压多端直流主设备品控技术与应用

原因分析及处理情况：a 电阻单元间电压不均匀分布情况将启动电阻等效为 6 支电阻电感元件相互串联的型式，每支电阻为 5000/6=833（Ω），电感实测值为 1.96mH，则每支电感为 1.96/6=0.327（mH）。实测箱体间电容为 2pF 和 2.5pF，估计箱体对地电容为 10pF、7.5pF 和 5pF，估计箱体内部电容 1pF。采用−750kV（1.2/50μs）标准雷电波进行仿真。

对于上进线下出线工况，每支电阻电感元件平均分压 125kV，下端电阻分压最高，为 135kV，是平均分压的 1.08 倍。对于下进线上出线工况，每支电阻电感元件平均分压 125kV，下端电阻分压最高，为 154kV，是平均分压的 1.23 倍。由仿真结果可知，接线方式的区别导致启动电阻电容分布情况不同，进而影响了雷电压的分布情况，最大不均匀程度为 1.23，如图 9−11 所示。

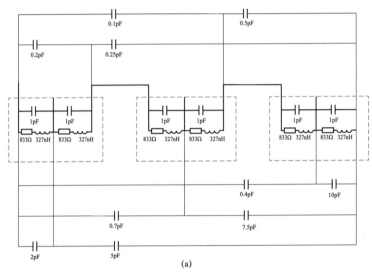

(a)

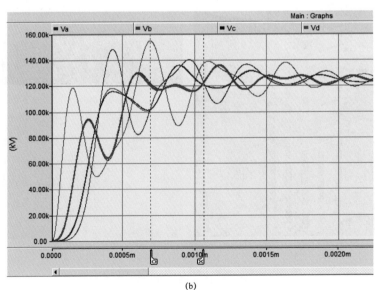

(b)

图 9−11　PSCAD 仿真模型及结果

（a）仿真模型；（b）结果

基于 ANSYS 平台，对电阻单元内部电压分布情况开展仿真研究。

单个电阻单元如图 9-12 所示。金属芯棒直径 3mm，长度 1505mm，材料为不锈钢；云母层厚度 2mm，长度 1495mm，为理想绝缘体，相对介电常数为 5.7；单个电阻片厚度 3.15mm，为镍铬合金，电导率为 900000S/m；瓷件厚度 40mm，外直径 30mm，电导率为 0.0001S/m。

在上电阻排处施加 22.92kV 雷电冲击电压，下电阻排处施加 22.92kV 雷电冲击电压，电压波形为 1.2/50μs 标准波，持续时间约为 150μs，芯棒与中间 16、17 片电阻片为零电位。图 9-12（b）中 A 点是云母层与上电阻片的接触点，B 点是与芯棒接触点。由图 9-12（c）可见，AB 点之间电压峰值约为 23kV，与施加雷电压相近。因此，电阻单元内部的寄生电容电感不会引起电压的不均匀分布。

由于现场设备基础已修建，启动电阻外形尺寸不可发生变动。云母层的绝缘强度也无法进一步提高。因此在保证外形尺寸不变、电阻片数不变的前提下，减少单个电阻单元（电阻排）的电阻片数量，大排变小排，以减低云母层承受的电压。

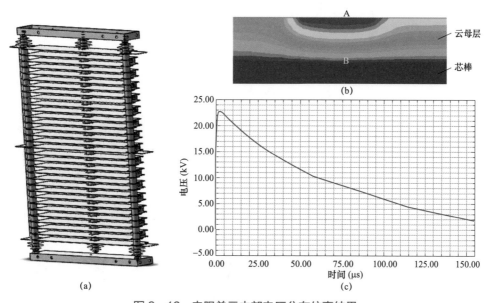

图 9-12　电阻单元内部电压分布仿真结果

（a）电阻单元模型；（b）电压分布云图；（c）U_{AB} 电压—时间分布图

厂家将原先的电阻单元内部 2 堆共计 6 个电阻排的设计调整为 2 堆 4 个电阻排的设计，电阻片的规格和总数保持不变；同时电阻排层间支柱绝缘子调整规格（原绝缘要求为电阻单元绝缘要求的 1/6，因为电阻排数量调整，绝缘要求调整为电阻单元绝缘要求的 1/8）。原先每个电阻排有 32 片电阻片，调整后变为 24 片。调整前后云母层承受电压之比为：

$$\frac{U_{24}}{U_{32}} = \frac{\frac{1}{8} \times \frac{13}{24}}{\frac{1}{6} \times \frac{17}{32}} = 0.76$$

即电阻排绝缘强度提高为之前的 1/0.76＝1.31 倍。对于电阻箱内部：调整前，箱体空气净距最小是 280mm，为两堆电阻排左右间距，裕度 1.1 倍。这也是启动电阻整体绝缘裕度最小的部分，在型式试验中发生了外闪。调整后，由于单个电阻排变短，该距离增大为 424mm，裕度 1.6 倍，如图 9-13 所示。

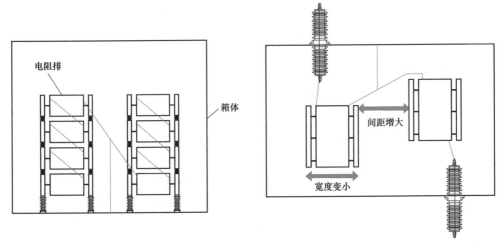

图 9-13　调整后箱体内部元件分布图

品控提升建议：厂家产品设计应增加更多功能性验证试验，仿真计算及研发试验结合对产品设计进行验证。

9.5.4　耗能电阻型式试验温升试验失败问题

问题描述：某工程的耗能电阻器在进行型式试验温升试验时出现放电现象，根据处理方案整改后，进行第二次温升试验时，再次出现放电现象，如图 9-14 所示。

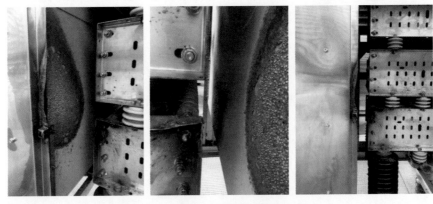

图 9-14　耗能电阻温升试验失败照片

原因分析及处理情况：电阻带间距过小，绝缘间隙不够导致，应由 9.5mm 增加至 12mm，此外还应进一步优化耗能电阻设计与工艺方案，加强电阻器生产、制造工艺，考虑电阻片热膨胀形变、暂态电流冲击、切割工艺等因素对试验放电的影响。厂家对设计结构进行优化，设计电阻带之间由 U 形改为 W 形设计，带间距保证值由 8.5mm 增加到 12mm，外形尺寸长度由 640mm 增加到 765mm，电阻器整体外形尺寸无变化，如图 9−15 所示。

(a)　　　　　　　　　　　　　　　(b)

图 9−15　电阻带改善前后对比

（a）改善前 U 形设计带间距不小于 8.5mm；（b）改善后 W 形设计带间距不小于 12mm

电阻器内部模块之间连接由侧边连接改为模块之间穿过连接，此更改不影响内部绝缘距离，如图 9−16 所示。

(a)　　　　　　　　　　　　　　　(b)

图 9−16　耗能电阻模块改善前后对比

（a）改善前连接方式；（b）改善后连接方式

工艺方面增加电阻带间距的工艺管控力度，测量每个电阻带间距并指定相应的记录，对电阻器内部电气间隙增加工艺管控力度，并制定相应测量记录。改善后的耗能电阻再次进行温升试验，温升试验过程顺利，温升小于 550K，试验后检查电阻片无异常现象，试验过程无异常情况，试验合格。

品控提升建议：产品设计应与生产工艺结合，应增加实际适用工况及生产种各工艺公差对产品的影响。

9.6 小 结

通过对电阻器类设备生产过程中发生的质量问题进行系统分析，同时结合以往工程经验，提出以下几点建议：

（1）加强原材料组部件品控。严格按照技术协议对关键原材料组部件进行审查，全程跟踪原材料组部件入厂检查、抽检试验验证。

（2）开展关键原材料组部件延伸品控控制。对电阻材料及绝缘子等关键组部件进行延伸品控控制，管控关键组部件生产流程、出厂试验，从源头对关键原材料组部件质量进行把关。

（3）加强电阻器类设备装配过程质量管控。严格按照制造厂生产工艺、技术协议、相关标准进行开关类设备生产过程质量管控，对制造厂生产环境、生产设备、生产人员资质进行严格审核，为设备出厂试验一次通过做好基础。

（4）加强电阻器类设备出厂试验品控。按照电阻器类设备相应标准及技术协议等审核制造厂出厂试验方案；对试验过程、试验结果做出准确判断。

第10章 避 雷 器

10.1 设 备 概 况

避雷器是限制雷电和电力系统操作过电压，保护电气设备免受瞬时过电压危害的一种重要保护电器。避雷器按电力系统分为交流避雷器和直流避雷器。由于直流避雷器承受的电压应力比交流避雷器复杂，技术要求更高，本章重点介绍直流避雷器。在特高压多端混合直流工程中，直流避雷器因安装位置不同而承受的电压应力和采用的避雷器的种类不同。±800kV换流站直流避雷器典型布置图如图10-1和图10-2所示。

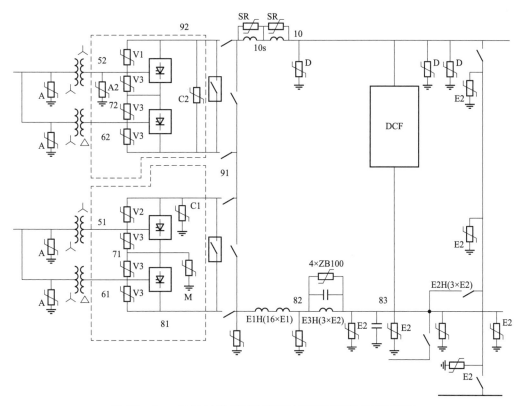

图 10-1 ±800kV 常规直流换流站直流避雷器典型配置图

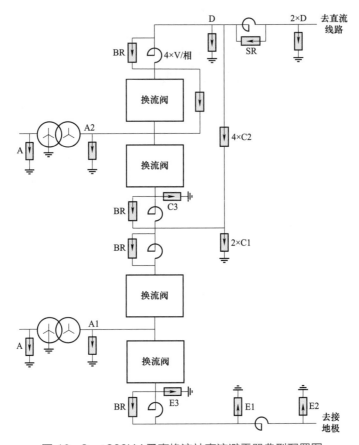

图 10-2 ±800kV 柔直换流站直流避雷器典型配置图

换流站直流避雷器的种类和作用：

（1）阀避雷器用于保护换流阀免受过电压的危害。

（2）直流中点母线避雷器用于保护 12 脉动换流器下部的 6 脉动换流器免受过电压的危害。

（3）桥臂电抗器避雷器用于保护桥臂电抗器免受过电压的危害。

（4）换流器直流母线避雷器用于保护平波电抗器的换流器侧高压直流极线上连接的电气设备免受过电压的损坏。

（5）换流器避雷器连接在单 12 脉动换流器的两端，用于限制侵入阀厅的雷电过电压幅值。

（6）直流母线避雷器、直流线路避雷器用于保护与直流极线相连接的直流开关场的设备免受过电压的危害。

（7）中性母线避雷器用于保护中性母线和与它连接的电气设备免受过电压的危害。

（8）直流滤波器避雷器用于保护直流滤波器的电抗器和电阻器免受过电压的危害。

（9）平波电抗器避雷器用于保护平波电抗器免受过电压的危害。

（10）交流母线避雷器安装于靠近交流网络进线终端并靠近换流变压器处，用于保护交流母线和换流变压器免受过电压的危害。

在以往特高压直流工程中，直流避雷器曾多次发生压力释放，主要集中在多柱并联结构直流避雷器，如中性母线避雷器、直流转换开关避雷器。

10.2　设计及结构特点

1. 避雷器电阻片选型及结构设计

在避雷器电阻片选型上，根据避雷器的保护水平和吸收能量等要求，选择氧化锌电阻片的规格，通常在满足避雷器的保护水平和吸收能量前提下选择大尺寸、高吸收能量的氧化锌电阻片，以减小电阻片的并联柱数；在结构设计上，首先根据避雷器的持续运行电压和吸收能量要求来确定避雷器的并联柱数，然后再考虑避雷器的残压和参考电压要求，最终确定避雷器的并联结构。避雷器的并联结构有避雷器元件外并联、氧化锌电阻片柱内并联。如某工程金属转换开关用避雷器设计如图 10-3 所示。直流避雷器技术参数见表 10-1。

图 10-3　多元件并联避雷器

表 10-1　　　　　　　某工程中性母线 E 型直流避雷器技术参数

序号	项目		单位	技术参数
1	额定电压有效值 U_r		kV	142
2	峰值持续运行电压（CCOV）		kV	150
3	工频参考电流		mA	48（24/元件）
4	工频参考电压		kV/$\sqrt{2}$	≥142
5	直流参考电流		mA	8（4/元件）
6	0.75 倍直流参考电压下的泄漏电流		kV	≤400（200/元件）
7	持续运行电压下的阻性电流		mA	≤5.6（2.8/元件）
8	雷电冲击电流下最大放电电压		kV/kA	341/121
9	操作冲击电流下最大放电电压		kV/kA	375/10
10	4/10 大电流耐受能力		kA	100/柱
11	压力释放	大电流	kA rms	65
12		小电流	A rms	800
13	额定能量吸收		MJ	3.9
14	局部放电量		pC	≤10
15	电流分布不均匀系数		—	≤1.05
16	外套绝缘耐受	雷电冲击耐受电压	kV crest	450
17		操作冲击耐受电压	kV crest	380
18	避雷器并联柱数		—	内 4 并外 2 并

2. 外绝缘强度设计

在直流工程中，由于避雷器种类多，在外套选取上有瓷外套避雷器、复合外套避雷器。对于避雷器的爬电距离，根据避雷器的运行工况、环境条件和安装地的污秽等级来确定避雷器的爬电距离；对于避雷器的干弧距离，根据避雷器规定的绝缘水平及使用环境，对避雷器外套在不同海拔或气候条件下的直流、雷电、操作电压下的闪络特性进行研究，并通过计算、模拟试验，并考虑防晕环（如果有）对放电特性的影响，确定避雷器的外绝缘干弧距离。避雷器的外套伞形应具有良好的耐污、自洁等特性，根据避雷器安装地的污秽等级和相关标准来选择避雷器的伞形结构。

3. 避雷器吸收能量及均流特性

电压吸收能量要求高的避雷器，通常采用多柱电阻片并联结构，在冲击电流下，电流在每个柱之间的分配，是多柱并联结构避雷器稳定运行的关键问题之一。然而由于制造偏差，不同氧化锌电阻片柱间电流会有一定差别，避雷器允许的吸收能量将由放电电压最低的氧化锌电阻片柱所决定，故须严格控制电流分配的最大偏差，以保证在冲击电流下各氧化锌电阻片柱电流分担均匀。

4. 避雷器机械强度

对避雷器机械强度的控制主要从以下三个方面采取措施：

（1）对采用座式和悬挂式安装的避雷器，按其强度要求对避雷器进行强度校核和试验验证。

（2）对于复合外套避雷器，采用高强度玻璃丝缠绕筒和硅橡胶伞套整体模压工艺，复合外套两端部与法兰的连接采用胶装结构。

（3）对于瓷外套避雷器，瓷外套采用高强度瓷制成。

5. 避雷器密封

对避雷器密封的控制主要从以下三个方面采取措施：

（1）控制密封圈的压缩量和密封槽的精度。

（2）采用微正压充气阀，阀门与盖板采用两道密封结构。

（3）选用耐候性、耐温差、弹性良好的密封圈，确保密封圈的耐老化性能。

6. 避雷器压力释放结构

对避雷器压力释放的控制主要从以下两个方面采取措施：

（1）在避雷器两端设置了动作时延小和灵敏度高的压力释放装置。

（2）在避雷器两端法兰上设置了喷弧导向口，可将电弧迅速引向避雷器外部并短接。

10.3 设备品控要点

10.3.1 原材料、零部件检查

为确保避雷器所需的关键原材料、零部件质量，对避雷器用的关键原材料、零部件进行见证，品控要点见表 10-2。

表 10-2　　　　　　　　　　　　原材料、零部件品控要点

序号	见证内容	见证要点及要求	见证方式
1	氧化锌	氧化锌成分分析报告（第三方出具），ZnO、Fe、金属物等成分符合要求	W
2	外套（复合）	（1）外观检查，外观无磕碰、划伤，尺寸公差符合设计要求； （2）出厂检验报告检查； （3）型式试验报告检查，报告在有效期限内	W
3	绝缘杆	（1）外观检查，外观无磕碰、划伤，尺寸公差符合设计要求； （2）出厂及入厂检验报告检查； （3）第三方检测报告检查，报告在有效期限内	W
4	密封件	（1）外形尺寸公差（直径）、型号规格符合设计要求； （2）出厂检验报告检查	W
5	均压环	（1）外观检查，外观无磕碰、变形、划伤，焊接质量可靠； （2）出厂及入厂检验报告检查	W
6	监测器	（1）外观检查，型号规格符合要求； （2）入厂检验报告检查	W

10.3.2　电阻片生产品控要点

氧化锌电阻片是避雷器的核心元件，对氧化锌电阻片的质量管控尤为重要。氧化锌电阻片生产品控要点见表 10-3。

表 10-3　　　　　　　　　　　　电阻片生产品控要点

序号	见证内容	见证要点及要求	见证方式
1	造粒	造粒料平均粒径符合工艺要求	W
2	电阻片成型	（1）检查成型体厚度、成型体体积密度； （2）检查设备程序设置规范性，如加压速度、成型压力、浮动压力、保压时间、成型间温度等	W
3	涂高阻层	符合厂家工艺要求	W
4	电阻片烧成	梯度符合设计要求	W
5	磨片与清洗	（1）检查电阻片尺寸，包括磨片厚度、平行度、形位公差、外观（有无碰损）； （2）清洗后，电阻片清洁度检查	W
6	电阻片性能试验	（1）雷电冲击电流下残压测试、直流 1mA 参考电压测试； （2）电阻片尺寸、外观检测； （3）方波试验、大电流试验、老化试验、残压试验、均流试验	S

10.3.3　成品生产品控要点

避雷器成品生产及发运品控要点见表 10-4。

表 10-4 避雷器成品生产及发运品控要点

序号	见证内容	见证要点及要求	见证方式
1	装配环境	温湿度控制，温度（20±10）℃，相对湿度不大于60%。	S
2	零部件预处理	（1）电阻片干燥记录检查，在120℃烘箱，时间不小于10h。 （2）绝缘棒、绝缘筒干燥记录检查，在50~60℃烘箱，时间不小于4h。 （3）均压电容器干燥记录检查，在60~80℃烘箱，时间不小于16h。 （4）金属零部件、密封件、瓷套放置时间检查，在装配环境下静置8h以上	S
3	零部件清洁	所有零部件需要用酒精擦拭洁净，表面无浮尘	S
4	避雷器装配	（1）密封部位密封胶的涂抹厚度均匀，不允许有漏涂部位。 （2）密封圈、防爆片安装检查，符合图纸要求。 （3）芯体装配检查，符合图纸要求。 （4）弹簧压缩量检查，符合设计要求	S
5	产品检漏	（1）一级检漏（即抽真空），真空度低于50Pa，不停机保持1min，真空度变化小于15Pa。 （2）二级检漏，泄漏率不大于 6.65×10^{-5} Pa·L/s	S
6	存储及发运	（1）铭牌检查，铭牌参数内容符合国家标准要求。 （2）发运检查，包装标识、随机文件齐全，产品整洁无油污	S

10.4　试验检验专项控制

避雷器试验过程中，各项试验的品控要点详见表 10-5。

表 10-5 避雷器试验品控要点

序号	见证项目	管控要求	试验类型
1	阻性电流试验	对避雷器施加持续运行电压，测量通过试品的全电流和阻性电流	例行试验
2	标称放电电流残压试验	避雷器在雷电冲击电流下的残压值，若不能直接测量整体残压，可把电阻片残压之和（或避雷器元件残压之和）视为整只避雷器残压	例行试验
3	工频参考电压试验	在规定的工频参考电流下测量避雷器工频参考电压，测量结果应符合产品技术要求	例行试验
4	直流参考电压试验	对避雷器施加直流电压，在直流参考电流下测量避雷器的直流参考电压值，测量结果应符合产品技术条件要求	例行试验
5	0.75倍直流参考电压下的泄漏电流试验	对避雷器施加0.75倍直流参考电压，测量通过试品的电流值	例行试验
6	局部放电试验	试验时，施加在试品上的工频电压应升至额定电压，保持2~10s，然后降压至试品的1.05倍持续运行电压，在该电压下，测量局部放电量，局部放电量不应超过规定值	例行试验
7	多柱避雷器电流分布试验	并联的电阻片组在单柱250A雷电冲击电流下，电流分布不均匀系数不大于1.05	例行试验
8	密封性能试验	泄漏率不大于 6.65×10^{-5} Pa·L/s	例行试验
9	监测器试验	对监测器进行密封试验、动作性能试验	例行试验
10	绝缘底座绝缘电阻试验	测量绝缘底座绝缘电阻，测量值不小于5000MΩ	例行试验

续表

序号	见证项目	管控要求	试验类型
11	避雷器外套的绝缘耐受试验	（1）直流正极性耐受试验。 （2）工频电压耐受试验（如果有）。 （3）雷电冲击电压耐受试验。 （4）操作冲击电压耐受试验	型式试验
12	动作负载试验	试验前后残压变化不大于 5%，电阻片无击穿、无闪络、无破损现象	型式试验
13	短路电流试验	（1）大电流短路电流试验，短路持续时间不小于 0.2s，试品压力释放过程中，无碎片飞出。 （2）小电流短路电流试验，短路持续试验不小于 1s，试品压力释放过程中，无碎片飞出	型式试验
14	弯曲负荷试验	在 30～90s 时间内到达试验负荷，保持 60～90s，记录残余偏移，避雷器应能承受住额定抗弯负荷 60s 而不被破坏，并对有关性能前后进行比较，结果符合要求	型式试验
15	环境试验	（1）温度循环试验（瓷外套避雷器），按照 GB/T 2423.22《环境试验　第 2 部分：试验方法　试验 N：温度变化》进行，高温 +40～+70℃，低温不小于 −50℃，温度变化梯度 1K/min，每个温度等级持续时间 3h，循环次数 10 次。 （2）盐雾试验（瓷外套避雷器），按照 GB/T 2423.17《电工电子产品环境试验　第 2 部分：试验方法　试验 Ka：盐雾》进行，盐溶液浓度：质量的 5%±1%，试验持续时间 96h	型式试验
16	无线电干扰电压（RIV）试验	在 1.05 倍持续运行电压下，避雷器最大无线电干扰水平不应超过 2500μV	型式试验
17	残压试验	避雷器分别在雷电冲击电流下、陡波冲击电流下、操作冲击电流下的残压值，若不能直接测量整体残压，可把电阻片残压之和和单个避雷器元件残压之和视为整只避雷器残压	型式试验

10.5 典型质量问题分析处理及提升建议

10.5.1 500kV 交流避雷器局部放电异常问题

问题描述：某厂家生产的金属氧化物避雷器进行 1.05 倍持续运行电压下的局部放电检测时，发现共有 4 个避雷器元件出现异常，局部放电值为 6pC 左右，高出同批次避雷器近 1 倍（正常值为 3pC 左右），初步判定异常。

原因分析及处理情况：经对上述 4 个元件进行多次复测，局部放电值仍在 6pC 左右。为了进一步确认原因，对上述 4 个异常元件进行解体分析检查，发现电阻片距离绝缘棒太近，装配过程中由于芯体过高，在对电阻片柱紧固过程中，个别电阻片错位，在芯体检查环节未检查出，导致避雷器局部放电量增加。

品控提升建议：针对避雷器芯体重的氧化锌电阻片个别错位、芯体与绝缘杆间隙距离不一导致局部放电量增加的问题，提出以下整改建议：

（1）确定该结构避雷器芯体与绝缘杆间隙距离为 1mm，厂家制作 1mm 的非金属检验工装；

（2）将该项检查纳入生产过程控制项目，在生产流程单中体现并执行。

10.5.2　避雷器监测器计数动作试验问题

问题描述：某柔直工程直流极线避雷器用监测器在计数动作试验时不动作，如图 10－4 所示。

原因分析及处理情况：该型号监测器的下限动作计数电流为 200A（8/20μA），出厂动作电流控制在 150～200A 之间，现场用于动作计数试验的装置输出的能量不够。

品控提升建议：为了防范此类问题出现，建议对每站配置 ZFJS－Ⅱ 型避雷器计数器校验仪 1 台，且必须经检验输出能量满足要求后才可使用。

图 10－4　监测器性能检测

10.5.3　避雷器监测器故障问题

问题描述：某柔直工程直流极线避雷器用 5 台监测器出现小电流动作计数上传正常，而大电流动作计数无法同步上传。

原因分析及处理情况：经对同型号的监测器进行试验，查明为该批监测器所用的采集板芯片虚焊引起上述问题。

更换采集板，经检测试验合格。

品控提升建议：为了防范此类问题出现，在监测器使用前，建议对带上传功能的监测器进行同步上传试验。

10.5.4　MRTB 开关避雷器电阻片故障

问题描述：2016 年 4 月，某±800kV 特高压直流工程极 1 因线路故障发生闭锁，直流系统由双极转为极 2 单极大地运行，在将极 2 操作至单极金属回线方式过程中，送端换流站 MRTB 开关断开后，极 2 82MRTB 保护动作，大地－金属回线方式转换失败，直流系统转回极 2 单极大地运行方式，转换功率为 2000MW。现场检查发现 MRTB 开关避雷器存在异常，其中一只避雷器法兰的温度为 38℃（同平台其余避雷器为 18℃），且该避雷器底部有明显变形，底部喷口可见白色粉末，避雷器已发生压力释放。对该故障避雷器进行解体，解体情况表明：避雷器密封圈完好，密封圈内无水渍、无锈蚀，未见明显受潮痕迹。4 柱电阻片中，其中 1 柱顶部第一片电阻片开裂，其余电阻片表面存在不同程度烧蚀现象。另外 3 柱存在轻微电弧灼烧痕迹，无开裂、击穿现象，如图 10－5 所示。

图 10-5 故障避雷器解体现象

原因分析及处理情况：对故障避雷器进行返厂解体，发现密封圈完好、表面光洁，与钢板压痕均匀，密封圈内无水渍，钢板、弹簧无锈蚀，未见明显受潮痕迹。多片电阻片发生了大面积的开裂、烧蚀和穿孔现象，边缘有明显电弧通道，电阻片能量损坏的特征明显，避雷器故障为典型电阻片热崩溃故障，过电压高且持续时间长，工况特殊，超过该类型避雷器的暂时过电压耐受能力，引起避雷器热崩溃。

品控提升建议：重点加强电阻片一致性控制，对电阻片筛选试验重点见证，确保均一性。

10.6 小 结

通过对特高压多端混合直流工程避雷器设备各个关键工序的管控，并结合厂家工艺文件等比对分析和以往工程经验，发现仍存在亟须解决的问题，重点表现在原材料、零部件均一性差，工艺执行的一致性不稳定。

（1）原材料、零部件的均一性差。关键在于生产工艺不稳定所致，既有技术原因也有管理因素，后者涉及操作人员的权重更大。为确保原材料、零部件质量，一方面，需要加强出厂及入厂的检验力度；另一方面，需要细化检验技术，加大抽样比例，尽量避免偶然性因素影响避雷器的运行可靠性。

（2）确保工艺执行一致性。对存在避雷器密封不良和局部电阻片老化问题，应严格核实不同工序的工艺管控，把控电阻片配组、干燥及密封检测等，避免因产品工艺管控不一致影响产品质量。

第11章 支柱绝缘子

11.1 设备概况

11.1.1 绝缘子简介

绝缘子是安装在不同电位的导体或导体与接地构件之间的能够耐受电压和机械应力作用的器件。它能支持和固定裸载流导体，并使裸载流导体与地绝缘，或使装置中处于不同电位的载流导体之间绝缘。主要存在支柱式、盘形悬式及套管式三种结构形式。

11.1.2 绝缘子材料分类

绝缘子按其制造材料分类主要为电瓷、玻璃和复合绝缘子三大类。复合绝缘子又名合成绝缘子，也称为有机绝缘子或非瓷绝缘子。电瓷和玻璃绝缘子由无机材料制作。

传统的瓷或玻璃绝缘子结构稳定、机械强度高、制作成本低，但瓷体重、较脆易破坏、易受潮。复合绝缘子属于多材料系统，是至少由两种不同的绝缘材料构成的，将绝缘子的各项功能由不同的材料分开承担，共同发挥它们的最佳功能，具有质量轻、污秽性能优良、不易破坏等特点，但生产成本高、易受气候降解寿命难以保证等。

11.1.3 绝缘子用途分类

绝缘子在输变电工程中按用途主要分为线路绝缘子和电站绝缘子。线路绝缘子用于固结架空输、配电导线和屋外配电装置的软母线，并使它们与接地部分绝缘，包括针式、悬式、蝴蝶式和瓷横旦四种。

电站绝缘子用来支持和固定电器的载流部分或者发电厂及配电站内外配电装置的硬母线，并使母线与大地绝缘，分为支柱式和套管式。

本章主要针对高压直流输电工程电站用支柱复合绝缘子，包括直流场及阀厅支柱绝缘子以及各类电气设备的支柱复合绝缘子等。图 11-1 为某型号支柱复合绝缘子。

图 11-1 某型号支柱复合绝缘子

11.2 设计及结构特点

支柱复合绝缘子是起电气绝缘和机械支撑作用的外绝缘元件。以下主要介绍支柱复合绝缘子的 7 种不同技术路线，主要差异在于芯体结构。

11.2.1 实心单芯棒缠绕型

实心单芯棒缠绕型支柱复合绝缘子采用"拉挤芯棒+湿法连续缠绕"工艺。纤维缠绕成型工艺是在纤维张力和预定成型控制条件下，将浸过树脂胶液的连续纤维按照一定的规律缠绕到实心拉挤棒上，然后经多次缠绕、固化、车削成型。

对大直径产品的固化，芯体不同厚度部位因为传热速率不同存在较大温度差异。不均匀或太快的升温速率，容易使环氧树脂在反应过程中集中放热，导致产品出现裂纹，图 11-2 为实心单芯棒缠绕型横截面示意图及实物图。

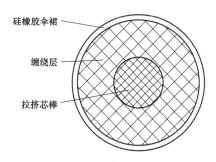 

硅橡胶伞裙
缠绕层
拉挤芯棒

图 11-2 实心单芯棒缠绕型横截面示意图及实物图

11.2.2　实心多芯棒组合型

实心多芯棒组合型支柱复合绝缘子是将一系列小直径拉挤芯棒按一定形式紧密排列，在拉挤棒间填充黏结剂，或灌封胶填充固化形成。根据在运产品情况，实心多芯棒组合型支柱复合绝缘子分为外层有、无缠绕纤维层两种主要形式，如图 11－3 所示。图（a）中绝缘子芯体外层存在一定厚度缠绕层，缠绕层固化后经过车削—浇装—封孔，内部灌入真空脱泡的灌封胶，将各芯棒之间空隙填满后静置固化。图（b）中绝缘子芯体则在拉挤棒间填充黏结剂，黏结剂与拉挤棒材质基本相同，并通过一次性浇注加温融合固化而成。该芯体生产速度快、机械性能高，中间的浇注料和芯棒的界面较多，生产成本较高，图 11－3 为实心多芯棒组合型示意图及实物图。

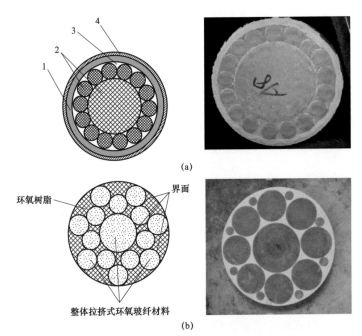

图 11－3　实心多芯棒组合型示意图及实物图

（a）外层有缠绕纤维层；（b）外层无缠绕纤维层

1—玻璃纤维环氧树脂缠绕层；2—多芯棒；3—环氧胶液；4—硅橡胶外层

11.2.3　整体拉挤单芯棒型

整体拉挤大直径单芯棒是在传统芯棒的基础上，通过改进环氧材料和固化剂、优化环氧固化曲线，由环氧树脂浸渍玻璃纤维整体连续拉挤成型。该成型工艺在制造过程中避免了内部界面的产生，并且纤维轴向分布机械强度高，整体连续拉挤工艺稳定，性能均一，自动化程度高，同时工艺难度较大，图 11－4 为整体拉挤单芯棒型截面示意图。

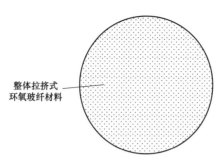

整体拉挤式
环氧玻纤材料

图 11-4　整体拉挤单芯棒型截面示意图

11.2.4　常压空心式

常压技术的关键在于控制内部凝露、微水含量、露点温度，因此绝缘子密封可靠性、材料合规性、微水等检验措施有效性等显得尤为重要。水汽渗透路径主要为两种：一是产品本体的渗透（量较少），可通过提升伞裙和玻璃钢筒结合面的化学交联程度，以及采用致密度更高的树脂和内衬材料来抑制；二是胶装区域的渗透，可通过优化密封结构来抑制。图 11-5 为常压空心支柱绝缘子结构示意图。

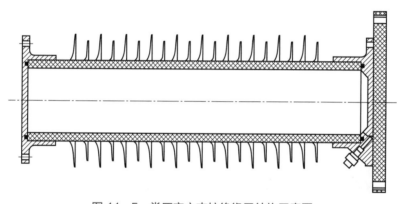

图 11-5　常压空心支柱绝缘子结构示意图

11.2.5　聚氨酯真空灌注式

聚氨酯真空灌注支柱复合绝缘子是在空心复合绝缘子的基础上内部填充硬质聚氨酯。该种聚氨酯的闭孔率达到 96% 以上，密度为 $0.14\sim0.16g/cm^3$，并且含有提高电绝缘性能的助剂。聚氨酯真空灌注工艺是在高压真空条件下将原料注入绝缘子内部，并发生化学反应。多异氰酸酯中的异氰酸根（-NCO）与组合聚醚多元醇中的羟基（-OH）在催化剂的作用下发生化学反应放出热量，在聚氨酯基体中形成封闭性微孔，氢氯氟烃保留在微孔中，保证尺寸稳定性；氢氯氟烃含卤族元素，直接影响填充物的介电性能。具有自重轻、抗震效果好等特点，工艺控制难点在于内部填充的绝缘材料与玻璃钢筒之间的界面，以及吸水率、水扩散和水渗透性等。图 11-6 为聚氨酯真空灌注支柱复合绝缘子截面图。

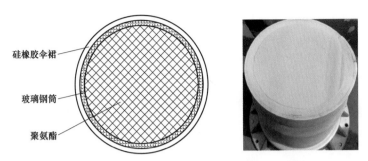

图 11－6　聚氨酯真空灌注支柱复合绝缘子截面图

11.2.6　真空浸渍复合芯体

采用预制体真空浸渍技术，将纤维束不环向纤维编织成形，通过真空浸渍固化（非拉挤、非模压）成型，可有效控制缺陷及开裂问题。图 11－7 为真空浸渍复合芯体工艺介绍示意图及实物图。

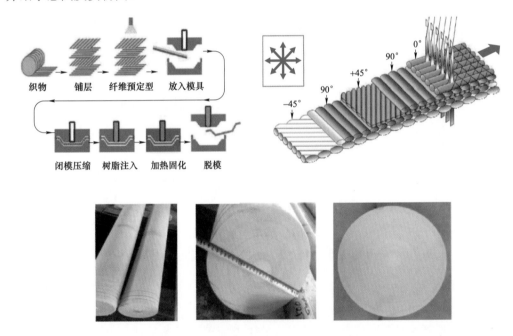

图 11－7　真空浸渍复合芯体工艺介绍示意图及实物图

11.2.7　棒形瓷芯体

复合外绝缘棒形支柱瓷绝缘子采用高强度瓷芯棒（等静压工艺）做内绝缘支撑，承受棒形支柱绝缘子机械负荷。瓷芯棒致密度较高而且均匀；瓷件不带伞裙、形状简单，降低了脆性瓷材料工艺过程中带来的内应力，提高了瓷成品的机械性能。图 11－8 为棒形瓷芯体与法兰连接模型示意图。

图 11-8　棒形瓷芯体与法兰连接模型示意图

11.3　设 备 品 控 要 点

以单芯棒缠绕型支柱复合绝缘子为例,介绍其主要组成部分及相关工艺流程。主要部件为绝缘芯体、伞裙、端部附件、均压环,结构如图 11-9 所示。

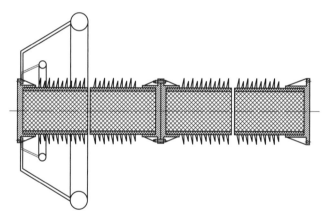

图 11-9　实心单芯棒支柱复合绝缘子结构示意图

绝缘芯体主要承担机械负荷。绝缘芯体应针对不同的机械荷载要求,从几何结构、配方工艺、铺层结构和成型工艺等方面进行设计,以满足性能要求。

伞裙由硅橡胶通过整体真空注射,经过高温硫化成型,主要承担外部电气绝缘。伞裙与绝缘芯体永久性黏结,黏结部分牢固密实,没有气泡和缝隙,能防止污秽物和水汽进入,且黏结强度大于硅橡胶材料自身的撕裂强度。高温硫化硅橡胶伞裙属于疏水性材料,具有优异的憎水性和憎水迁移特性,具有优异的耐污闪、耐冰闪能力。

端部附件采用精密模具铸造成型,用于连接其他部件。均压环经过合理设计并通过电场仿真,确认最终型式。

支柱复合绝缘子生产流程如图 11-10 所示。

为确保产品质量可靠,品控工作应从设计审查、生产环境、原材料入厂、生产过程、出厂试验及包装发运全过程管控。

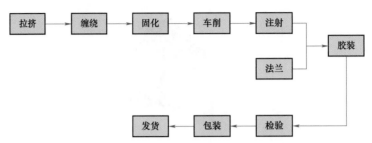

图 11-10　支柱复合绝缘子生产流程图

11.3.1　生产前检查品控要点

生产前检查品控要点见表 11-1。

表 11-1　　　　　　　　　　　　生产前检查品控要点

序号	见证项目	见证内容	见证要点及要求	见证方式
1	生产前检查	质量及环境安全体系审查	审查制造商质量管理体系、安全、环境、计量认证证书等是否在有效期内	W
2		技术协议	核对厂家响应技术参数表是否满足工程需要	W
3		设计冻结的技术资料	（1）检查冻结会议要求提交的报告是否满足工程需求； （2）检查冻结会议纪要要求是否已经落实	W
4		排产计划	审查制造商提交的生产计划，明确该生产计划在厂内生产执行的可行性（满足业主需求）	W

11.3.2　原材料及组部件品控要点

支柱绝缘子原材料组部件主要为芯棒、树脂、硫化硅橡胶、金具、连接件、均压环等，品控要点见表 11-2。

表 11-2　　　　　　　　　　　　原材料及组部件品控要点

序号	见证项目	见证内容	见证要点及要求	见证方式
1	原材料	伞套材料	检查伞套材料材质单、入厂检验报告、抽样试验报告；其中伞套试验文件见证项目主要为硬度试验、可燃性试验、耐电痕化和蚀损试验等	W
2		黏合剂	（1）检查黏合剂材质单、入厂检验报告、抽样试验报告等文件； （2）检查黏合剂的 T_g 参数是否符合要求，必须高于 115℃； （3）检查见证高低温循环试验报告	W
3	组部件	金具、紧固件	（1）检查法兰等材料型号规格是否满足要求； （2）检查金具、紧固件材质单、入厂检验报告、抽样试验报告等文件，金属法兰的抗拉强度不应小于 450MPa，弹性模量不应小于 120MPa； （3）球墨铸铁或其他可锻铸铁的镀锌层厚度不应小于 85μm	W
4		芯棒	检查芯棒质量证明文件、入厂检验报告、抽样试验报告	W
5		均压环	检查均压环质量证明文件、入厂检验报告、抽样试验报告	W

11.3.3　生产过程品控要点

支柱绝缘子的生产过程主要包括伞裙制作、芯棒制作、注射、法兰胶装等环节，生产过程品控要点见表 11-3。

表 11-3　　　　　　　　　　　生产过程品控要点

序号	见证项目	见证内容	见证要点及要求	见证方式
1	炼胶	炼胶工艺	(1) 检查炼胶工艺文件，记录工艺控制要求； (2) 检查过程温度、时间等参数是否满足工艺要求	W
2	芯棒制作	拉挤	(1) 检查拉挤工艺文件是否满足设计要求； (2) 拉挤棒在缠绕之前，表面需进行车加工处理，检查车加工后外观质量	W
3	芯棒制作	缠绕	(1) 检查缠绕工艺文件是否满足设计要求； (2) 检查缠绕的厚度及缠绕角度等参数是否满足工艺文件要求	W
4	芯棒制作	固化	(1) 检查固化工艺文件是否满足设计要求； (2) 检查固化后切片进行染料渗透试验是否满足要求	W
5	注射	注射工艺	(1) 检查注射工艺文件，记录工艺控制要求； (2) 查看仪表仪器记录，检查模具质量状态、制品密封情况； (3) 检查注射压力、锁模压力、排气次数、硫化热温、硫化时间等参数是否满足工艺要求	W
6	法兰胶装	胶装工艺	(1) 检查胶装工艺文件，记录环境温湿度工艺控制要求； (2) 胶装黏合剂经机械搅拌后，进行抽真空处理，消除黏合剂中的气泡，控制注胶的温度及速度，保证黏合剂有合适的黏度和较好的流动性，能充满预期的胶装间隙	W
7	法兰压接	压接工艺	(1) 检查压接工艺文件，记录工艺控制要求； (2) 检查压接力、压接距离等参数是否符合工艺要求； (3) 对压接完毕的产品进行结构高度检验和外观检查：是否有裂纹、爆皮等现象	W
8	检验	试验见证	(1) 核对试验方案是否满足技术规范及标准要求； (2) 按照试验方案进行见证，详见表 11-4	W
9	储运	包装发运	检查包装箱质量，核实装箱清单；检查固定措施、防护撞击措施等	H

11.3.4　原材料组部件延伸监造品控要点

芯棒作为支柱复合绝缘子的重要材料部件，这里将其型式试验列入延伸监造范围内进行质量控制，品控要点见表 11-4。

表 11-4　　　　　　　　　　芯棒试验延伸监造品控要点

序号	试验项目	试验依据及要点（以直径 220mm 芯棒为例）	试验类别	见证方式
1	尺寸检查	参考 DL/T 1000.3—2015《标称电压高于 1000V 架空线路用绝缘子使用导则　第 3 部分：交流系统用棒形悬式复合绝缘子》。直径 219～219.3mm，圆度不大于 0.1mm		W
2	干工频闪络电压试验	参考 DL/T 1000.3—2015《标称电压高于 1000V 架空线路用绝缘子使用导则　第 3 部分：交流系统用棒形悬式复合绝缘子》。测量干工频闪络电压值	芯棒型式试验	W
3	干工频耐受电压试验	参考 DL/T 1000.3—2015《标称电压高于 1000V 架空线路用绝缘子使用导则　第 3 部分：交流系统用棒形悬式复合绝缘子》。施加 80% 闪络电压（282kV）维持 30min		W
4	干雷电冲击耐受电压试验	参考 DL/T 1000.3—2015《标称电压高于 1000V 架空线路用绝缘子使用导则　第 3 部分：交流系统用棒形悬式复合绝缘子》。施加 +100kV 电压耐受 5 次		W

续表

序号	试验项目	试验依据及要点（以直径220mm芯棒为例）	试验类别	见证方式
5	渗透试验	参考DL/T 1000.3—2015《标称电压高于1000V架空线路用绝缘子使用导则 第3部分：交流系统用棒形悬式复合绝缘子》。要求渗透时间不小于15min	芯棒型式试验	W
6	水扩散试验	参考DL/T 1000.3—2015《标称电压高于1000V架空线路用绝缘子使用导则 第3部分：交流系统用棒形悬式复合绝缘子》。要求煮沸时间100h，施加电压12kV，耐压时间1min，泄漏电流不大于1mA		W
7	直流击穿电压试验	参考DL/T 1000.3—2015《标称电压高于1000V架空线路用绝缘子使用导则 第3部分：交流系统用棒形悬式复合绝缘子》。要求直流击穿电压不小于50kV		W
8	吸水率检查	参考GB/T 1408.1—2016《绝缘材料 电气强度试验方法 第1部分：工频下试验》。要求吸水率不大于0.05%		W
9	热诱导试验	（1）参考GB/T 1408.1—2016《绝缘材料 电气强度试验方法 第1部分：工频下试验》。将试品放入150℃的烘箱内烘制4h，取出试品置于室温下冷却，将试品两表面涂上品红乙醇染料，观察芯棒端面是否有溢出物、裂纹。 （2）DL/T 1580《交、直流棒形悬式复合绝缘子用芯棒技术规范》正在重新修订，标准中会具体规定此项要求		W
10	巴氏硬度	（1）参考GB/T 1408.1—2016《绝缘材料 电气强度试验方法 第1部分：工频下试验》。测量巴氏硬度，要求65～75HBa。 （2）DL/T 1580《交、直流棒形悬式复合绝缘子用芯棒技术规范》正在重新修订，标准中会具体规定此项要求		W
11	交流击穿强度试验	参考GB/T 1408.1—2016《绝缘材料 电气强度试验方法 第1部分：工频下试验》。进行击穿电压试验，要求不小于30kV/cm		W

11.4 试验检验专项控制

支柱复合绝缘子的试验分为型式试验、抽样试验和逐个例行试验。以下重点介绍高压直流工程支柱复合绝缘子抽样试验。

11.4.1 例行及型式试验

例行、型式试验项目及内容见11-5。

表11-5　　　　　　　　　　例行、型式试验项目及内容

序号	试验项目	试验依据及要点	试验类别	见证方式
1	标志检查	检查每柱绝缘子上制造商的名称和制造年份、产品型号等标志，标志是否清晰牢固	例行试验	W
2	外观检查	检查端部金属附件的装配是否符合图样要求：绝缘子的颜色、绝缘子凸起表面及合模缝平整，硅橡胶表面缺陷		W
3	干直流或交流工频耐压试验	参考GB/T 25096—2010《交流电压高于1000V变电站用电站支柱复合绝缘子 定义、试验方法及接收准则》、GB/T 11604—2015《高压电气设备无线电干扰测试方法》。对试品施加正极性电压，耐受1min		W

续表

序号	试验项目	试验依据及要点	试验类别	见证方式
4	拉伸负荷试验	参考 GB/T 25096—2010《交流电压高于 1000V 变电站用电站支柱复合绝缘子　定义、试验方法及接收准则》、GB/T 11604—2015《高压电气设备无线电干扰测试方法》。对试品每节施加拉伸力，耐受 10s		W
5	高度检查	参考 GB/T 25096—2010《交流电压高于 1000V 变电站用电站支柱复合绝缘子　定义、试验方法及接收准则》、GB/T 11604—2015《高压电气设备无线电干扰测试方法》		W
6	尺寸检查	参考 GB/T 25096—2010《交流电压高于 1000V 变电站用电站支柱复合绝缘子　定义、试验方法及接收准则》、GB/T 11604—2015《高压电气设备无线电干扰测试方法》		H
7	干工频耐受电压试验	参考 GB/T 25096—2010《交流电压高于 1000V 变电站用电站支柱复合绝缘子　定义、试验方法及接收准则》、GB/T 11604—2015《高压电气设备无线电干扰测试方法》。对试品施加电压，耐受 1min	型式试验	H
8	雷电冲击干耐受电压试验	参考 GB/T 25096—2010《交流电压高于 1000V 变电站用电站支柱复合绝缘子　定义、试验方法及接收准则》、GB/T 11604—2015《高压电气设备无线电干扰测试方法》		H
9	操作冲击干耐受电压试验	参考 GB/T 25096—2010《交流电压高于 1000V 变电站用电站支柱复合绝缘子　定义、试验方法及接收准则》、GB/T 11604—2015《高压电气设备无线电干扰测试方法》		H
10	操作冲击湿耐受电压试验	参考 GB/T 25096—2010《交流电压高于 1000V 变电站用电站支柱复合绝缘子　定义、试验方法及接收准则》、GB/T 11604—2015《高压电气设备无线电干扰测试方法》		H
11	直流干耐受电压试验	参考 GB/T 25096—2010《交流电压高于 1000V 变电站用电站支柱复合绝缘子　定义、试验方法及接收准则》、GB/T 11604—2015《高压电气设备无线电干扰测试方法》。对试品施加正极性电压 U_1，耐受 1min；对试品施加正极性电压 U_2，耐受 3h		H
12	直流湿耐受电压试验	参考 GB/T 25096—2010《交流电压高于 1000V 变电站用电站支柱复合绝缘子　定义、试验方法及接收准则》、GB/T 11604—2015《高压电气设备无线电干扰测试方法》		H
13	可见电晕试验	参考 GB/T 25096—2010《交流电压高于 1000V 变电站用电站支柱复合绝缘子　定义、试验方法及接收准则》、GB/T 11604—2015《高压电气设备无线电干扰测试方法》		H
14	无线电干扰电压试验	参考 GB/T 25096—2010《交流电压高于 1000V 变电站用电站支柱复合绝缘子　定义、试验方法及接收准则》、GB/T 11604—2015《高压电气设备无线电干扰测试方法》	型式试验	H
15	弯曲破坏负荷试验	参考 GB/T 25096—2010《交流电压高于 1000V 变电站用电站支柱复合绝缘子　定义、试验方法及接收准则》、GB/T 11604—2015《高压电气设备无线电干扰测试方法》		H
16	扭转破坏负荷试验	参考 GB/T 25096—2010《交流电压高于 1000V 变电站用电站支柱复合绝缘子　定义、试验方法及接收准则》、GB/T 11604—2015《高压电气设备无线电干扰测试方法》		H
17	压缩破坏负荷试验	参考 GB/T 25096—2010《交流电压高于 1000V 变电站用电站支柱复合绝缘子　定义、试验方法及接收准则》、GB/T 11604—2015《高压电气设备无线电干扰测试方法》		H
18	拉伸破坏符合试验	参考 GB/T 25096—2010《交流电压高于 1000V 变电站用电站支柱复合绝缘子　定义、试验方法及接收准则》、GB/T 11604—2015《高压电气设备无线电干扰测试方法》		H
19	常温下额定机械负荷时的偏移试验	参考 GB/T 25096—2010《交流电压高于 1000V 变电站用电站支柱复合绝缘子　定义、试验方法及接收准则》、GB/T 11604—2015《高压电气设备无线电干扰测试方法》		H

11.4.2　抽样试验

抽样试验项目及内容见表 11-6。

表 11-6　　　　　抽样试验项目及内容（根据工程设计需要选做）

序号	试验项目	试验依据及要点	见证方式
1	尺寸检查	当 $d{\leqslant}300$ mm 时，$\pm（0.04d+1.5）$mm；当 $d>300$ mm 时，$\pm（0.025d+6）$mm，最大公差为±50mm	H
2	镀锌层试验	（1）外观试验。 （2）镀层质量。 （3）如果全部试品的平均值合格，而仅单个试品的平均值不合格，则用同样方法进行重复试验。如果每个单个试品的结果合格，而全部试品的平均值不合格，则采用重量法或显微镜法进行仲裁试验	H
3	部附件和绝缘子伞套界面间的检验及规定机械负荷（SCL）验证	（1）样本中随机抽取一支进行 70%SCL 作用 1min，金具与护套交界面使用染色剂浸泡 20min，试品界面应无染色剂渗入。 （2）对样本绝缘子进行迅速平稳的 75%SCL，然后在 30~90s 内升至 SCL 应无损坏	W
4	陡波前冲击耐受电压试验	将电极（由不大于 1mm 厚、20mm 宽的铜片组成）固定在每段试品上，每段应承受陡度不小于 1000kV/μs，且不大于 1500kV/μs 的正、负极性陡波冲击试验各 25 次。护套应无击穿	W
5	工频电压下的表面温升	测量位置沿绝缘子元件长度方向按照 500mm 左右一个确定，首末两个测量位置距端部装配件的距离不应大于 150mm，每个测量位置沿主体圆周各选取 3 个测量点，测量绝缘子元件主体温度。对绝缘子元件施加工频电压，电压值按照每米绝缘距离 300kV 确定。绝缘子元件应在该电压值下连续耐受 30min。卸除电压后立即在与施加电压前相同的点测量温度，对应的温升不应大于 20K。如果受设备条件限制，电压可以分段施加	W
6	水煮试验	绝缘子应在含有 0.1%NaCl（质量）的沸水中进行 42h 水煮试验后 48h 之内，在沸腾结束后，试品仍保留在容器中，直到水冷却到大约 50°C，并将其保持在水中，并在 48h 内完成以下试验： 1）对每只试品的伞套进行外观检查，不允许有开裂； 2）将电极（由不大于 1mm 厚、20mm 宽的铜片组成）固定在每段试品上，每段应承受陡度不小于 1000kV/μs，且不大于 1500kV/μs 的正、负极性陡波冲击试验各 25 次	W
7	干工频电压试验	干工频电压试验按照 GB/T 22079—2019《户内和户外用高压聚合物绝缘子　一般定义、试验方法和接收准则》开展，干工频耐受电压值取平均闪络电压的 80%，持续 30min 后伞套温升不大于 10K	H
8	机械负荷破坏试验	在环境温度下对 3 只试品施加拉伸负荷。此拉伸负荷应迅速而平稳地从零升高到大约芯棒预期机械破坏负荷的 75%，然后在 30~90s 的时间内逐渐升高到芯棒破坏或完全抽出。计算这 3 只试品破坏负荷的平均值，对于新投入运行的 330kV 及以上电压等级的复合绝缘子，其机械破坏负荷的平均值减去 3 倍标准偏差不应小于额定机械拉伸负荷（SML）	H
9	护套和伞裙厚度检查	伞裙和护套的最小厚度测量按照 DL/T 1000.3—2015《标称电压高于 1000V 架空线路用绝缘子使用导则　第 3 部分：交流系统用棒形悬式复合绝缘子》附录 A 执行，伞裙和护套的最小厚度应满足 DL/T 1000.3—2015《标称电压高于 1000V 架空线路用绝缘子使用导则　第 3 部分：交流系统用棒形悬式复合绝缘子》中 4.4 的要求	H
10	伞套材料耐漏电起痕及电蚀损性试验	试样从绝缘子上截取，数量不少于 5 片，其长度不小于 60mm、宽度 40~50mm、厚度 3~6mm，并适宜在试验装置上安装。试样被试表面应没有划伤、凸坑、凹坑、气泡、标记、修补等缺陷，也没有任何裁剪等修整痕迹。试验方法和结果判定依据 GB/T 6553《严酷环境条件下使用的电气绝缘材料评定耐电痕化和蚀损的试验方法》	H
11	水扩散试验	芯棒取带护套 30mm 短样水煮。在 0.1%NaCl（重量）的去离子水中煮沸 100h 后，进行耐压试验。试验电压为 12kV，持续 1min，测量泄漏电流。参考目前修订中的标准，电流值应小于 100μA，试验期间不应发生击穿或沿面闪络	W

续表

序号	试验项目	试验依据及要点	见证方式
12	芯棒与护套界面黏结强度检查	单处缺陷的最大长度小于等于 5cm 且最大面积小于等于 5cm²；整支绝缘子的缺陷总面积小于等于 10cm²，高压端 20% 长度范围内无缺陷	H
13	硅橡胶材料有机硅含量分析	试验依据 T/CEC 271—2019《复合绝缘子硅橡胶主要组分含量的测定　热重分析法》执行，检测复合绝缘子硅橡胶材料中有机硅的含量	H
14	伞套材料扫描电镜试验	伞裙表层试样的微观等级应为Ⅰ级或Ⅱ级，孔隙率小于 2%；且每一个伞裙中间层试样孔隙率不超过 5%	H
15	伞裙硅橡胶材料吸水性试验	伞套材料吸水性应该满足采用浸泡法测量伞裙材料的 96h 吸水质量分数不超过 0.25%	W
16	硅橡胶材料介质损耗因数测量试验	试验依据 GB/T 1693《硫化橡胶　介电常数和介质损耗角正切值的测定方法》执行，伞套硅橡胶材料介质损耗因数 $\tan\delta \le 3\%$	H
17	伞套材料直流击穿强度	试验依据 GB/T 1408.2《绝缘材料　电气强度试验方法　第 2 部分：对应用直流电压试验的附加要求》执行，复合绝缘子伞套材料直流击穿强度（厚度：1mm）不小于 30kV/mm	H
18	硅橡胶材料拉断伸长率	试验依据 GB/T 528《硫化橡胶或热塑性橡胶　拉伸应力应变性能的测定》执行，硅橡胶绝缘材料拉断伸长率不小于 200%	H

11.5　典型质量问题分析处理及提升建议

11.5.1　某换流站支柱绝缘子颜色不符合要求问题

问题描述：某工程换流阀、极线断路器支柱绝缘子外观颜色为蓝色，不符合工程设备色彩配置方案要求。

原因分析及处理情况：原因为制造厂未按照工程设备色彩配置方案进行绝缘子设计。后续制造厂根据工程要求对颜色不符的绝缘子进行了更换。

品控提升建议：注意对制造厂工程色彩配置方案的审核。

11.5.2　某换流站交流滤波器电容器塔底座绝缘子击穿故障

问题描述：某换流站开展调试工作过程中，交流滤波器三相跳闸。现场检查发现该交流滤波器某电容器塔 B 相底座绝缘子被击穿，如图 11－11 所示。故障绝缘子发生击穿前，该组滤波器已通过 4 次正常调试。发生击穿的支柱绝缘子额定电压 167kV，标准雷电冲击耐受电压 720kV；操作冲击湿耐受电压 560kV；工频湿耐受电压 280kV，1min 直流耐受电压不小于 330kV。

原因分析及处理情况：击穿产品解剖前测量绝缘电阻，数值为 0，上、下法兰均存在放电烧蚀痕迹，伞裙表面无放电烧蚀痕迹。对击穿绝缘子进行解剖，如图 11－12 所示。发现封胶面完好无破损，芯棒上、下断面均存在击穿点，击穿点位于拉挤芯棒和缠绕层之间，形成贯穿性导电通道；同时在芯棒上缠绕层处发现金属导线界面，长度在 750～900mm。

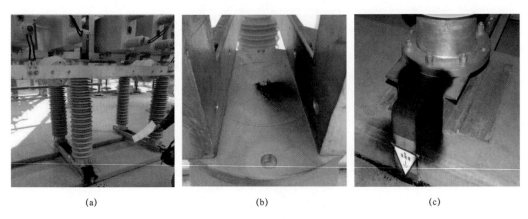

(a)   (b)   (c)

图 11-11 交流滤波器电容器塔 B 相底座击穿绝缘子
（a）击穿绝缘子；（b）上法兰；（c）下法兰

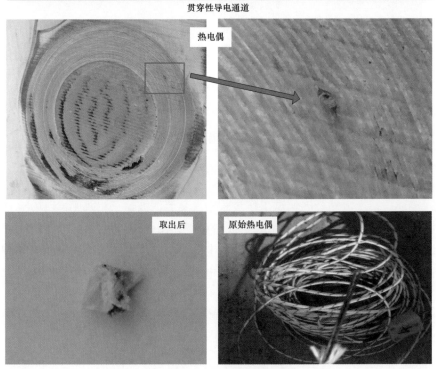

图 11-12 故障绝缘子解体

经第三方机构检测，击穿通道内的炭化粉末含有大量与热电偶相同的金属元素铬，可推断故障绝缘子含有热电偶。该绝缘子为用于固化温度研究的研发试验产品，混入生产车间并作为成品供货。研发产品内部热电偶的安装方式为：在拉挤芯棒和缠绕层之间安插一根，在缠绕层中间安插一根，在缠绕最外层安插一根，如图 11-13 所示。其中，最外层热电偶在车削过程中被剥离，产品内部剩余两根热电偶，因此解体后出现了一条击穿性孔洞和一根热电偶。

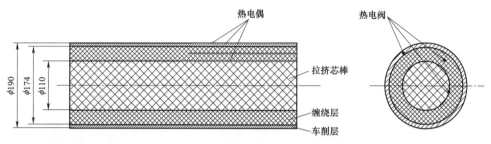

图 11-13 研发产品热电偶的埋布方式

推断支柱复合绝缘子击穿的直接原因为：长度较长的热电偶金属导线在产品芯棒内，造成产品内部绝缘距离减小，在工频电压下不断发生放电，最终发展成上下贯通的击穿通道，如图 11-14 所示。而长度较短的热电偶仍保留在产品内部，因此解体后出现了一条击穿性孔洞和一根热电偶。整改方案为该批次全部进行了重新生产并替换。

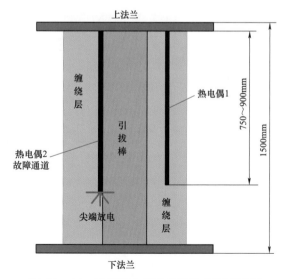

图 11-14 支柱复合绝缘子放电击穿示意图

品控提升建议：绝缘子"内部残存热电偶"属于质量管控不到位，因此建议将支柱复合绝缘子生产列入监造范围，并在抽样试验中增加"雷电冲击试验""湿工频耐受电压试验"。

11.5.3　某换流站交流滤波器电容器塔 B 相底座绝缘子击穿故障

问题描述：某换流站在进行升功率过程中，某编号小组滤波器投入，在投入 28s 后交流滤波器断路器三相跳闸。经现场检查，发现该小组交流滤波器 B 相 C1 电容器高压塔绝缘支柱被击穿，如图 11－15 所示。发生击穿的支柱绝缘子额定电压 252kV，标准雷电冲击耐受电压 1050kV；操作冲击湿耐受电压 850kV；工频湿耐受电压 460kV，1min直流耐受电压不小于 510kV。

图 11－15　573 交流滤波器 C1 电容器塔 B 相底座击穿绝缘子

原因分析及处理情况：解体前外观检查，伞裙表面无放电和烧蚀痕迹，上、下法兰都存在放电烧蚀痕迹。分段解剖发现，缠绕层与引拔棒之间的界面存在炭化通道和间隙；上、下法兰与芯棒界面底部存在锈蚀痕迹。放电击穿路径为芯棒和缠绕层界面，界面碳化严重，部分区域剥落碳化的玻璃纤维，如图 11－16 所示。

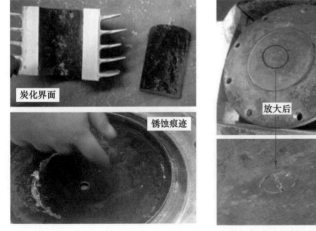
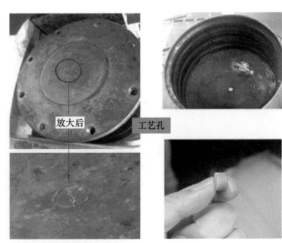

图 11－16　故障绝缘子解体

该故障支柱绝缘子芯棒为单棒结构,应选用仅侧面有工艺孔的法兰,实际混用了多棒结构支柱绝缘子的法兰。通过法兰底部与芯棒界面的锈蚀痕迹推断,法兰顶部工艺孔密封不良,外界环境中的潮气通过该工艺孔进入到该界面;通过缠绕层与引拔棒之间的炭化界面可推断,引拔棒和缠绕层界面存在间隙,潮气由法兰和芯棒界面快速扩散至缠绕层和芯棒界面;在高电压作用下不断放电烧蚀(带电时间累计约 9h),炭化通道逐渐发展,最终内部击穿,如图 11-17 所示。整改方案为该批次绝缘子全部进行了重新生产并替换。

品控提升建议:"界面存在间隙"属于产品工艺不达标,通过 "界面和端部装配件连接试验" 和"芯体材料试验"可以得到有效检验。建议监造加强工艺管控并将上述试验列入抽检范围。

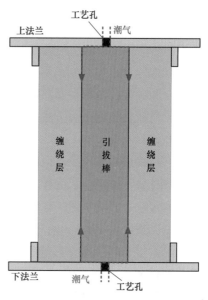

图 11-17　故障绝缘子击穿示意图

11.5.4　某换流站交流滤波器 C 相 C1 低压电容塔层间绝缘子击穿

问题描述:某换流站 500kV 交流滤波器两套小组保护动作,监控系统报文显示,交流滤波器 C 相 "C1 不平衡保护" Ⅲ 段动作,5 交流滤波器断路器 A、B、C 三相跳闸。经现场检查,发现层间支柱绝缘子内绝缘击穿,导致 C1 电容塔电流不平衡保护动作,如图 11-18 所示。

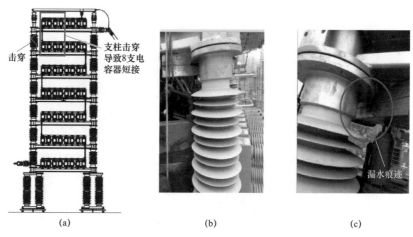

图 11-18　交流滤波器 C 相 C1 低压电容塔层间支柱绝缘子击穿

(a)击穿绝缘子示图;(b)层间支柱绝缘子;(c)绝缘子法兰漏水

原因分析及处理情况:解体前,采用绝缘电阻表测量故障绝缘子两端绝缘电阻,绝缘电阻值接近于 0,说明故障绝缘子内部已导通。伞裙表面无放电烧蚀痕迹,法兰上表面和侧面均有注胶工艺孔。

　　将故障绝缘子沿轴向多段剖开，发现热电偶形成的击穿通道，约占 3/4～4/5 绝缘子长度；热电偶击穿通道附近有渗水痕迹，缠绕层和引拔棒间界面局部有间隙，说明缠绕层和硅橡胶伞裙护界面套黏接不良；缠绕层和硅橡胶伞裙护套稍用力可轻易撕开，说明缠绕层和硅橡胶伞裙护套界面黏接不良；车开故障绝缘子法兰，发现法兰底部和芯棒界面有水渍锈蚀痕迹；由于法兰底部有密封圈，法兰侧面未发现水渍情况，说明法兰端面工艺孔密封不良。

　　解体发现故障绝缘子内部仅有 1 根热电偶，而用于研发用的绝缘子应残存 2 根热电偶，如图 11-19 所示。综合厂家提供的信息，解释如下：故障支柱绝缘子为研发用产品，芯棒内部有 3 根热电偶；芯棒原直径为 217mm，长度为 1960mm。随后因供货压力通过车削变为直径为 174mm 的芯棒，仅剩下缠绕层和引拔棒间的一根热电偶。

　　此次电容塔层间支柱绝缘子击穿原因既有内部热电偶的影响，也有法兰密封不良和界面间隙的协同作用。绝缘子内部的热电偶缩短了绝缘距离；法兰端面工艺孔密封不良导致水或潮气进入法兰和芯棒界面；缠绕层和引拔棒界面有间隙，水或潮气的进入加速了放电的发展，最终导致击穿放电。整改方案为该批次绝缘子全部进行了重新生产并替换。

　　品控提升建议：同问题 11.5.2 及 11.5.3 品控建议。

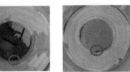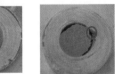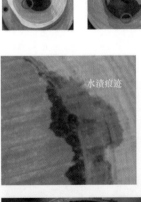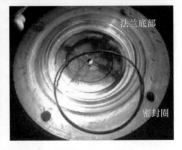

图 11-19　故障绝缘子解体

11.6　小　　结

近几年随着支柱复合绝缘子端部密封技术、伞套成型工艺、机械强度的不断改进和提升，制造技术已达了国际领先水平，但在现场运行过程中仍出现了不少击穿案例，反映了支柱复合绝缘子在原材料、生产以及试验等环节存在薄弱点。对后续工程提出如下建议。

（1）原材料、组部件。加强对原材料、组部件的入厂检验管控力度，必要时对伞套材料、芯棒等进行抽样送检并延伸监造。

（2）生产。在对产品生产过程进行质量监督的同时，更加需要关注制造厂工艺管控、质量管理等措施的执行情况。

（3）试验。根据工程特点，制定针对性的抽检和出厂试验方案，确保试验项目的全面性，在厂内能通过各项试验有效的排查产品的质量缺陷。

第12章 其他类设备

12.1 设 备 概 况

12.1.1 电容器

电容器主要包括交流滤波器和并联电容器、直流滤波器电容器、阻塞滤波器电容器、耦合电容器、冲击母线电容器、接地极阻断滤波电容器和注流回路滤波电容器等，普遍采用全膜油浸式电容器。目前高压交直流电容器的制造工艺已较为成熟，多个工程运行经验说明国内厂家的制造水平稳步提升。值得指出的是，伴随国家建设环保型换流站的要求，对电容器的可听噪声水平指标逐步提高。以某工程直流滤波器为例，技术规范明确 C1 电容器单元噪声声压强平均值不大于 54dB（距电容器单元表面 1m 处），整体噪声不大于 75dB（离地高 1.5m 处）。

12.1.2 阀厅钢结构

钢结构是以钢材制作为主的建筑结构类型之一。钢结构厂房具有质量轻、强度高、跨度大、施工工期短、投资成本低、搬移方便、回收无污染等优势。

高压直流换流站阀厅用于布置换流阀及有关设备，是换流站建筑物的核心。阀厅钢结构采用全金属屏蔽，用于屏蔽外部电磁干扰和阀换相所产生的对外无线电干扰，并设置空调和通风设施，使阀厅内的温度和湿度控制在规定的范围内，保证在各种运行条件下不使阀的绝缘部件出现凝露及过热。图 12-1 为某工程阀厅钢结构。

图 12-1 某工程阀厅钢结构

12.1.3　阀厅阀侧套管孔洞防火封堵系统

特高压直流输电工程换流站中，换流变压器储油量大，且阀侧套管直接伸入阀厅，一旦发生火灾事故，将直接威胁阀厅设备安全。封堵系统作为保障阀厅安全的最后一道屏障至关重要。防火封堵应满足 GB 23864《防火封堵材料》、GB/T 26784《建筑构件耐火试验 可供选择和附加的试验程序》碳氢火焰条件下能耐受 3h 以上的封堵系统。即在碳氢火焰条件下，3h 内封堵系统需保持结构完整性，背火面单一测量点温升不超过 180℃，且需保持良好的密封性，背面不得有烟透过封堵系统窜入阀厅，图 12-2 为阀厅阀侧套管孔洞防火封堵系统防火试验温度云图。

12.1.4　Box-in 装置

随着环保要求的提高，需要对换流站的噪声水平进行严格控制。换流变压器是换流站最重要的设备之一，同时又是站内最主要的噪声源。换流变压器 Box-in 装置相当于从源头上降低了声源的声功率级，对厂界噪声达标起到了重要作用，图 12-3 为某工程新型移动式 Box-in 装置换流变压器单体示意图。

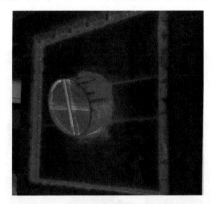

图 12-2　阀厅阀侧套管孔洞防火封堵
系统防火试验温度云图

图 12-3　某工程移动式 Box-in 装置
换流变压器单体示意图

12.1.5　阻燃材料

阻燃材料是一种能够抑制或者延滞燃烧而自身不易燃烧的材料。随着我国特高压工程建设的飞速发展，为确保设备安全、稳定运行，在原材料选取上根据设备种类及特点不同，要相应具有电气性能、阻燃性能、稳定性能等要求。近期，由于设备故障导致起火，火势蔓延造成相邻设备起火，甚至造成阀厅坍塌，火灾造成较大的直接经济损失，同时导致直流输电系统长时间停运，给经济和社会造成了一定的影响。因此，材料阻燃性能随着特高压工程发展日益受到关注。

12.2 设计及结构特点

12.2.1 电容器

电容器主要由芯子、外部壳体（套管或不锈钢）、浸渍剂、套管等部件组成。套管式电容器无单独出线套管，铁壳式电容器采用双套管出线。

以某换流站直流滤波电容器 C1 电容器单元 AAM8.24−24.86 为例，电容单元芯子由若干个元件组成，内部电气连接为 14 并×4 串。产品内部带有内熔丝，熔丝采用隐藏式双并结构，内熔丝与每个元件串联。

电容元件的结构为全膜、铝箔折边凸出结构，极间介质采用 3 层双面粗化国产聚丙烯薄膜，极板采用厚度为 5μm 的铝箔。元件结构如图 12−4 所示。铝箔采用折边凸出结构，从根本上改善电场分布，改善局部放电性能，尤其是低温局部放电性能，图 12−5 为电容器单元内部结构。

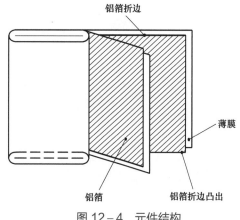

图 12−4　元件结构　　　　　　图 12−5　电容器单元内部结构

由于滤波电容器额定电压选择的特殊性主要表现在：滤波电容器的稳态过电流能力通常要求较大和交流滤波电容器的额定电压选取上与并联电容器不同。特别是在高压直流输电（HVDC）系统中，电容器抗涌流的能力要求更高，很多电容器都因抗涌流的能力不足而损坏。

由于聚丙烯薄膜具有很强的静电吸附作用，元件卷制完成后要立即打耐压，以防止杂质粒子进入元件内部，影响元件性能。打完耐压后，元件吸紧，杂质粒子就很难进入元件内部。

12.2.2 阀厅钢结构

钢构件包括钢柱、钢柱间托架梁及支撑、钢屋架、钢（吊）梁、避雷线杆塔、外挑钢均雨棚构架、穿墙套管加强桁架、屋面支撑、钢柱檩托、屋架檩托、水平支撑、巡视走道、吊车梁、钢轨等所有附件，如钢构件节点连接板及辅材、连接（预埋）螺栓等，图 12-6 为阀厅钢构件三维结构示意图。

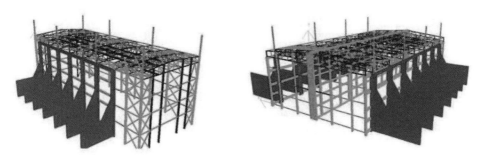

图 12-6 阀厅钢构件三维结构示意图

特高压直流换流站一般含双极高、低端 4 个阀厅，主要有"一字型"和"背靠背"两种典型布置形式。"背靠背"形式高、低端阀厅之间采用面对面布置的方式。双极高、低端阀厅分别为镜像布置关系。图 12-7 为某换流站阀厅与主控制楼、辅助控制楼的互相位置关系。

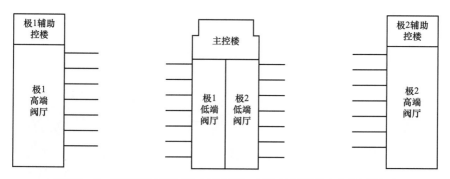

图 12-7 某换流站阀厅与主控制楼、辅助控制楼的互相位置关系

12.2.3 阀厅阀侧套管孔洞防火封堵系统

阀厅阀侧套管孔洞防火封堵系统主要由大封堵结构、小封堵结构、防火包边三大部分组成。其中大封堵结构主要包括不锈钢面硅酸铝复合板、不锈钢龙骨的结构、不锈钢面岩棉复合板；小封堵结构主要由硅酸铝针织毯密实填充并增加镁质挡火圈；防火包边主要由 304 不锈钢钢板覆盖并在内部填充硅酸铝纤维毯。

12.2.4 Box-in 装置

移动式隔声罩的隔声围护结构由四部分组成，具体细分为顶部固定、顶部移动、前端固定及前端移动四部分，如图 12-8 所示。顶部固定部分的隔声围护结构与防火墙及阀厅墙连接，前端固定部分与换流变压器基础连接，在更换换流变压器时此部分不用拆除。移动部分的隔声围护结构与换流变压器主体连接，在更换换流变压器时此部分与换流变压器一同移出。

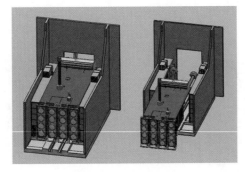

图 12－8　移动式隔声罩换流变压器单体效果图

12.2.5　阻燃材料

直流输电工程对直流关键设备阻燃材料提出了更高的要求。其中，关键设备及其材料有换流变压器/柔直变压器的绝缘纸板和纸质绝缘成型件，换流变压器用套管及直流穿墙套管的玻璃钢，桥臂电抗器/平波电抗器/阻塞电抗器的环氧树脂、玻璃纱、绝缘撑条，绝缘子的硅橡胶等，如图 12－9～图 12－12 所示。

图 12－9　绝缘纸板及绝缘成型件

图 12－10　聚酰亚胺膜

图 12－11　玻璃纱

图 12－12　环氧树脂及撑条

直流输电工程中的交直流叠加的运行工况，对绝缘纸板和纸质绝缘成型件原材料选择、制造工艺、运输贮存等提出了更高的要求。绝缘纸板应选用北美、北欧等寒温带地区松树原浆，应选用蒸馏水制造，制造产线中应有离子检测、杂质过滤等工艺流程，在出厂阶段应通过 X 光检测，确保无空腔、起层、杂质、异物等缺陷。在运输和贮存中应保证干燥无污染。

套管用主要绝缘部分为绝缘纸、皱纹纸、环氧树脂等一体固化而成，俗称玻璃钢。玻璃钢内部有多层的铝箔，铝箔和绝缘材料一起，具有均压功能，保证套管不因电场不均匀而炸裂。

电抗器为各个包封并联结构，每个包封由导线、导线绝缘膜（聚酰亚胺）、环氧树脂、玻璃纱等构成，包封之间的气道中由绝缘撑条保证支撑作用。每个包封均为一体固化结构，内部应无开裂、空腔、受潮等缺陷。

直流工程用绝缘子多为复合硅橡胶伞裙，其材质为硅橡胶。和陶瓷式伞裙相比，硅橡胶具有更好的外绝缘性能和憎水性功能。

12.3 设备品控要点

为确保产品生产及试验，品控工作从设计审查、生产环境、原材料入厂、生产过程、出厂试验及包装发运全过程管控；结合前期工程典型案例，对全流程质量要点进行了全面细化；结合工程特点开展关键组部件延伸监造工作，进一步保障产品质量；品控质量要点规范统一，便于一线操作人员实施。从产前检查到发运包装全过程质量管控要点设置如下。

12.3.1 生产前检查（通用）

设备开工生产前，需对制造厂质量、环境、安全体系以及人员配置情况、生产设备情况、技术协议梳理情况、冻结会纪要落实情况、排产计划等进行全面核查，确保产品具备开工条件，生产前检查品控要点见表 12−1。

表 12−1 生产前检查品控要点

序号	见证项目	见证内容	见证要点及要求	见证方式
1	生产前检查	质量及环境安全体系审查	审查制造商质量管理体系、安全、环境、计量认证证书等是否在有效期内	W
2		技术协议	核对厂家响应技术参数表是否满足工程需要	W
3		设计冻结的技术资料	（1）检查冻结会议要求提交的报告是否满足工程需求； （2）检查冻结会议纪要要求是否已经落实	W
4		排产计划	（1）审查制造商提交的生产计划，明确该生产计划在厂内生产执行的可行性（满足业主需求）； （2）审查其能否满足工程交货期要求（核查关键原材料及组部件的供货情况满足）	W

12.3.2 电容器

根据电容器设备特点，质量控制要点主要分为原材料及组部件、生产过程及包装储运，品控要点见表 12-2 和表 12-3。

表 12-2　　　　　　　　　　　　　电容器原材料及组部件品控要点

序号	见证项目	见证内容	见证要点及要求	见证方式
1	电容器原材料	膜	（1）规格型号与设计文件及供货合同相符； （2）产地及分供商与设计文件及供货合同相符； （3）出厂和入厂检验合格，检验报告、合格证等质量证明文件齐全	W
2		铝箔	（1）规格型号与设计文件及供货合同相符； （2）产地及分供商与设计文件及供货合同相符； （3）出厂和入厂检验合格，检验报告、合格证等质量证明文件齐全	W
3		电容器油	（1）规格型号与设计文件及供货合同相符； （2）产地及分供商与设计文件及供货合同相符； （3）出厂和入厂检验合格，检验报告、合格证等质量证明文件齐全	W
4		绝缘纸材	（1）规格型号与设计文件及供货合同相符； （2）产地及分供商与设计文件及供货合同相符； （3）出厂和入厂检验合格，检验报告、合格证等质量证明文件齐全	W
5		金属结构件	（1）规格型号与设计文件及供货合同相符； （2）产地及分供商与设计文件及供货合同相符； （3）出厂和入厂检验合格，检验报告、合格证等质量证明文件齐全	W
6		外壳板材	（1）规格型号与设计文件及供货合同相符； （2）产地及分供商与设计文件及供货合同相符； （3）出厂和入厂检验合格，检验报告、合格证等质量证明文件齐全	W
7	电容器组部件	放电电阻	（1）规格型号与设计文件及供货合同相符； （2）产地及分供商与设计文件及供货合同相符； （3）出厂和入厂检验合格，检验报告、合格证等质量证明文件齐全	W
8		套管	（1）规格型号与设计文件及供货合同相符； （2）产地及分供商与设计文件及供货合同相符； （3）出厂和入厂检验合格，检验报告、合格证等质量证明文件齐全	W
9		支柱绝缘子	（1）规格型号与设计文件及供货合同相符； （2）产地及分供商与设计文件及供货合同相符； （3）出厂和入厂检验合格，检验报告、合格证等质量证明文件齐全	W

表 12-3　　　　　　　　　　　电容器生产过程及包装品控要点

序号	见证项目	见证内容	见证要点及要求	见证方式
1	电容器生产过程及包装	元件卷制和耐压	（1）检查元件卷绕现场的温湿度和洁净度，以及对操作人员的净化要求； （2）表面无褶皱、光洁，满足技术文件要求	W
2		装配	（1）检查装配现场的温湿度和洁净度，以及对操作人员的净化要求； （2）检查芯子尺寸符合工艺文件要求； （3）检查焊接光滑、无毛刺，符合工艺文件要求； （4）检查内熔丝的焊接质量及安装位置符合工艺文件要求； （5）检查壳体内表面洁净度	W
3		浸渍处理	核实温度、真空度、浸渍时间符合工艺文件要求	W
4		电容器壳体加工	（1）检查焊缝品质符合工艺文件要求； （2）检查外表面洁净、油漆质量、漆膜厚度、附着力、颜色符合要求符合工艺文件要求； （3）内外部尺寸偏差符合工艺文件要求； （4）壳体外沿平直度尺寸偏差符合工艺文件要求	W
5		电容器层架、支架	（1）检查焊缝是否平整光滑； （2）检查表面平整度； （3）检查锌层厚度； （4）外形尺寸偏差符合工艺文件要求； （5）安装尺寸偏差符合工艺文件要求	W
6		成品组架检查	（1）电容器成品组装情况； （2）核对电容器组配平表； （3）检查引线的连接方式符合工艺文件要求	W

12.3.3　阀厅钢结构

阀厅钢结构重要原材料组部件主要分为钢材、焊材、连接件三大部分。其中钢材应经力学性能试验、化学成分分析合格，并具有试验报告书，对承重结构的钢材应具有抗拉强度、伸长率、屈服强度（或屈服点）和硫、磷含量保证，对焊接结构应具有碳含量保证。焊接承重结构及重要非焊接承重结构采用的钢材应具有冷弯试验合格保证。阀厅钢结构原材料及组部件品控要点见表 12-4。

表 12-4　　　　　　　　　　　阀厅钢结构原材料及组部件品控要点

序号	见证项目	见证内容	见证要点及要求	见证方式
1	原材料	钢板	（1）检查供应商及质量证明文件； （2）检查抽样试验报告，包含但不限于屈服强度、抗拉强度、伸长率、尺寸偏差； （3）外观检查，不得有锈蚀、麻点、划痕等缺陷； （4）尺寸检查，尺寸偏差应符合要求	W
2		型材	（1）检查供应商及质量证明文件； （2）检查抽样试验报告，包含但不限于屈服强度、抗拉强度、伸长率、尺寸偏差； （3）外观检查，不得有锈蚀、麻点、划痕等缺陷； （4）尺寸检查，尺寸偏差应符合要求	W

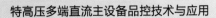

特高压多端直流主设备品控技术与应用

续表

序号	见证项目	见证内容	见证要点及要求	见证方式
3	原材料	管材	（1）检查供应商及质量证明文件； （2）检查抽样试验报告，包含但不限于屈服强度、抗拉强度、伸长率、尺寸偏差； （3）外观检查，不得有锈蚀、麻点、划痕等缺陷； （4）尺寸检查，尺寸偏差应符合要求	W
4		铸钢件	（1）检查供应商及质量证明文件； （2）检查抽样试验报告，包含但不限于屈服强度、抗拉强度、伸长率、尺寸偏差； （3）外观检查，不得有锈蚀、麻点、划痕等缺陷； （4）尺寸检查，尺寸偏差应符合要求	W
5		焊接材料	（1）检查供应商及质量证明文件； （2）检查抽样试验报告，包含但不限于化学成分、力学性能； （3）外观检查，焊条外观不应有药皮脱落、焊芯生锈等缺陷，焊剂不应受潮结块	W
6		连接件	（1）检查供应商及质量证明文件； （2）检查高强度大六角头螺栓连接副应有扭矩系数检验报告，扭剪型高强度螺栓连接副应有紧固轴力检验报告； （3）外观检查，螺栓、螺母、垫圈表面不应出现生锈和沾染脏物，螺纹不应损伤	W

阀厅钢结构加工制作过程主要分为放样、号料、零部件加工、焊接、组装、预拼装、涂装等几个部分，见表 12-5，应严格按照 GB 50205《钢结构工程施工质量验收标准》、GB 50661《钢结构焊接规范》和国家的有关规定执行。

表 12-5　　　　　　　　　生产过程品控要点

序号	见证项目	见证内容	见证要点及要求	见证方式
1	放样、号料	放样、号料过程	（1）检查加工图和工艺要求，核对构件及构件相互连接的几何尺寸和连接是否有不当之处； （2）检查放样使用的钢尺，必须经计量法定单位检验合格，且在有效期内	W
2	切割	切割过程及质量	（1）检查零件的切割线与号料线的允许偏差。 （2）钢材切割面或剪切面应无裂纹、夹渣、毛刺和分层。观察或用放大镜，有疑义时应进行渗透、磁粉或超声波探伤检查。 （3）抽查气割、机械剪切允许偏差：按切割面10%抽查，不少于3个	W
3	制弯	制弯过程及质量	（1）审查制造商提交的生产计划，明确该生产计划在厂内生产执行的可行性（满足业主需求）； （2）审查其能否满足工程交货期要求（核查关键原材料及组部件的供货情况满足）	W
4	制孔	制孔过程及质量	（1）检查工作地点温度是否满足要求； （2）检查螺栓孔是否存在毛刺，粗糙度是否满足要求； （3）螺栓孔孔距抽查，按构件数10%抽查，不少于3件	W
5	矫正成型	矫正成型质量	（1）检查工作地点温度是否满足要求； （2）板材和型材的冷弯成型最小曲率半径以及矫正后零部件允许偏差应符合相关标准中规定	W

序号	见证项目	见证内容	见证要点及要求	见证方式
6	焊接	焊接过程及焊缝质量	（1）检查焊工合格证及其认可范围、有效期。 （2）检查焊接工艺评定报告、焊接工艺规程、焊接过程参数测定、记录。 （3）检查超声或射线探伤记录；抽查外观尺寸。一级焊缝全检；二级焊缝抽检，比例不少于20%	W
7	组装、预拼装	组装、预拼装过程及质量	（1）板材、型材的拼接应在构件组装前进行。构件的组装应在部件组装、焊接、校正并经检验合格后进行。构件的隐蔽部位应在焊接、栓接和涂装检查合格后封闭。 （2）钢构件外形尺寸应符合相关标准及设计规定，按标准规定比例抽查。 （3）高强度螺栓和普通螺栓连接的多层板叠，应采用试孔器进行螺栓孔通过率检查。 （4）实体预拼装的允许偏差应符合相关标准及设计规定	H
8	涂装、热镀锌	涂装质量	（1）涂层的外观应均匀一致，涂层不得有气孔、裸露母材的斑点、颗粒、裂纹或影响使用寿命的其他缺陷。 （2）镀锌表面应具有实用性光滑，色泽均匀，在连接处不允许有毛刺、满瘤和多余结块，并不得有过喷砂、酸洗和露铁等缺陷。 （3）涂装前钢材表面除锈等级应满足设计要求并符合国家现行标准的规定。处理后的钢材表面不应有焊渣、焊疤、灰尘、油污、水和毛刺等。 （4）抽查涂装厚度是否满足要求	W
9	储运	包装发运	（1）包装：应对构件可靠包装，确保运输过程中产品不受到损坏。每捆构件的包装，必须做到包捆整齐、牢固不松动，并应有防止锌层损坏的措施。 （2）标记：主要钢构件的明显位置应作标记，标注工程名称、型号及收货单位，标记内容还应满足运输部门的规定。 （3）运输：钢构件的运输应保证在运输过程中具有可靠的稳定性，构件之间或构件与车体之间应有防止构件损坏、锌层磨损和防止产品变形的措施	H

12.3.4　阀厅阀侧套管孔洞防火封堵系统

封堵系统防火材料主要为不锈钢面硅酸铝复合防火板、耐火保温材料、防火密封胶等；表12-6主要针对其原材料及安装工艺进行介绍。

表 12-6　　　　　　　　　　防火封堵系统品控要点

序号	见证项目	见证内容	见证要点及要求	见证方式
1	原材料及组部件	不锈钢面硅酸铝复合板	（1）检查质量证明文件、入厂检验报告、抽样试验报告等； （2）检查外观质量，测量厚度	W
2		不锈钢面岩棉复合板	（1）检查质量证明文件、入厂检验报告、抽样试验报告等； （2）检查外观质量，测量厚度	W
3		硅酸铝针刺毯	（1）检查质量证明文件、入厂检验报告、抽样试验报告等； （2）检查外观质量，测量密度	W
4		无机防火板	（1）检查质量证明文件、入厂检验报告、抽样试验报告等； （2）检查外观质量，测量厚度	W
5		不锈钢方管	（1）检查质量证明文件、入厂检验报告、抽样试验报告等，一般采用无磁化304不锈钢； （2）检查外观质量	W

续表

序号	见证项目	见证内容	见证要点及要求	见证方式
6	原材料及组部件	防水防火密封胶	(1) 检查质量证明文件、入厂检验报告、抽样试验报告等； (2) 检查外观质量	W
7		柔性封堵	(1) 检查质量证明文件、入厂检验报告、抽样试验报告等，一般采用陶瓷化硅橡胶耐火纤维复合板套筒； (2) 检查外观质量，测量厚度	W
8		各类紧固件、辅助件等	(1) 检查分供商及型号规格； (2) 检查质量证明文件、入厂检验报告、抽样试验报告等； (3) 检查外观质量，测量尺寸	W
9	安装	封堵系统安装工艺	(1) 查看供应商质量体系文件是否完整； (2) 检查人员资质、工器具是否完备； (3) 审核安装工艺方案、作业指导书是否符合要求； (4) 现场见证安装过程质量情况，监督作业过程是否规范	S

12.3.5 阻燃材料

阻燃材料质量主要为绝缘纸板及成型件、玻璃钢、环氧树脂、玻璃纱、撑条、硅橡胶等，表 12-7 从四个部分对其要点进行说明。

表 12-7 阻燃材料品控要点

序号	见证项目	见证内容	见证要点及要求	见证方式
1	换流变压器/柔直变压器	绝缘纸板及成型件	(1) 检查质量证明文件、入厂检验报告、抽样试验报告等； (2) 检查外观质量，测量尺寸	W
2	套管	玻璃钢	(1) 检查质量证明文件、入厂检验报告、抽样试验报告等； (2) 检查外观质量，测量尺寸	W
3	桥臂电抗器/平波电抗器/阻塞电抗器	环氧树脂	(1) 检查质量证明文件、入厂检验报告、抽样试验报告等； (2) 检查外观质量	W
		玻璃纱	(1) 检查质量证明文件、入厂检验报告、抽样试验报告等； (2) 检查外观质量，测量厚度	W
		撑条	(1) 检查质量证明文件、入厂检验报告、抽样试验报告等； (2) 检查外观质量	W
4	绝缘子	硅橡胶	(1) 检查质量证明文件、入厂检验报告、抽样试验报告等； (2) 检查外观质量	W

12.3.6 Box-in 装置

Box-in 装置质量控制要点主要针对其材料及部件，表 12-8 从降噪部分、接地、照明、螺栓、控制回路五个部分对其要点进行说明。

表 12-8 Box-in 装置品控要点

序号	见证项目	见证内容	见证要点及要求	见证方式
1	降噪部分	顶部吸隔声板	(1) 检查质量证明文件、入厂检验报告、抽样试验报告等; (2) 检查外观质量，测量尺寸	W
2		前端吸隔声板	(1) 检查质量证明文件、入厂检验报告、抽样试验报告等; (2) 检查外观质量，测量尺寸	W
3		吸声体	(1) 检查质量证明文件、入厂检验报告、抽样试验报告等; (2) 检查外观质量	W
4		散热轴流风机	(1) 检查质量证明文件、入厂检验报告、抽样试验报告等; (2) 检查外观质量，测量厚度	W
5		消声器（含消声弯头）	(1) 检查质量证明文件、入厂检验报告、抽样试验报告等; (2) 检查外观质量	W
6		铝合金百叶风口	(1) 检查质量证明文件、入厂检验报告、抽样试验报告等; (2) 检查外观质量	W
7		隔声门	(1) 检查质量证明文件、入厂检验报告、抽样试验报告等; (2) 检查外观质量，测量长、宽等	W
8		密封条	(1) 检查质量证明文件、入厂检验报告、抽样试验报告等; (2) 检查外观质量，测量长、宽等	W
9		钢结构	(1) 检查质量证明文件、入厂检验报告、抽样试验报告等; (2) 检查外观质量、型号规格等	W
10	接地	多股绝缘软铜线	(1) 检查质量证明文件、入厂检验报告、抽样试验报告等; (2) 检查外观质量	W
11	照明	投光灯	(1) 检查质量证明文件、入厂检验报告、抽样试验报告等; (2) 检查外观质量	W
12	螺栓	膨胀螺栓	(1) 检查质量证明文件、入厂检验报告、抽样试验报告等; (2) 检查外观质量、型号规格	W
13		化学螺栓	(1) 检查质量证明文件、入厂检验报告、抽样试验报告等; (2) 检查外观质量、型号规格	W
14		连接螺栓	(1) 检查质量证明文件、入厂检验报告、抽样试验报告等; (2) 检查外观质量、型号规格	W
15	控制回路设备	轴流风机控制箱	(1) 检查质量证明文件、入厂检验报告、抽样试验报告等; (2) 检查外观质量	W
16		温度探头	(1) 检查质量证明文件、入厂检验报告、抽样试验报告等; (2) 检查外观质量	W

12.4 试验检验专项控制

12.4.1 电容器

电容器试验分为型式试验、例行试验及特殊试验。试验前对试验仪器校准日期及设备状态进行检查，保证试验仪器精度及运行状态良好，以滤波电容器及并联电容器为例，具体试验项目见表 12-9 和表 12-10。

表 12-9 电容器例行试验

序号	试验项目	试验方法及判据	见证方式
1	外观检查	用量具及目测进行检查。检查电容器是否存在漏油、外壳变形，套管有无损伤，金属件外表面及防腐层是否有损伤和腐蚀	H
2	密封性试验	根据标准要求的相关温度要求，达到温度后保持 2h。检查电容器的各焊接部位和密封接合处有无渗漏痕迹	H
3	电容量测量	电容初测时电压不高于 $0.15U_N$，复测应在端子间电压及端子与外壳间电压试验之后进行，复测电压为（$0.9\sim1.1$）U_N 进行，测量试验前后的电容值，电容值变化应小于 1 个元件击穿或一根熔丝动作引起的电容量变化	H
4	极间耐压试验	在电容器两端子之间施加 $2.15U_N$ 交流电压或 $4.3U_N$ 直流电压，历时 10s，试验期间不发生击穿及闪络	H
5	极对壳工频耐压试验	将电容器所有的线路端子连接在一起，在共同端子与外壳之间施加短时 $2.5U_N$ 电压，历时 1min，试验期间不发生击穿及闪络	H
6	损耗因数测量	在电压为（$0.9\sim1.1$）U_N 下，测量损耗因数，满足协议要求范围	H
7	局部放电试验	将电容器加压至 $2.15U_N$，保持 1s，将电压降至 $1.2U_N$ 并维持 1min，然后将电压升到 $1.5U_N$，保持 1min，在后 1min 内局部放电量应满足协议要求范围，且不应观察到局部放电量的增加	H
8	内部放电器件试验	试验在端子间电压试验后进行。对试品充以直流电压至一定值后，使试品上断开电源瞬间的电压为 $\sqrt{2}\,U_N$，自放电保持 10min。用电压表测量试品剩余电压	H
9	内熔丝的放电试验	对电容器端子间充电到 $1.5U_N$ 的直流电压，然后通过尽可能靠近电容器的间隙放电。试验前后用电容表测量电容值之差，应小于 1 个元件击穿或一根熔丝动作引起的变化量	H

表 12-10 电容器型式试验

序号	试验项目	试验方法及判据	见证方式
1	外观检查	用量具及目测进行检查。检查电容器是否存在漏油、外壳变形，套管有无损伤，金属件外表面及防腐层是否有损伤和腐蚀	H
2	密封性试验	根据标准要求的相关温度要求，达到温度后保持 2h。检查电容器的各焊接部位和密封接合处有无渗漏痕迹	H
3	电容量测量	电容初测时电压不高于 $0.15U_N$，复测应在端子间电压及端子与外壳间电压试验之后进行，复测电压为（$0.9\sim1.1$）U_N 进行，测量试验前后的电容值，电容值变化应小于 1 个元件击穿或一根熔丝动作引起的电容量变化	H
4	极间耐压试验	在电容器两端子之间施加 $2.15U_N$ 交流电压或 $4.3U_N$ 直流电压，历时 10s，试验期间不发生击穿及闪络	H
5	极对壳工频耐压试验	将电容器所有的线路端子连接在一起，在共同端子与外壳之间施加短时 $2.5U_N$ 电压，历时 1min，试验期间不发生击穿及闪络	H
6	损耗因数测量	在电压为（$0.9\sim1.1$）U_N 下，测量损耗因数，满足协议要求范围	H
7	局部放电试验	将电容器加压至 $2.15U_N$，保持 1s，将电压降至 $1.2U_N$ 并维持 1min，然后将电压升到 $1.5U_N$，保持 1min，在后 1min 内局部放电量应满足协议要求范围，且不应观察到局部放电量的增加	H

续表

序号	试验项目	试验方法及判据	见证方式
8	内部放电器件试验	试验在端子间电压试验后进行。对试品充以直流电压至一定值后，使试品上断开电源瞬间的电压为 $\sqrt{2}\,U_N$，自放电保持 10min。用电压表测量试品剩余电压	H
9	内熔丝的放电试验	对电容器端子间充电到 $1.5U_N$ 的直流电压，然后通过尽可能靠近电容器的间隙放电。试验前后用电容表测量电容值之差，应小于 1 个元件击穿或一根熔丝动作引起的变化量	H
10	热稳定性试验	该试验用来确定电容器在过负荷条件下的热稳定性及确定电容器获得损耗测量复现性的条件，具体试验参照 GB/T 20994《高压直流输电系统用并联电容器及交流滤波电容器》执行	H
11	高温介质损耗因数测量	在热稳定试验结束后进行测量，测量电压为热稳定试验电压，测量值应符合技术协议要求	H
12	雷电冲击耐压试验	在端子与外壳间施加电压 $U_t = U_{liwl}n/S$，首先施加 15 次正极性冲击后，接着再施加 15 次负极性冲击。波形满足（1.2～5）/50μs，U_{liwl} 为电容器组雷电冲击耐受水平，S 为电容器组中电容器单元串联段数，n 为同一台架上相对于外壳连接电位的最大串联单元数	H
13	短路放电试验	直流电压充电至 U_p/S，其中 U_p 为电容器组的短路试验放电电压，S 为电容器组中电容单元串联段数，通过靠近电容器单元的间隙放电，在 10min 内承受 5 次放电。试验前后用测量电容值之差，应小于 1 个元件击穿或一根熔丝动作引起的变化量	H
14	内熔丝的隔离试验	参照 GB/T 11024.4《标称电压 1000V 以上交流电力系统用并联电容器 第 4 部分：内部熔丝》进行	H
15	电容的频率和温度特性测量	在温升稳定后进行，在电容器单元上分别在工频（50Hz 或 60Hz）和额定频率下进行测量	H
16	耐久性试验	参照 GB/T 11024.2《标称电压 1000V 以上交流电力系统用并联电容器 第 2 部分：老化试验》进行	H
17	外壳爆破能量试验	用测量仪器实测注入故障电容器单元内部引起爆破的能量	H
18	低温局部放电试验	在下限温度下测量局部放电起始电压和熄灭电压，在此温度下道局部放电熄灭电压不应低于 $1.2U_N$	H
19	套管试验（a 受力试验；b 尺寸检查）	参照 GB/T 20994《高压直流输电系统用并联电容器及交流滤波电容器》进行	H
20	抗震试验	参照 GB/T 13540—2009《高压开关设备和控制设备的抗震要求》进行	H
21	噪声试验	根据技术协议中规定的电流及电压工况参数，参照 GB/T 32524《声学 声压法测定电力电容器单元的声功率级和指向特性》执行，试验结果应满足技术协议要求	H

12.4.2 阀厅钢结构

阀厅钢结构试验品控项目主要有原材料外观质量、规格尺寸、力学性能试验及化学成分分析，零部件尺寸偏差，焊缝内、外部质量，试组装，涂层外观质量、厚度、附着性、均匀性等，见表 12-11。钢结构加工构件的成品质量（包括尺寸、焊缝和高强螺栓连接面滑移系数等）应有第三方检测机构出具的合格证明和检测报告。

表 12-11　　　　　　　　　阀厅钢结构检验项目及内容

序号	试验项目	试验依据及要点	试验类别	见证方式
1	钢材外观质量	全数检查是否有锈蚀、麻点、划痕等缺陷	钢材质量检验	H
2	屈服强度	抽样检测屈服强度值。主要参考技术协议及 GB 50205《钢结构工程施工质量验收标准》		W
3	抗拉强度	抽样检测屈抗拉度值。主要参考技术协议及 GB 50205《钢结构工程施工质量验收标准》		W
4	伸长率	抽样检测伸长率。主要参考技术协议及 GB 50205《钢结构工程施工质量验收标准》		W
5	厚度偏差	抽样测量厚度偏差。主要参考技术协议及 GB 50205《钢结构工程施工质量验收标准》		H
6	焊材外观质量	抽查是否有药皮脱落、焊芯生锈等缺陷	焊材质量检验	H
7	化学成分分析	抽样进行化学成分分析，主要参考技术协议及 GB 50205《钢结构工程施工质量验收标准》		W
8	力学性能试验	抽样进行力学性能试验，主要参考技术协议及 GB 50205《钢结构工程施工质量验收标准》		W
9	连接件外观质量	抽查螺栓、螺母、垫圈、螺纹表面质量	紧固用连接件检验	W
10	扭矩系数检验	抽样进行高强度大六角头螺栓连接副应有扭矩系数检验，主要参考技术协议及 GB 50205《钢结构工程施工质量验收标准》		W
11	紧固轴力试验	抽样进行扭剪型高强度螺栓连接副应有紧固轴力检验，主要参考技术协议及 GB 50205《钢结构工程施工质量验收标准》		W
12	拉力载荷试验	抽样进行球节点拉力载荷试验，主要参考技术协议及 GB/T 16939《钢网架螺栓球节点用高强度螺栓》		W
13	抗滑移系数	抽样进行抗滑移系数检验，主要参考技术协议及 GB 50205《钢结构工程施工质量验收标准》		W
14	焊缝外观质量	全数检查焊缝外观质量	焊缝质量检验	S
15	焊缝探伤	一级焊缝全检，二级焊缝按 20%检查。主要参考技术协议及 GB 50205《钢结构工程施工质量验收标准》		W
16	涂层外观质量	抽查涂层外观质量，不得有气孔、裂纹等	涂层质量检验	H
17	涂层厚度	抽查涂层厚度，主要参考技术协议及 GB 50205《钢结构工程施工质量验收标准》		W
18	锤击试验	抽样进行锤击试验，主要参考技术协议及 GB 50205《钢结构工程施工质量验收标准》		W
19	硫酸铜腐蚀试验	抽样进行锌层硫酸铜腐蚀试验，主要参考技术协议及 GB 50205《钢结构工程施工质量验收标准》		W
20	预拼装	见证预拼装质量，尽可能选用主要受力、节点连接结构复杂，构件允许误差接近极限且有代表性的组合构件，主要参考技术协议及 GB 50205《钢结构工程施工质量验收标准》	预拼装质量检验	S

12.4.3　阀厅阀侧套管孔洞防火封堵系统

封堵系统试验主要包括耐火性能、密封性能、结构完整性三个方面，见表 12-12。

表 12-12　　　　　　　　　　封堵系统试验品控要点

序号	检查内容	检查方法及要点（以 5m×5m 为例）	备注	见证方式
1	耐火完整性	参考 GB 23864—2009《防火封堵材料》、GB/T 26784—2011《建筑构件耐火试验　可供选择和附加的试验程序》。在碳氢火焰条件下，4h 内，封堵系统保持结构完整性	耐火性能	H
2	耐火隔热性	参考 GB 23864—2009《防火封堵材料》、GB/T 26784—2011《建筑构件耐火试验　可供选择和附加的试验程序》。在碳氢火焰条件下，4h 内，背火面单一测量点温升不超过 180℃		W
3	背面平均温升	参考 GB 23864—2009《防火封堵材料》、GB/T 26784—2011《建筑构件耐火试验　可供选择和附加的试验程序》，限值 55.5℃	耐火性能	W
4	柔性封堵部位平均温升	参考 GB 23864—2009《防火封堵材料》、GB/T 26784—2011《建筑构件耐火试验　可供选择和附加的试验程序》，限值 101.5℃		W
5	密封性	目测。试验过程结构完整，全程无漏烟现象	密封性能	H
6	结构完整性	目测。试验完成后拆解结构完整，迎火面金属板形变小，背火面无明显变化	结构完整性	H

12.4.4　Box-in 装置

表 12-13 主要从 Box-in 装置总体性能试验及材料部件试验两大方面进行质量控制要点阐述。

表 12-13　　　　　　　　　　Box-in 装置试验控制要点

序号	检查内容	检查要点	备注	见证方式
1	屏障板	厚度偏差测量；防水性、保温隔热性、耐腐蚀性、抗风沙、抗震性等性能检测		W
2	隔声材料	在 125～4000Hz 频段的 1/3 倍频程中心频率的隔声量均大于 25dB，计权隔声量 R_w 大于 40dB（A）		W
3	吸声带隔声材料	在 125～2000Hz 频段的 1/3 倍频程中心频率吸声系数测量	材料及部件	W
4	隔声门	在 125～4000Hz 频段的 1/3 倍频程中心频率的隔声量测量		W
5	吸声体和声屏障材料	密度偏差测量		W
6	降噪材料	耐火等级检测		W
7	周围敏感点	治理后换流站周围敏感点要求达到 GB 3096《声环境质量标准》3 类标准限值，即昼间小于 65dB（A），夜间小于 55dB（A）	总体性能	W
8	厂界值	治理后换流站法定厂界满足 GB 12348《工业企业厂界环境噪声排放标准》3 类标准限值，即昼间小于 65dB（A），夜间小于 55dB（A）		W

12.4.5　阻燃材料

柔直工程涉及阻燃材料较多，关键阻燃材料包括：换流变压器及柔直变压器中的绝缘纸板及成型件；套管中的玻璃钢；干式电抗器中的环氧树脂、玻璃纱、撑条；绝缘子中的硅橡胶，表 12－14 介绍以上关键材料的燃烧试验。

表 12－14　　　　　　　　　阻燃材料燃烧试验控制要点

序号	检查内容		检查方法及要点	可燃性等级	见证方式
1	换流变压器/柔直变压器	绝缘纸板及成型件	参考 GB/T 5169.16—2017《电工电子产品着火危险试验　第 16 部分：试验火焰 50W 水平与垂直火焰试验方法》，开展燃烧试验（垂直法）	燃烧滴落物无法点燃棉垫	W
2	套管	玻璃钢	参考 GB/T 5169.16—2017《电工电子产品着火危险试验　第 16 部分：试验火焰 50W 水平与垂直火焰试验方法》，开展燃烧试验（水平法）	V－0	W
3	桥臂电抗器/平波电抗器/阻塞电抗器	环氧树脂	参考 GB/T 5169.16—2017《电工电子产品着火危险试验　第 16 部分：试验火焰 50W 水平与垂直火焰试验方法》，开展燃烧试验	F－0	W
		玻璃纱	参考 GB/T 5169.16—2017《电工电子产品着火危险试验　第 16 部分：试验火焰 50W 水平与垂直火焰试验方法》，开展燃烧试验（垂直法）	V－0	W
		撑条	参考 GB/T 5169.16—2017《电工电子产品着火危险试验　第 16 部分：试验火焰 50W 水平与垂直火焰试验方法》，开展燃烧试验（垂直法）	V－0	W
4	绝缘子	硅橡胶	参考 GB/T 5169.16—2017《电工电子产品着火危险试验　第 16 部分：试验火焰 50W 水平与垂直火焰试验方法》，开展燃烧试验	V－0	W

12.5　典型质量问题分析处理及提升建议

12.5.1　电容器噪声超标问题

问题描述：某工程考虑到滤波电容器噪声是换流站主要噪声源之一，在环保要求逾越严苛的背景下，对滤波电容器噪声控制越来越显得重要。在工程招标技术规范书中要求对电容器单元开展噪声试验，测得的噪声声压级的平均值不大于 55dB（A），提高了滤波电容器噪声指标，迫使各电容器厂家分别采取新的降噪措施，而各制造厂在应标时均承诺满足这项指标要求。因降噪措施影响电容器结构定型，对进度和质量均有较大影响。在进行第一轮噪声电容器噪声试验时，部分厂家噪声试验结果超出协议要求的 55dB（A），最高达到了 63.9dB（A），不满足协议要求。

原因分析及处理情况：噪声标准提高后，电容器原有降噪方法和工艺存在不能满足新的噪声标准的要求，通过采用电容器单元内部加隔音空腔降噪、电容器单元外部吸音棉加降噪帽等降噪措施，电容器噪声试验结果均满足技术规范要求。

品控提升建议：

（1）针对设备提出的新要求，制造厂应提前做好设计及工艺优化方案，避免因准备不足造成的工期延误等风险。

（2）考虑变电站环保要求逾越严苛的背景，电容器制造厂应加强对噪声水平控制的研究，以适应当前环保要求。

12.5.2 滤波电容器极间耐压击穿问题

问题描述：某工程交流滤波器电容器在出厂试验时发生极间耐压击穿（额定电压8.24kV，额定容量530kvar，额定电容24.86μF，绝缘水平：50/125kV），具体为在17.7kV极间耐压击穿，故障前电容24.8μF，故障后电容24.4μF。

开盖取出电容器芯子，对芯子中的每个元件进行短路放电。从芯子出线端自上而下用电容表测量芯子各组电容，然后对故障串逐个测量元件电容，找出故障的电容器元件，测量数据见表12-15。从表12-15中可以看出，电容器芯子中第4串第6个元件故障。

表 12-15 芯子各组电容及元件电容

电容（μF）	1 串	2 串	3 串	4 串
	97.0	98.0	97.3	90.1
第 4 串各元件电容（μF）	除第 6 个元件短路，其余元件完好，电容都是 6.96μF 左右			

取出第4串第6个故障的元件解剖，击穿点在元件折边处，如图12-13所示。

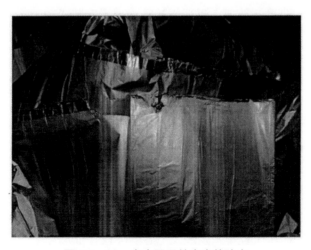

图 12-13 电容器元件击穿故障点

原因分析及处理情况：经检查，电容器外观、芯子外观、元件外观均无异常，电容器内部只有一个元件击穿，击穿点在元件折边处，与击穿元件相串联的熔丝熔断彻底，其他元件正常。从元件击穿点的情况看，击穿点在元件折边处，元件折边处是场强比较集中的地方。引起击穿的原因可能为：

（1）聚丙烯薄膜局部薄弱点。元件采用的是三层膜结构，聚丙烯薄膜在生产加工过程中，可能会存在个别分散性，当个别原材料存在局部薄弱点时，在进行出厂试验就会被检测出来。

（2）生产制造环境的原因。电容器在生产过程中，由于生产环境洁净度控制不理想，杂质进入电容器芯子元件内部，引起元件局部场强分布不均匀，造成局部场强过高而击穿。

（3）从整个批量生产情况看，只是个别电容器个别元件出厂试验击穿，电容器都是在同样洁净度环境下生产的，基本上可以排除生产环境洁净度控制不理想的原因，因此最大可能是聚丙烯薄膜局部薄弱点引起的击穿。

已对故障电容器进行报废处理。

品控提升建议：加强对薄膜生产厂家的质量监控，要求薄膜制造厂在生产制造、分切、包装、搬运、装卸过程中采取切实有效措施，提供最优质的薄膜。加强环境监控，严格控制电容器生产过程中的环境洁净度，做到优质产品。

12.5.3　钢结构现场施工吊装困难问题

问题描述：特高压工程换流站 GIS 室钢结构-水平支撑、柱间支撑等构件现场无法吊装。

原因分析及处理情况：制作厂对成品构件尺寸偏差控制不严。现场所有主构件安装完毕后存在一定系统偏差，留有可调节余地不多，导致支撑件吊装不上。制造厂对问题支撑件进行了切割、打磨、防腐、重新焊接等处理后安装成功。

品控提升建议：

（1）监督制造厂加强组焊工人质量意识及技术培训。

（2）检查相关培训记录，检查成品构件生产过程工人自检及互检记录。

（3）构件尺寸偏差符合标准并不能保证能实际安装成功，所以建议增大构件工厂预拼装范围。

12.6　小　　结

电容器：随着特高压工程技术发展及电容器类设备批量化生产的特点，影响电容器质量的主要因素为原材料组部件（如膜、铝箔、套管、浸渍剂等）、生产环境洁净度及工艺控制；应加强对原材料入厂检查、生产过程中环境及工艺执行情况检查，提高一线员工质量意识。

　　阀厅钢结构：对于阀厅钢结构等钢制品，它的整体质量很大一部分取决于原材料组部件的质量，后续工程应进一步增强原材料组部件检验力度，同时生产加工过程的质量控制也不容忽视，重点监督厂家的质量管控措施执行情况，促进员工质量意识提升。

　　阀厅阀侧套管孔洞防火封堵系统、Box-in 装置：随着特高压直流换流站工程的发展，防火封堵系统与 Box-in 装置的研制与应用显得日趋重要，其可靠性提升除了来源于设计结构改进以外，还取决于关键原材料、部件及安装工艺的质量控制力度的加强。

参 考 文 献

[1] 刘泽洪，张福轩，刘开俊，等．特高压直流输电工程换流站设备（换流变压器）监造指南［M］．北京：中国电力出版社，2016.

[2] 刘泽洪，张福轩，刘开俊，等．特高压直流输电工程换流站设备（晶闸管换流阀）监造指南［M］．北京：中国电力出版社，2016.

[3] 刘泽洪，张福轩，刘开俊，等．特高压直流输电工程换流站设备（平波电抗器）监造指南［M］．北京：中国电力出版社，2016.

[4] 张钺，王赛．特高压直流输电技术研究［J］．科技经济导刊，2017（3）：83.

[5] 万帅，张伟，陈家宏，等．±800kV 直流线路避雷器关键技术参数设计及防雷效果分析［J］．电瓷避雷器，2016（4）：105－110.

[6] 徐学亭，赵冬一，胡淑慧，等．高压直流转换开关用避雷器的工况分析及关键技术研究［J］．电瓷避雷器，2013（3）：66－70，77.

[7] 王玉平，张一鸣．特高压直流避雷器的技术特点与分析［J］．电力设备，2007，8（3）：15－19.

[8] 刘志远，于晓军，杨晨，等．直流换流站金属转换开关用避雷器组研究［J］．电瓷避雷器，2020（4）：35－40.

[9] 陈胜男，何卫，杜挺，等．输电线路金具用材料及其应用技术研究进展［J］．电工技术，2019（15）：149－152.

[10] 邹国林，从怀贤，吕泉根．我国架空输电线路金具技术发展及应用［J］．电力工程技术，2012，31（6）：82－84.

[11] 王作民，潘明刚，白慧芳．200kV 高压直流断路器设计特点及监造节点探讨［J］．电工技术，2018（3）：67－68.

[12] 孙西昌，党镇平，魏劲容，等．±800kV 直流系统用棒形支柱瓷芯复合绝缘子研究［J］．电瓷避雷器，2008（1）：1－7.

[13] 王占杰，徐光辉，马永旭，等．±800kV 特高压直流输电工程用极线隔离开关的研制［J］．机电工程技术，2012，41（8）：132－135，225.

[14] 孙玉洲，王巧红，李付永，等．双柱折叠式直流隔离开关研究与开发［J］．高压电器，2019，55（5）：75－81.

[15] 潘志城，邓军，张晋寅，等．换流变压器绝缘材料燃烧试验和防火能力研究［J］．变压器，2020，7（57）：66－70.

[16] 张启民，张良县，陈模生．特高压换流变压器阀侧出线装置直流电场计算与分析［J］．高压电器，2014，50（9）：66－70，75.

[17] 肖淦．换流变压器出线装置两种设计方案的比较［J］．高压电器，2015，51（7）：195－199.

[18] 朱俊霖，赵林杰，杨柳，等．±350kV 柔性直流输电用桥臂电抗器温升试验［J］．南方电网技

术，2016，10（7）：57-61.

[19] 丁永福，王祖力，张燕秉，等. ±800kV 特高压直流换流站阀厅金具的结构特点 [J]. 高压电器，2013，49（9）：13-18.

[20] 黎卫国，张长虹，夏谷林，等. ±800kV 直流穿墙套管介损超标原因分析及改进措施 [J]. 高压电器，2015，51（9）：169-176.

[21] 马斌，罗兵，李全文，等. ±800kV 直流支柱复合绝缘子制造技术 [J]. 南方电网技术，2009，3（4）：49-52.

[22] 黎卫国，张长虹，杨旭，等. 500kV GIL 三支柱绝缘子炸裂故障分析与防范措施 [J]. 电瓷避雷器，2019（3）：221-227.

[23] 黎卫国，张长虹，杨旭，等. GIL 设备三支柱绝缘子界面气隙局放诊断与出厂检测分析 [J]. 高压电器，2020，56（8）：224-229.

[24] 黎斌，王天祥，张长虹，等. 超/特高压交流滤波器断路器特殊的运行工况及其结构设计要求[J]. 高压电器，2017，53（12）：87-92.

[25] 黎卫国，杨旭，张长虹，等. 多端直流输电工程直流高速开关直流燃弧特性试验分析 [J]. 高压电器，2021，8（57）：17-22，31.

[26] 门博，钟建英，全永刚，等. 高压直流旁路开关的温升仿真与试验研究 [J]. 高压电器，2016，52（5）：154-163.

[27] 王典浪，曹鸿，李国艮，等. 换流变阀侧干式套管内部插接结构过热隐患分析及整治 [J]. 电瓷避雷器，2021（2）：100-106.

[28] 刘晓圣，姬军，张彩有，等. 换流变阀侧套管封堵结构耐火极限研究[J]. 消防科学与技术，2020，39（10）：1415-1417.

[29] 梁晨，邓军，周海滨，等. 换流变压器典型绝缘缺陷案例 [J]. 变压器，2019，56（10）：80-84.

[30] 雷园园，赵林杰，彭在兴，等. 换流变压器有载分接开关切换过程仿真及选型技术 [J]. 南方电网技术，2018，12（7）：14-19.

[31] 黎卫国，张长虹，杨旭，等. 换流站 GIL 设备关键部件故障分析 [J]. 高压电器，2020，56（11）：251-258.

[32] 侯婷，饶宏，许树楷，等. 基于 MMC 的柔性直流输电换流阀型式试验方案[J]. 电力建设，2014，35（12）：61-66.

[33] 梁天明，李豹，张蔷，等. 交流滤波器电容器运行情况分析及共性问题探讨 [J]. 电力电容器与无功补偿，2012，33（6）：77-82，86.

[34] 王振，郑燕，张茜茜. 某换流站阀冷系统橡胶密封件成分研究 [J]. 特种橡胶制品，2019，40（4）：58-62.

[35] 熊岩，杨柳，钟伟华，等. 柔性直流换流阀功率模块损耗测量与试验 [J]. 南方电网技术，2020，14（11）：27-35.

[36] 李岩，罗雨，许树楷，等. 柔性直流输电技术：应用、进步与期望 [J]. 南方电网技术，2015，9（1）：7-13.

[37] 宋海彬，戴甲水，郭莉萨，等. 柔性直流输电系统启动回路中启动电阻的研究 [J]. 贵州电力技术，2017，20（2）：65-69.

[38] 张玥，谢强，何畅，等. 特高压复合支柱绝缘子力学性能试验研究 [J]. 南方电网技术，2017，11（11）：27-33.

[39] 饶宏，许树楷，周月宾，等. 特高压柔性直流主回路方案研究 [J]. 南方电网技术，2017，11（7）：1-5.

[40] 胡煜，陈俊，邹常跃，等. 特高压柔直阀控系统链路延时分析与测试研究 [J]. 全球能源互联网，2020，3（2）：190-198.

[41] 付颖，徐光辉，李春迎，等. 特高压直流阀厅金具选型与结构优化 [J]. 高压电器，2018，54（5）：190-196.

[42] 李家羊，岑韬，张磊，等. 提高柔性直流输电换流阀阀控系统性能的方法研究 [J]. 电气技术，2017（12）：152-156.

[43] 阳少军，石延辉，夏谷林. 一起±800kV换流站投切交流滤波器用断路器故障原因分析 [J]. 电力建设，2015，36（9）：129-134.

[44] 姬煜柯，侯婷，何智鹏，等. 一种柔直换流阀用压接型IGBT功率子模块加速老化试验方法[J]. 南方电网技术，2021，15（5）：1-11.

[45] 孙夏青，赵林杰，李锐海. 直流穿墙套管监理技术要点研究 [J]. 设备监理，2015（6）：40-44.

[46] 严洪波. 直流光测量装置运行维护及常见故障分析 [J]. 电工技术，2019（12）：29-30，32.